U0643719

二战军用飞机图解百科

WAR PLANES
OF WORLD WAR II

[英] 罗伯特·杰克逊 著   郭伟猛 译

民主与建设出版社
·北京·

© 民主与建设出版社，2022

图书在版编目（CIP）数据

二战军用飞机图解百科 ／（英）罗伯特·杰克逊著；
郭伟猛译 . —— 北京：民主与建设出版，2022.8
书名原文：Warplanes of World War II
ISBN 978-7-5139-3861-7

Ⅰ．①二… Ⅱ．①罗… ②郭… Ⅲ．①第二次世界大
战－军用飞机－世界－图集 Ⅳ．① E926.3-64

中国版本图书馆 CIP 数据核字（2022）第 095918 号

Warplanes of World War II by Robert Jackson
Copyright ©2018 Amber Books Ltd, London
This edition of Warplanes of World War II published in 2022 is published by arrangement with
Amber Books Ltd.
Copyright in the Chinese language translation (simplified character rights only)
©2022 Chongqing Vertical Culture Communication Co., Ltd
All rights reserved.

著作权登记合同图字：01-2022-3097

二战军用飞机图解百科
ERZHAN JUNYONG FEIJI TUJIE BAIKE

著　　者	[英]罗伯特·杰克逊	
译　　者	郭伟猛	
责任编辑	彭　现	
封面设计	王　星	
出版发行	民主与建设出版社有限责任公司	
电　　话	（010）59417747　59419778	
社　　址	北京市海淀区西三环中路 10 号望海楼 E 座 7 层	
邮　　编	100142	
印　　刷	重庆市联谊印务有限公司	
版　　次	2022 年 8 月第 1 版	
印　　次	2022 年 8 月第 1 次印刷	
开　　本	787 毫米 ×1092 毫米　1/16	
印　　张	20	
字　　数	118 千字	
书　　号	ISBN 978-7-5139-3861-7	
定　　价	139.80 元	

注：如有印、装质量问题，请与出版社联系。

目　录

CONTENTS

第一章

德国

阿拉多 Ar-234 "闪电"（Arado Ar 234 Blitz）

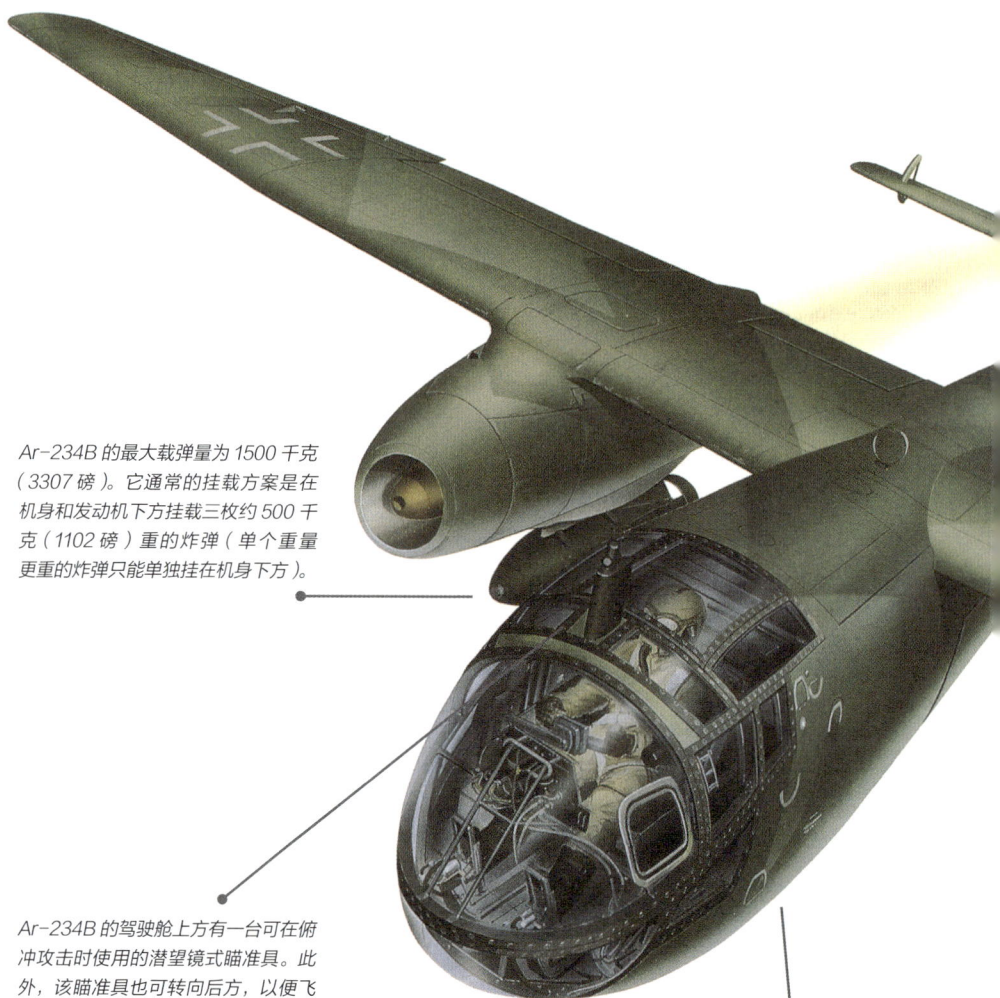

Ar-234B 的最大载弹量为 1500 千克（3307 磅）。它通常的挂载方案是在机身和发动机下方挂载三枚约 500 千克（1102 磅）重的炸弹（单个重量更重的炸弹只能单独挂在机身下方）。

Ar-234B 的驾驶舱上方有一台可在俯冲攻击时使用的潜望镜式瞄准具。此外，该瞄准具也可转向后方，以便飞行员操作向后方开火的固定机炮。

飞行员坐在一台早期的弹射座椅上，其头部后面有装甲板保护。在飞行员两腿之间是一台 Lotfe 7k 轰炸瞄准具。在进入水平轰炸状态后，飞行员会断开飞机操纵杆并将其移到旁边，以便操作轰炸瞄准具。

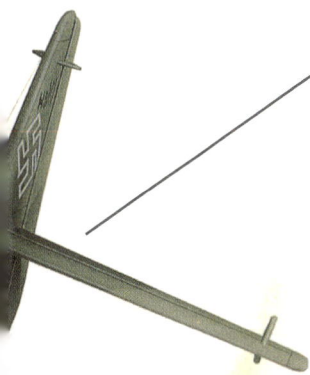

一般来说,军队会在机身上喷涂一些标志。比如,曾在 1945 年 1 月参与对雷马根大桥的攻击的第 76 轰炸机联队第 3 大队第 9 中队,就在其装备的 Ar-234 上喷涂了"9th Staffel Ⅲ Gruppe KG 76"字样。

一些 Ar-234B 在机身后下方安装了两门可向后开火的 20 毫米(0.79 英寸)机炮,用于对抗盟军战斗机。值得一提的是,Ar-234 在降落时的防御十分脆弱。

Ar-234 的动力来自一对容克斯 Jumo 004B-1 Orkan 轴流式涡轮喷气式发动机,该发动机能使飞机在没有附加任何外部挂载时达大约 742 千米 / 小时(461 英里 / 小时)的最高速度。

用于测试四发动机方案的 Ar-234 V6，在经过一系列测试后，该机型最终被批准量产，并被命名为"Ar-234C"。在这一项目被终止前，只有少数 Ar-234C-0 和 Ar-234C-1 被生产了出来。

由位于德国瓦尔讷明德的阿拉多飞机制造厂设计的 Ar-234"闪电"是世界上第一款投入实战的喷气式轰炸机。这一型号的起源可追溯至 1940 年，德国空军部要求设计的一款使用涡轮喷气式发动机的快速侦察机。在经过大量的设计和开发工作之后，有八架原型机被制造了出来。Ar-234 由容克斯 Jumo 004 或 BMW 003 涡轮喷气式发动机驱动，可使用起飞助推火箭。Ar-234 为单座飞机，在其加压或非加压的驾驶舱内有一个弹射座椅。Ar-234 使用一套复杂的可抛式小车进行起飞，着陆时则使用可伸缩的滑橇。于 1943 年 6 月 15 日首次试飞的原型机（Ar-234 V1），以及其他七架原型机（从 Ar-234 V2 到 Ar-234 V8）都使用了这套"小车—滑橇起降"方案。

第二架原型机，即 Ar-234 V2，与第一架原型机完全一样；V3 安装了弹射座椅和

火箭起飞助推设备，并将火箭吊舱安装在了机翼下方；V4 和 V5 也配备了弹射座椅。与之前几架原型机不同的是，V6 使用了四台安装于独立发动机舱里的 BMW 003 涡轮喷气式发动机——该型原型机和与其相似的 V8 都在 1944 年进行了测试。

Ar-234 V7 使用了原计划用于生产 B 系列的、动力更强的 Jumo 004B 发动机。1944 年 4 月 10 日，该飞机在飞行测试中坠毁，导致 Ar-234 原型机的首席试飞员泽勒殒命。

尽管可抛式小车和降落滑橇可彼此协调运作，但这一组合和 Ar-234A-1 都在不久后被弃用了——因为该组合会导致飞机在降落时缺乏机动性，这在实战部署时会十分致命。经过修改设计，Ar-234 在后期又使用了传统的轮式起落架。为了在机身中部容纳主起落架和在驾驶舱下方安装前起落架，后续机型的机身被稍微加宽了一些——这一外形的飞机被命名为"Ar-234B"（共生产了210架）。不过，只有两个子型号的Ar-234B参加了实战，即Ar-234B-1（无武装的侦察型）和Ar-234B-2（轰炸机）。B系列的原型机一共有八架（从V-9到V-16）。其中，V-13的四台BMW-003A-1发动机被安装在两对发动机舱中，而V-16则安装了后掠翼、后掠尾翼和火箭助推起飞装置。

　　德国原计划以C系列取代B系列，但直到第二次世界大战结束，也只制造了19架Ar-234C-3轰炸机。C系列的原型机有12架（从V-19至V-30），全部都安装了四台BMW 003涡轮喷气式发动机。这些原型机之间的区别并不大，其中V-21和V-28是双座机，而V-26和V-30则是用于测试的层流翼型。C系列拟投入初始生产的型号——C-1和C-2（分别与B-1和B-2类似）安装了加压座舱。此外，C-1还装有两门可向后开火的MG151/20机炮。但最后这些型号都让位于多用途型——即于

第76轰炸机联队的Ar-234B-2。1945年2月24日，该联队的一架飞机在塞盖斯塔夫附近被美国陆军航空队的P-47击落，成为盟军获得的第一架Ar-234。

机型：喷气式轰炸机（Ar-234B-2）

机组：一人
动力单元：两台800千克（1764磅）推力BMW 003A-1涡轮喷气式发动机
最高速度：在高度为6000米（19685英尺）时，可达742千米/小时（461英里/小时）
爬升速度：12.8分钟升至6000米（19685英尺）
实用升限：10000米（32810英尺）
最远航程：1630千米（1013英里）
翼展：14.11米（46英尺3英寸）

机翼面积：27.3平方米（293.8平方英尺）
长度：12.64米（41英尺5英寸）
高度：4.3米（14英尺1英寸）
重量：空重5200千克（11464磅）；最大满载重量为9850千克（21715磅）
武装：两门20毫米（0.79英寸）MG 151机炮；外部可挂载1500千克（3307磅）重的炸弹

1945 年年初问世的 C-3（可作为轰炸机和夜间战斗机使用）。此外，C 系列还有单座侦察机（C-4）和双座轰炸机（C-5 与 C-6）。至于 C-7，它原被定位成一种夜间战斗机，安装了四台亨克尔 HeS 011 发动机——虽然这种发动机也被计划用于 D 系列，但只有两架 Ar-234D-1 侦察机采用了这一动力方案，而设想中的 Ar-234D-2 则是另一种轰炸机。

Ar-234 的首次出击是由 V-5 和 V-7 两架原型机完成的，它们在 1944 年 7 月被送往位于法国兰斯附近的瑞万库尔的德国空军最高司令部试飞单位。7 月 20 日，这两架安装了火箭助推起飞装置的原型机完成了首次侦察飞行——在 9000 米（29530 英尺）的高空上对英格兰南部海岸的港口进行了侦察并拍照。9 月，在德国空军最高司令部试飞单位转移至赖讷之前，这两架飞机又对英国进行了多次侦察。此外，还有其他侦察试飞单位接收了 Ar-234。这些单位最终在 1945 年 1 月合并成了驻扎于赖讷的第 100 远程侦察大队第 1 中队、第 123 远程侦察大队第 1 中队和位于挪威斯塔万格的第 33 远程侦察大队第 1 中队。其中，第 33 远程侦察大队第 1 中队负责对位于苏格兰奥克尼群岛斯卡帕湾的英国海军基地进行航空侦察（侦察活动一直持续到 1945 年 4 月中旬）。

德国空军第 76 轰炸机联队从 1944 年 10 月起开始装备的 Ar-234 轰炸机，在当年 12 月的阿登攻势中首次参加了实战。1945 年的头几周，Ar-234 轰炸机十分活跃——它们最为出名的战斗是对在 1945 年 3 月落入美军之手的、位于雷马根附近的鲁登道夫大桥发起的连续 10 天的攻击。不过 3 月之后，Ar-234 就基本从空中消失了，但试验性夜间战斗机单位——博纳大队的两架经过改装的可向上开火的 Ar-234 却一直活跃到战争结束。

福克 - 沃尔夫 Fw-190（Focke-Wulf FW 190）

Fw-190F-2 的动力来自一台 BMW 801D-2 14 缸双排星形发动机。与 Fw-190A-5 一样，Fw-190F-2 的机身也为适配发动机而进行了加长。

机身外壳上方安装了两挺 7.9 毫米（0.31 英寸）机枪，每挺备弹 1000 发。

Fw-190 证明了由星形发动机驱动的战斗机可以飞得和使用直列发动机的战斗机一样快（甚至更快）。值得一提的是，Fw-190 的装甲整流罩是为了优化气动和减小阻力而专门设计的。

Fw-190 真正的"撒手锏"是位于翼根处的两门 20 毫米（0.79 英寸）MG 151 机炮，每门机炮备弹 200 发。

Fw-190F 原本被设计用于提供近距离支援。机身中部的挂架可挂载一颗 500 千克（1100 磅）重的炸弹或四颗 50 千克（110 磅）重的炸弹，机翼挂架还可挂载两颗 250 千克（551 磅）重的炸弹。

飞行员的两侧和身后都有装甲保护。该机的对地视野较差，后期型采用的"气泡式"座舱盖弥补了这一缺陷。整个座舱盖和整流罩可向后滑动，以便飞行员进出。

这些标识显示，这架 Fw-190 来自 1943 年年底驻扎在波兰登布林的第 1 对地攻击联队的第 5 中队。对地攻击联队用独特的符号来进行单位识别，此图中的符号是黑色三角形。字母"L"用于表明机型，并用代表本中队的颜色喷涂。

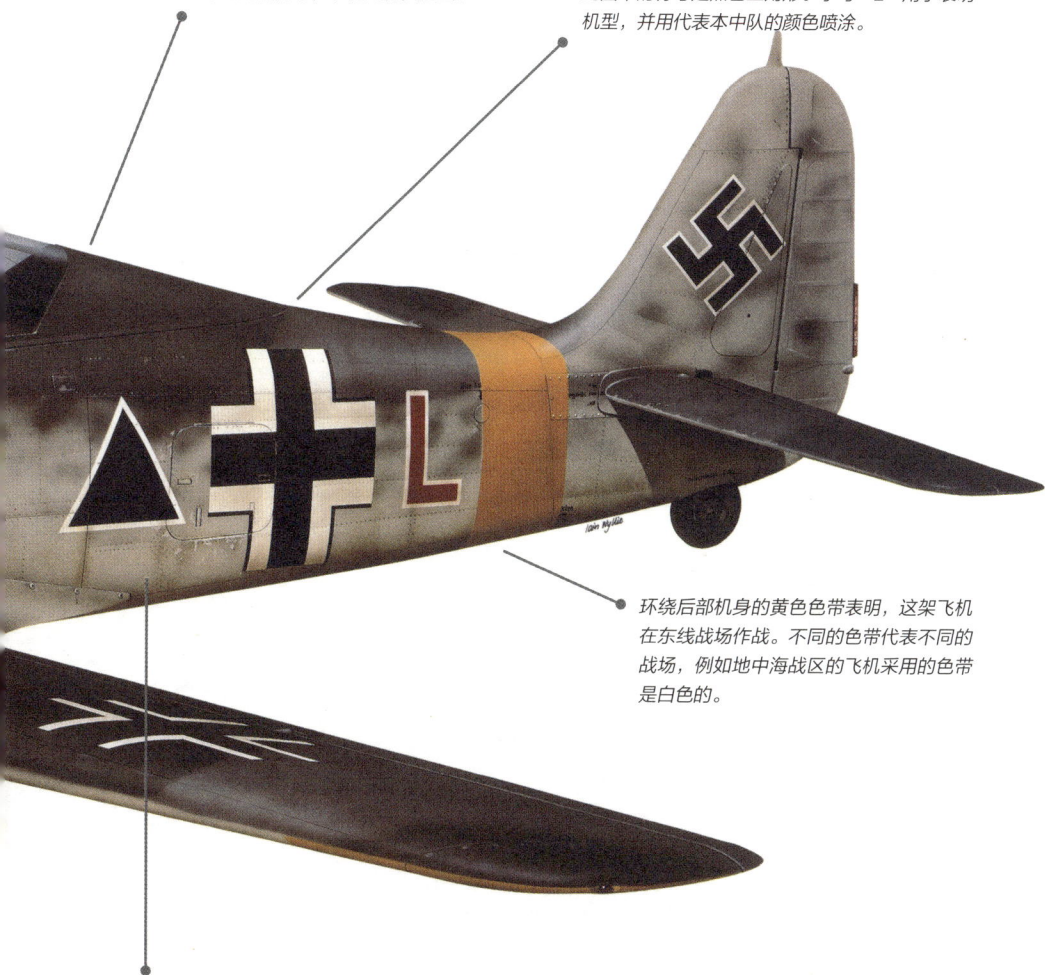

环绕后部机身的黄色色带表明，这架飞机在东线战场作战。不同的色带代表不同的战场，例如地中海战区的飞机采用的色带是白色的。

无线电设备位于飞行员身后。在 Fw-190F-2 上使用的无线电设备是 FuG16Z 型。无线电天线通过弹簧滑轮紧紧地固定在飞行员身后。

Fw-190 是德国唯——款在第二次世界大战爆发后才服役并大量生产的战斗机。可以说，该战斗机"见证了"德国航空发动机的快速发展。

机型：战斗机（Fw-190A-8）

机组：一人
动力单元：一台 1567 千瓦（2100 马力）BMW B01D-2 星形发动机，带注水/甲醇加力装置
最高速度：在 6000 米高度上，654 千米/小时（406 英里/小时）
爬升速度：9 分钟 6 秒至 6000 米
实用升限：11400 米（37402 英尺）
最远航程：1470 千米（914 英里）

翼展：10.50 米（34 英尺 5 英寸）
机翼面积：18.30 平方米（196.99 平方英尺）
长度：8.84 米（29 英尺）
高度：3.96 米（13 英尺）
重量：空重 3170 千克（6989 磅）
武装：机鼻两挺 7.92 毫米（0.31 英寸）机枪；机翼最多可安装四门 20 毫米（0.79 英寸）机炮；机身及机翼可挂载多种炸弹及火箭弹

1937 年，德国空军部向福克-沃尔夫公司提议开发一款截击机来弥补 Bf-109 的不足——这就是 Fw-190 战斗机的起源。福克-沃尔夫的技术总监库尔特·谭克没有选择已经量产且用于 Bf-109 的戴姆勒·奔驰 DB601 直列式发动机，而是选择了当时还处于开发阶段的 BMW 139 型 18 缸星形发动机。Fw-190 的原型机首批制造了三架，第一架在 1939 年 6 月 1 日首飞。尽管存在发动机过热的问题，但这些飞机的试飞都十分顺利。因此，福克-沃尔夫公司加快了其他原型机的制造。采用了当时最新的 1238 千瓦（1660 马力）BMW 14 缸 801C-0 发动机的第五架原型机，能满足德国空军的所有要求。该机的成功令德国空军下达了制造 30 架预生产型的命令，并将其命名为"Fw-190A-0"。接下来诞生的是 Fw-190A-1 型，该型飞机在 1941 年 8 月于驻扎巴黎布尔热的第 26 战斗机联队服役。此后，Fw-190 频繁遭遇英国皇家空军。除了转弯半径，Fw-190 在各个方面都超越了最新的"喷火"Mk V 型战斗机。1942 年 2 月，Fw-190 参加了著名的"海峡冲刺"作战，这是该机型首次参与大规模军事行动。在此战中，德国战列巡洋舰"沙恩霍斯特"号和"格奈森瑙"号，以及重巡洋舰"欧根亲王"号从法国港口布雷斯特出发，快速穿过英吉利海峡，并成功返回德国北部。

在 Fw-190A-1 之后进入量产的是 A-2 型（产量为 426 架），该型飞机加长了机身，安装了更厚的装甲。之后，又有 509 架 A-3 型战斗轰炸机生产出来。1942 年 6 月，第 2 和第 26 战斗机联队均换装了 A-3 型战斗轰炸机，并开始攻击英格兰南部海岸。Fw-190 系列的下一个改进型是 A-4（生产了 494 架），其配备了注水/甲醇加力装置。此后的 A-5 型是由 A-4 型发展而来，为保持重心而在后部机身内安装额外设备，其发动机的位置向前移了 0.15 米。A-5 型（总计交付了 723 架）"扮演"了攻击

机、夜间战斗机、鱼雷轰炸机和截击机等多种角色。一些 A-5 型还被改装成双座教练机 [Fw-190S-5，这个 "S" 是德文 "Schulflugzeug"（教练机）的首字母]。A-6 型是 Fw-190A-5/U10 战斗机的改进型，采用了更轻的机翼结构和四门 20 毫米（0.79 英寸）固定机炮，总产量为 569 架。A-6 型还有多种子型号，其中一种是可以挂载 1000 千克（2205 磅）炸弹的战斗轰炸机，而其他子型号都是截击机——装备了 30 毫米（1.19 英寸）机炮和额外装甲，以保护对敌军轰炸机发动正面攻击的飞行员。

1943 年 12 月开始生产的 A-7 型，配备了两门 20 毫米（0.79 英寸）机炮和两挺安装在前机身的 12.7 毫米（0.5 英寸）机枪。在生产了 80 架 A-7 型之后，德国开始生产 A-8 型——这是 Fw-190A 系列的最后一个型号，共计生产了 1334 架。A-8 型安装了一氧化二氮加力装置，并在后部机身内增加了一个油箱。部分 A-8 型被改装成了教练机（Fw-190S-8）。Fw-190 的下一个主要量产型——Fw-190D 加长了机鼻，以便安装 1324 千瓦（1776 马力）的容克斯 Jumo 213A-1 发动机（这是一种配有环形散热管的液冷发动机，拥有和星形发动机一样的性能）。Fw-190D 系列的第一个主要量产型是 Fw-190D-9 截击机（于 1943 年开始在第 3 战斗机联队服役）。该系列用于对地攻击的后续型号有：在机翼安装两门 30 毫米（1.19 英寸）MK 108 机炮的 D-11 型，以及改用 1536 千瓦（2060 马力）Jumo 213F 发动机的 D-12 型和 D-13 型。

尽管原先被定位为战斗机，但 Fw-190 却显示出可改装为对地攻击机的潜力。随即，远程对地攻击型（Fw-190G）在 1942 年出现了。在这一过渡型号之后，打乱了型号排序而诞生的是 Fw-190F——它在 Fw-190A-5 的基本框架之上，增强了起落

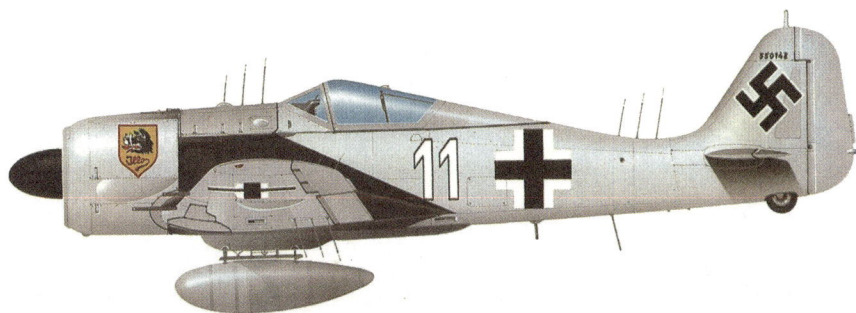

1944 年 8 月，驻扎于德国韦尔诺伊兴的第 10 夜间战斗机联队第 1 大队的 Fw-190A-6/R11（由汉斯·克劳斯中尉驾驶）。这架飞机安装了 FuG 16ZE 和 FuG 25 无线电设备。注意飞机上的天线。

架，加强了装甲防护，在机身下方安装了 ETC 501 炸弹挂架，在机翼下方安装了四个 ETC 50 挂架。Fw-190F-1 只生产了 30 架。之后，德国人又生产了 271 架采用改进型座舱盖的 F-2 型，以及约 250 架改进了机翼结构的 F-3 型。基于 Fw-190A-7 改进而来的 Fw-190F-7，则生产了 385 架。至于采用了强大的 1693 千瓦（2270 马力）BMW 801TS/TH 涡轮增压发动机的 Fw-190F-9，其具体生产数量不明。

福克 - 沃尔夫 Fw-190 是如此成功，以至于帝国航空部允许该机的设计师库特·谭克（Kurt Tank）博士以自己姓氏中的"Ta"为福克 - 沃尔夫公司后续设计的飞机命

东线，一架 Fw-190A-5 战斗轰炸机在为任务做准备。从 1943 年夏开始，德国飞行员发现新出现的苏联新型战斗机与己方飞机的性能差距正在迅速缩小。

名。不过在第二次世界大战中，这些飞机最后只有两种投入了实战：一种是 Ta-154 双发夜间战斗机（仅有少数短暂参与过战斗），另一种是在 Fw-190D 的基础上加大展弦比的 Ta-152[该飞机增强了武器装备，采用了增强型 Jumo 323E/B 发动机，能在 12500 米的高空中达到 760 千米 / 小时（472 英里 / 小时）的最高速度]。Ta-152 的量产型是 Ta-152H，该型飞机在 1945 年年初首先装备第 301 战斗机大队（该单位的职责是保护 Me-262 喷气战斗机基地）。在第三帝国崩溃之前，有大约 150 架 Ta-152H 被生产出来，它们"为 Fw-190 的历史画上了句号"。

福克 - 沃尔夫 Fw-200"秃鹰"（Focke-Wulf FW 200 Condor）

Fw-200C-1 共有五名乘员。飞行员与副驾驶通常会并肩坐在驾驶舱里。定向仪的前部天线被安装在驾驶舱前方的可拆卸鼻锥内。

机身前部的全封闭炮塔内有一挺 7.92 毫米（0.31 英寸）MG 15 机枪——在面临来自前方的威胁时，可由副驾驶操纵射击。

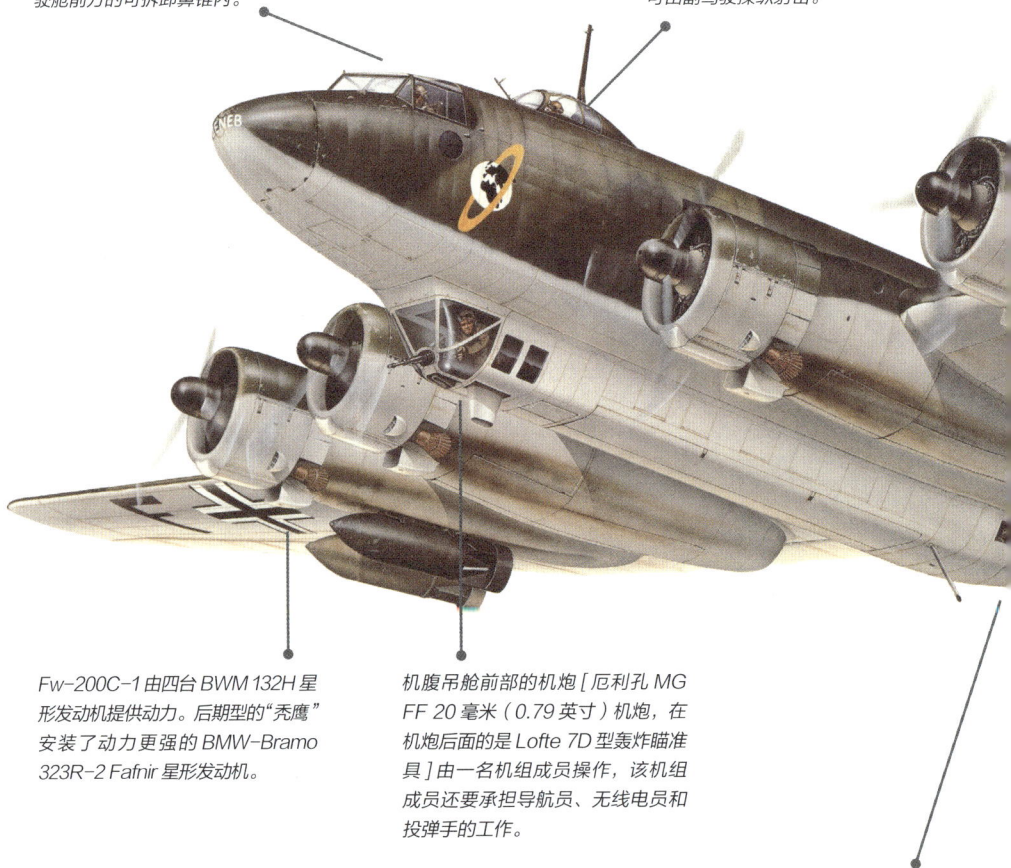

Fw-200C-1 由四台 BWM 132H 星形发动机提供动力。后期型的"秃鹰"安装了动力更强的 BMW-Bramo 323R-2 Fafnir 星形发动机。

机腹吊舱前部的机炮 [厄利孔 MG FF 20 毫米（0.79 英寸）机炮，在机炮后面的是 Lofte 7D 型轰炸瞄准具] 由一名机组成员操作，该机组成员还要承担导航员、无线电员和投弹手的工作。

腹部吊舱的武器舱足以容纳一枚 250 千克（551 磅）重的水泥炸弹，这种炸弹是在投放正规炸弹之前用于计算弹道或者校准瞄准具的。武器舱后面是尾部射击口，由飞行工程师在此操作一挺 7.92 毫米（0.31 英寸）机枪。

Fw-200C-1 在执行武装侦察任务时可携带四枚 250 千克（551 磅）重的炸弹。图中挂在机身外的炸弹，有两枚在发动机舱下方，有两枚在机翼挂架上。

这架 Fw-200 涂有德国空军的标准迷彩，即上表面和机身侧面为双绿色碎块，下表面为浅灰色。

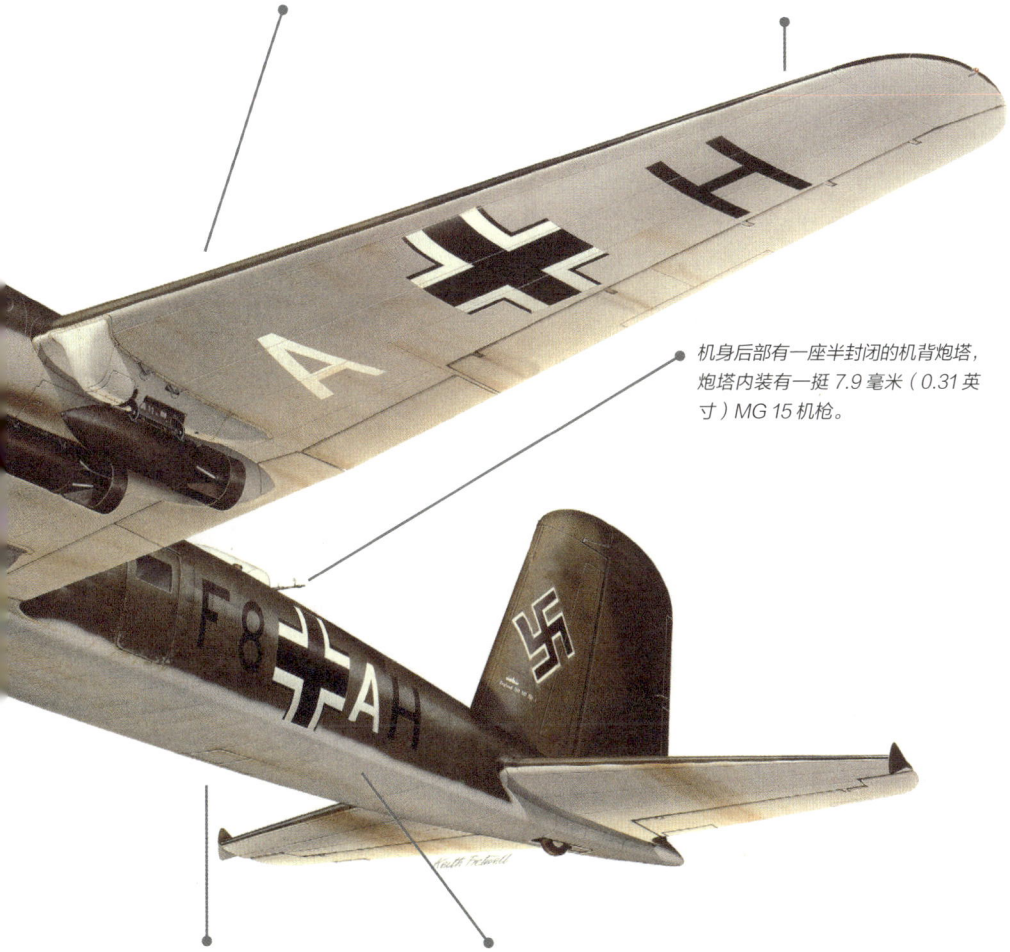

机身后部有一座半封闭的机背炮塔，炮塔内装有一挺 7.9 毫米（0.31 英寸）MG 15 机枪。

后机身下方的这个舱盖可用于投放小型物件，例如照明弹、发光浮标和定位浮标。

该标识表明，这架 Fw-200C-1 来自第 3 航空队第 4 航空军第 40 轰炸机联队第 1 大队（于 1940 年驻扎在法国的波尔多—梅里尼亚克）。

福克 - 沃尔夫 Fw-200 "秃鹰" 于 1936 年开始设计，其原型是一款由四台 537 千瓦（720 马力）的 BMW 132G 星形发动机提供动力的 26 座商用客机。该机的原型机 Fw-200V-1（登记号为 "D-AERE"，后被称为 "萨尔"）在 1937 年 7 月 27 日完成首飞，但当时这架飞机安装的是四台 652 千瓦（875 马力）的普拉特·惠特尼 "大黄蜂" 星形发动机。1938 年 8 月 10 日，这架飞机（此时已重新注册为 "D-ACON"，并命名为 "勃兰登堡"）完成了一次从柏林到纽约的、持续 24 小时 36 分钟的不间断飞行。Fw-200 的初始生产型为与原型机并无太大差别的 Fw-200A。至于其首个大规模生产的型号——Fw-200B-1，则增加了起飞重量，并使用了 634 千瓦（850 马力）的 BMW 132Dc 发动机。后来的 Fw-200B-2，则使用了 619 千瓦（830 马力）的 BMW-123H-1 发动机。Fw-200B 主要被汉莎航空公司和丹麦航空公司使用。三架原型机之一的 Fw-300V3（即 "殷麦曼三世"）被赠予阿道夫·希特勒，以作为他的个人专机。

1938 年，第一架原型机 D-ACON（即 "勃兰登堡"）进行了一次从柏林到东京

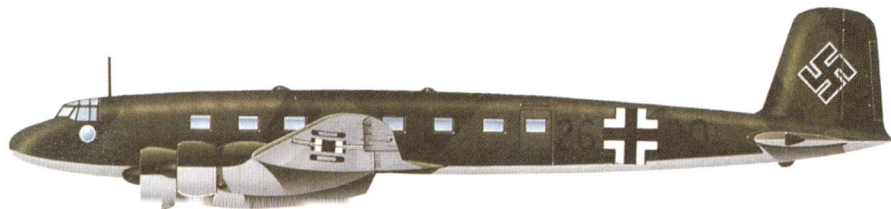

福克 - 沃尔夫 Fw-200F8+BB 是首批安装机腹挂架、全套海上设备与轰炸设备的 "秃鹰" 之一。这一型号的 "秃鹰" 被分配给第 40 轰炸机联队第 1 直属中队，后于 1940 年 4 月参加了入侵挪威的行动。

机型：远程海上巡逻机（Fw-200C-3）

机组： 六人

动力单元： 四台 895 千瓦（1200 马力）BMW-Bramo 323R-2 Fafnir 九缸星形发动机（Fw-200-C-3/U4）

最高速度： 在 4700 米（15420 英尺）高度上，360 千米 / 小时（224 英里 / 小时）

爬升速度： 未知

实用升限： 6000 米（19685 英尺）

最远航程： 4440 千米（2759 英里）

翼展： 32.84 米（107 英尺 8 英寸）

机翼面积： 118 平方米（1270 平方英尺）

长度： 23.85 米（78 英尺 2 英寸）

高度： 6.30 米（20 英尺 7 英寸）

重量： 空重 12950 千克（28549 磅）；最大满载重量为 22700 千克（50044 磅）

武装： 一挺 7.92 毫米（0.31 英寸）机枪位于机背前部炮塔；一挺 13 毫米（0.51 英寸）机枪位于机背后部射击口；机身装有两挺 13 毫米（0.51 英寸）腰部机枪；机腹吊舱前部有一门 20 毫米（0.79 英寸）机炮；机腹后部有一挺 7.92 毫米（0.31 英寸）机枪；最大载弹量为 2100 千克（4630 磅）

的演示飞行。日本陆军航空兵对这架飞机的高性能印象十分深刻，于是下单采购三架，并要求将其改装为轰炸机。福克 - 沃尔夫的设计团队在 1939 年年初开始着手此事——改型被称为"Fw-200C"。Fw-200C 采用了大幅加固的结构，并选用了 746 千瓦（1000 马力）的 BMW（Bramo）323Fafnir 星形发动机。此外，Fw-200C 还加固了起落架——主起落架由单轮改为双轮，以适应更大的飞机重量。

在第一架 Fw-200C 完工时，第二次世界大战已经爆发，德国空军接手了"秃鹰"的改装工作，并将其作为一种海上侦察机投入生产。Fw-200C 的预生产型在 1940 年 4 月德国入侵挪威时被用作运输机，而一同参加行动的还有德国从汉莎航空征用的 Fw-200B。第一个接收海上侦察型"秃鹰"的德国空军单位是远程侦察中队，该中队从 1940 年 4 月起开始执行任务，并在当月被重新命名为"第 40 轰炸机联队第 1 大队"。虽然 Fw-200C-1 的生产贯穿了整个 1940 年，但当年总共只生产了 36 架。1941 年，福克 - 沃尔夫交付了 58 架经过改进的、在每一侧机翼下方安装了两个炸弹挂架的 Fw-200C-2。尽管"秃鹰"的最初生产型表现良好，但该型飞机却存在后部机身强度严重不足的问题，一些飞机在硬着陆时直接摔成了两半。为解决这一问题，一种结构增强型的"秃鹰"（即 Fw-200C-3，该型飞机的产量远超此前的各个型号）在 1941 年中期投入生产。Fw-200C-3 通常能续航 9 小时 45 分钟，但在安装了内部远程油箱后，可滞空 18 个小时——这可使其从波尔多起飞，在英伦列岛实施沿大西洋侦察后，再降落至挪威的斯塔万格。Fw-200C-3 的最大起飞重量为 22650 千克（49934 磅），一般载弹量为 1495 千克（3296 磅），最大载弹量为 5345 千克（11783 磅）。

从 1940 年到 1941 年，对大西洋和北海的盟军航运来说，第 40 轰炸机联队的"秃鹰"带来的威胁要远大于德军潜艇带来的威胁。从 1940 年 8 月到 1941 年 2 月，第 40 轰炸机联队上报击沉了 368826 吨船只。其中大多数战绩是在 1941 年 4 月取得的，总计有 116 艘船（328185 吨）。直到英国在康沃尔和北爱尔兰的机场部署远程战斗机"英俊战士"中队，以及 1942 年皇家海军首次引入护航航母后，德军空袭造成的损失才开始减少。从 1941 年 1 月 1 日开始，第 40 轰炸机联队被划归德国海军的大西洋航空指挥部指挥。

纵观 Fw-200 的整个服役生涯，其武器配置可谓十分丰富。Fw-200 有一门可向前射击的 20 毫米（0.79 英寸）MG FF 机炮。C-1 型拥有五挺 7.92 毫米（0.31 英寸）MG 15 机枪：两挺位于机身腰部（可用于朝水平方向射击），一挺位于炸弹吊舱尾部，一挺安装在电动的前向炮塔之中，另有一挺手动操作机枪位于机背。Fw-200C-3/U1 将电动炮塔内的机枪换成了 20 毫米（0.79 英寸）MG 151 机炮。Fw-200C-3/U2 将所有位置上的武器统一替换成了 7.92 毫米（0.31 英寸）MG 15 机枪。Fw-200C-3/U3 将电动炮塔内和机背上的机枪换成了 12.7 毫米（0.5 英寸）MG 131机枪。Fw-200C-3/U4 在腹部吊舱前部安装了一门 20 毫米（0.79 英寸）MG 151 机炮，并在机背和机身腰部换上了 MG 131 机枪。此外，还有一些被命名为 "Fw-200C-4"的 Fw-200C-3/U1 和 U4 安装了搜索雷达，并携带了大量通信设备。

基于 Fw-200C-3 开发而来的 Fw-200C-6 是"秃鹰"最后一个投入作战的型号。虽然该机型移除了炸弹挂架，但其每个发动机机舱下面均可携带一枚亨舍尔 Hs-293B 空对地导弹。1943 年 12 月 28 日，携带亨舍尔 Hs-293B 空对地导弹的 Fw-200C-6 首次投入使用。

1942 年，德国总共生产了 84 架"秃鹰"。1943 年，德国又生产了 76 架"秃鹰"。到 1944 年年初，"秃鹰"的全盛时期已过，德国停止了该机型的生产。在整个战争期间，"秃鹰"的总产量是 252 架。许多"秃鹰"在 1942 年被降级为运输机，其中九架在"为伏尔加格勒被围德军提供补给"的行动中损毁。

1940—1941 年，由于能出海作战的 U 艇相对较少，第 40 轰炸机联队的"秃鹰"成了英国船队在横渡北海和大西洋时的最大威胁。仅 1941 年 4 月，这些轰炸机就击沉了至少 116 艘船。

亨克尔 He-111（Heinkel He 111）

这架 He-111H-22 属于第 3 轰炸机联队第 3 大队，1944 年年底该大队驻扎在荷兰。

大多数"亨克尔"都在机腹吊舱尾部安装了两挺 7.92 毫米（0.31 英寸）MG 81 机枪。此外，还有两挺机枪被安装在机身腰部。不过，在此图中，机腹吊舱尾部的机枪已被移除，以减轻机身重量。

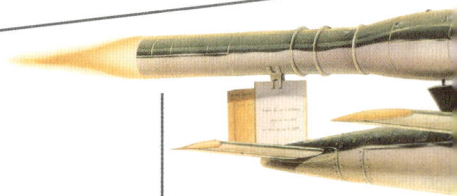

Fi-103 导弹由一台安装在弹体后上方的阿格斯－施密特 As-014 弹簧瓣阀栅脉冲喷气发动机提供动力。这种导弹的巡航速度接近 800 千米/小时（487 英里/小时）。

机背炮塔内有一挺由"兼职"无线电员的机枪手操作的 13 毫米（0.51 英寸）MG 131 机枪（备弹量为 1000 发）。

He-111 的标准机组为五人：一名飞行员、一名投弹手和三名机枪手。起飞时，飞行员坐在全透明座舱的一边，而导航员兼投弹手则坐在飞行员身后的折叠椅上。

He-111H-22 是基于 H-16 和 H-20 的机身发展而来的，由两台容克斯 Jumo 211F-2 12 缸发动机提供动力。少数 H-22 采用的是 H-21 的机身方案，由两台容克斯 Jumo 213E-1 发动机提供动力。

在作战期间，投弹手会挪到座舱最前方的一块垫子上。投弹手会在这里操作投弹瞄准具和一门 MG FF 20 毫米（0.79 英寸）机炮（备弹量为 180 发）。

Fi-103 更为人所知的名字是"V1"，德国将其从位于法国和低地国家的基地发射向英国。V1 进行了大约 1200 次空中发射，首次发射是在 1944 年 7 月末，此时距离诺曼底登陆已经过去近两个月。

两枚 *LT F5b* 训练鱼雷正在被装到 *He-111H-6* 机身下方的 PVC 武器挂架上。首个装备 *He-111H-6* 鱼雷轰炸机的单位是第 26 轰炸机联队第 1 大队，该大队驻扎在挪威北部的巴杜弗斯和巴纳克。

机型：中型轰炸机（He-111H-16）

机组： 五人

动力单元： 两台 1007 千瓦（1350 马力）容克斯 Jumo 211F 12 缸倒 "V" 形发动机

最高速度： 在 6000 米（19685 英尺）高度上，436 千米 / 小时（271 英里 / 小时）

爬升速度： 42 分钟至 6000 米（19685 英尺）

实用升限： 6700 米（21982 英尺）

最远航程： 1950 千米（1212 英里）

翼展： 22.60 米（74 英尺 1 英寸）

机翼面积： 86.50 平方米（931 平方英尺）

长度： 16.40 米（53 英尺 8 英寸）

高度： 3.40 米（11 英尺 1 英寸）

重量： 空重 8680 千克（19136 磅）；最大满载重量为 14000 千克（308644 磅）

武装： 机鼻有一门 20 毫米（0.79 英寸）MG FF 机炮；机背有一挺 13 毫米（0.51 英寸）MG 131 机枪；机腹吊舱尾部有两挺 7.92 毫米（0.31 英寸）机枪；机身腰部有两挺 7.92 毫米（0.31 英寸）MG 81 机枪；内部弹舱最大可携带 2000 千克（4409 磅）载荷，外部挂载载荷与此类似

1934 年年初，齐格弗利特·冈特与沃尔特·冈特在设计 He-111 时，本打算将其定位于高速运输机，以及保密中的德国空军轰炸机。该型飞机在设计时大量参考了此前的 He-70，保留了后者优美的曲线。第一架原型机 He-111a（后被命名为 "He-111V-1"）在 1935 年 2 月 24 日首飞，当时其使用的是两台 492 千瓦（660 马力）BMW Ⅵ 发动机。之后的 V-2 在同年 3 月 12 日完成首飞。V-2 被注册为 "D-ALIX"，是 He-111 的运输机版，拥有较小的翼展和平直的机翼后缘。它被交付给汉莎航空，并得名 "罗斯托克"，之后又被用于秘密侦察行动。而 V-3 的注册名为 "D-ALES"，它是一架进一步缩短了翼展的轰炸机，也是 He-111A 量产型号的先行者。

在 He-111V-3 取得成功后，亨克尔公司获得了一份生产 10 架 He-111A-0 预生产型的订单。其中，两架 He-111A-0 被送往雷希林进行测试，但被发现并不适合作战（由于安装了额外的军用设备，导致操控性较差）。最终，这 10 架 He-111A-0 均被交给中国，以用于对抗日本侵略者。同时，民用运输型继续以 He-111V-4（注册名为 "D-AHAO"）为基础进行研发。V-4A 可搭载 10 名乘客，在 1936 年 1 月被交给汉莎航空。此后，亨克尔公司又生产的六架 He-111C-0，全部用德国城市的名字命名。与此同时，亨克尔公司也在研发 He-111A-0 的替代者——使用两台 746 千瓦（1000 马力）戴姆勒·奔驰 DB600A 发动机的 He-111B。He-111B 的原型机为 He-111V-5——德国空军订购的此型飞机名为 "He-111B-1"，其第一架飞机于 1936 年年底被交付给第 154 "波尔克" 轰炸机联队（驻地为汉诺威—朗根哈根）。1937 年，He-111B-1 加入了德国 "秃鹰" 军团，并在西班牙内战中接受了实战检验。实战证明 He-111B-1 的设计很成功，它仅靠速度就能躲避战斗机的拦截。

图中所示的亨克尔 He-111H 是 He-111 系列的最终型号，它本质上是改用了 Jumo 211 发动机的 He-111P。He-111H 于 1939 年开始服役，总产量为 6150 架。

在生产了 300 架 He-111B 后，亨克尔公司只生产了少数几架 He-111D，就又开始生产使用容克斯 Jumo 发动机的 He-111E。He-111F 系列的少数飞机也使用了容克斯 Jumo 发动机。He-111F 是 He-111 家族中首个采用直前缘机翼的型号。上述各型号的飞机也参加了西班牙内战，并在战争结束后被转交给西班牙空军。至于 He-111G，则是另一种运输机型（汉莎航空拥有五架，土耳其拥有四架）。

到 1939 年年中时，各型号的 He-111 已总共生产了大约 1000 架。此时，另一种新型号的 He-111——He-111P 诞生了。He-111P 使用了两台戴姆勒·奔驰 858 千瓦（1150 马力）DB 601Aa 发动机，采用全玻璃非对称机鼻，并带一个偏置球形炮塔，以取代之前型号的阶梯式座舱。在转产 He-111H 之前，亨克尔公司生产的 He-111P 的数量很少。He-111H 的动力单元为两台 820 千瓦（1100 马力）容克斯 Jumo 211 发动机。He-111H 的各个子型号在 1940—1943 年期间挑起了德国空军轰炸机部队的大梁，在 1944 年停止生产前共制造了约 6150 架。

纵观 He-111H 的整个服役生涯，亨克尔公司都在不断为其升级动力装置，并持续修改进攻和自卫火力方案、增加额外装甲，使其能承担包括反舰鱼雷攻击、领航、导弹运载与发射、运载伞兵和拖曳滑翔机在内的各种任务。He-111H 首个携带鱼雷的型号为 He-111H-6，然后是 H-15。He-111H-8 安装了一部巨大且笨重的气球系缆切割器；He-111H-11R2 是高塔 Go-242 滑翔机的牵引机；H-111H-14 与 H-111H-18 是安装了特殊无线电设备的领航机；He-111H-16 配备了更重型的武器。He-111H-20 则包含可搭载 16 名伞兵的运输型、夜间轰炸机和滑翔机拖曳机等多个子型号。He-111H-22 可在机翼下携带一枚费赛勒尔 Fi-103（V1）飞行炸弹——能在北海上空发射以攻击位于英国的目标，这种作战一直持续到 1944 年年底 [顺带一提，从 1944 年 7 月到 1945 年 1 月，执行 Fi-103（V1）空中发射任务的单位共损失了 77 架飞机，其中很多都是被"蚊"式夜间战斗机击落的]。

He-111 轰炸机的最后一个衍生型号是用于拖曳 Me-321"巨人"滑翔机的 He-111Z（"Z"取自德文"Zwilling"，意为"双体"）。这种飞机是由两架 He-111H-6 或者 H-111H-16 的机体组合而来。加上在两架飞机的结合处安装的发动机，He-111Z 总共装有五台发动机。

在第二次世界大战早期的波兰战役中，He-111 遭受的损失相对较少。不过，当拥有 He-111 的单位在法国战役中遇到坚决抵抗后，就遭受了不小的损失——在不

这张照片非常全面地展示了这架 He-111H 位于机鼻、背部炮塔和机腹吊舱处的自卫火力布置。在遭受了不列颠之战的惨重损失后，He-111 增强了武装。

列颠之战中更是如此。He-111 参加过的重要作战行动之一，是第 4、第 27、第 53 和第 55 轰炸机联队在 1944 年 6 月 21 日与 22 日对苏联波尔塔瓦基地的突袭。当时，美国陆军航空队的 114 架 B-17 轰炸机和为其护航的 P-51 战斗机在前一天轰炸了柏林后刚刚在此基地降落。在 He-177 领航机的带领下，德国轰炸机摧毁了 43 架 B-17 和 15 架 P-51。此外，He-111 还在对前往苏联的北极护航队的攻击中取得了一些成功，尤其是在 1942 年 7 月对命运多舛的 PQ17 护航队的袭击，令该护航队几乎全军覆没。

容克斯 Ju-52（Junkers Ju 52）

Ju-52 的机组为三人，飞行员与副驾驶并肩而坐，无线电员坐在他们中间的折叠椅上。驾驶舱高于货舱地板。

Ju-52 的背部有一根定向设备使用的环形天线，驾驶舱后面还有一根天线杆。

Ju-52/3mg5e 由 三 台 BMW 132T-2 九缸星形发动机提供动力。两侧的发动机都略微朝外倾斜，以应对当其中一台发动机发生故障时产生的偏航现象。此外，该机型还可通过环形排气管收集发动机排出的废气（这是 Ju-52 的特征之一）。

机翼前缘上方的油箱，位于机翼发动机舱内。

为了能在不平整的地面上反复着陆，Ju-52 的起落架十分粗壮。此外，机轮上还装有外罩——作战时，这里很容易被泥土塞满。

在安装了座位后，Ju-52 最多可搭载 18 名乘客（他们可坐在由过道隔开的两排座位上）。

背部射击口安装了一挺 7.92 毫米（0.31 英寸）MG 15 机枪。射击口前面还有一个透明的整流罩，可让机枪手在飞行时免受直面气流之苦。

该标识显示，这架飞机来自第 172 特别轰炸机联队第 1 大队，该大队曾参与了 1943 年 4 月的突尼斯撤离行动。

波纹机身是很多容克斯 Ju-52 早期型的常见特征。金属蒙皮本身就具有较好的承载性能，机身在采用了波纹设计后既可大幅提高强度，又不会增加重量。

近距离观察 Ju-52/3m 的发动机布置。由三台普拉特·惠特尼"大黄蜂"星形发动机提供动力的 Ju-52/3m，在 1932 年 4 月完成首飞。

作为史上著名的运输机之一，Ju-52/3m的故事要从1930年10月13日讲起。那天，单发商用运输机Ju-52/1m完成了首次飞行。18个月后，基于这种飞机设计的另一衍生型——Ju-52/3m问世，它装配了三台429千瓦（575马力）BMW 132A星形发动机（普拉特·惠特尼"大黄蜂"发动机的德国许可生产版）。Ju-52/3m坚固、可靠，能在小型机场、不平整的机场和高海拔的机场起降，是一种十分高效的运输机，一经问世就获得了成功。德国汉莎航空公司和世界各地的其他航空公司订购了大量Ju-52/3m——总计有28家航空公司使用过该飞机。

1934年，容克斯公司为仍处于"地下状态"的德国空军生产了一款军用版的Ju-52/3m。这种名为"Ju-52/3mg3e"的飞机是一种重型轰炸机，拥有四名机组成员并配有两挺MG 15机枪（一挺安装在机背射击口，一挺安装在机身下方）。在1934年到1935年期间，德国空军至少接收了450架Ju-52/3m——这些飞机的服役单位是第152"兴登堡"轰炸机联队。1936年8月，20架由德国志愿者驾驶的Ju-52/3m被派往西班牙，其首个任务是将一万人的部队从西属摩洛哥运回西班牙。第二年11月，德国秃鹰军团（拥有50架Ju-52/3m）成立——其任务是为弗朗哥的国民军提供空中支援。秃鹰军团的作战行动包括轰炸共和军控制的地中海沿岸港口、支援格尔尼卡镇周边的地面战斗——摧毁格尔尼卡镇的行动让德国轰炸机臭名昭著。随着战争的进行，一些国民军的轰炸机单位也装备了Ju-52/3m。Ju-52/3m在西班牙的最后一战发生在1939年3月26日。至此，Ju-52/3m共计出击了5400架次，损失了八架（五架在空中损毁，三架在地面损毁）。

在德国空军服役的Ju-52轰炸机很快就被Ju-86和Do-17等机型取代，并在之后的日子里被单纯用作运输机。1938年3月，在"合并"奥地利的行动中，160架Ju-52运载2000名伞兵进占维也纳。第二年，这些飞机又参加了入侵捷克斯洛伐克的行动。1940年4月，它们又担任了入侵丹麦和挪威的先锋——160架Ju-52通过空投伞兵占领了关键机场，并为这些空降部队提供了340架次的补给和增援。在入侵荷兰时，有大约475架Ju-52参加了战斗，并在战役初期遭受了重大损失（167架）。

Ju-52参加的另一次大规模空降作战是1941年4—5月进行的克里特岛之战——这也是德国空军最后一次进行大规模空降行动。在代号"水星行动"的克里特岛空降作战中，德国空军出动了493架Ju-52和80架DFS-230滑翔机。"水星行动"让德军付出了惨痛代价——伤亡7000人，损毁了170架Ju-52。1941

年 6 月，德军在入侵苏联时得到了六个 Ju-52 运输大队的支援。另有 150 架 Ju-52 被派去支援在北非发动攻势的隆美尔。到 1941 年年底，共有约 300 架 Ju-52 在地中海战场作战。1942 年 7 月、8 月和 9 月，Ju-52 和其他运输机向北非运送了 46000 名士兵和 4000 吨物资，但在 10 月进行的阿拉曼战役之后，在英国"沙漠空军"战斗机的打击下，Ju-52 损失惨重——从 10 月 25 日到 12 月 1 日就被摧毁了 70 架。然而，真正葬送了地中海战区的 Ju-52 大队的是"1943 年春德国和意大利疯狂向突尼斯提供增援"的行动。仅在 1943 年 4 月 7 日这一天，美国和英国的战斗机就摧毁了卡本半岛附近的 77 架 Ju-52 中的 52 架，这些满载汽油的运输机在剧烈的爆炸中灰飞烟灭。从 4 月 5 日到 22 日，至少有 432 架德国运输机被摧毁，其中大部分都是 Ju-52，而盟军战斗机只有 35 架被击落。

　　在苏联前线，有五个 Ju-52 大队参加了伏尔加格勒的空运行动。从 1942 年 11 月 24 日到 1943 年 1 月 31 日，德军损失了 266 架 Ju-52，其中 52 架是在苏军对斯佛耶佛机场连续 24 小时的攻击中被摧毁的。

尽管德国后期又研发了其他运输机，但 Ju-52 的产量在整个第二次世界大战期间一直处于持续增长状态。1941 年有 502 架 Ju-52 完成交付，1942 年有 502 架 Ju-52 完成交付，1943 年有 887 架 Ju-52 完成交付（由已被容克斯公司控制的阿米奥公司制造）。1944 年，德国工厂交付的 Ju-52 只有 379 架——同年，Ju-52 停产。从 1939 年到 1944 年，Ju-52 的总产量为 4845 架。

机型：轰炸机 / 运输机

机组：两至三人，外加 18 名乘客或 12 名躺在担架上的伤员

动力单元：三台 619 千瓦（830 马力）BMW 132T-2 九缸星形发动机

最高速度：286 千米 / 小时（178 英里 / 小时）

爬升速度：17 分钟 30 秒至 3000 米（9842 英尺）

实用升限：5900 米（19357 英尺）

最远航程：1305 千米（811 英里）

翼展：29.20 米（95 英尺 8 英寸）

机翼面积：110.5 平方米（1189.3 平方英尺）

长度：19.90 米（65 英尺）

高度：4.52 米（14 英尺 8 英寸）

重量：空重 6500 千克（14330 磅）；最大满载重量为 11030 千克（24317 磅）

武装：四挺 7.92 毫米（0.31 英寸）机枪——机背前方和后方各一挺，腰部两侧各一挺

一架涂有 1941 年至 1943 年在地中海和巴尔干地区使用的斑块状迷彩的 Ju-52/3m。在 1943 年年初试图增援突尼斯时，Ju-52 损失惨重。

容克斯 Ju-87 "斯图卡"（Junkers Ju 87 Stuka）

Ju-87B 安装了一台容克斯 Jumo 211Da 12 缸液冷发动机。机身上方的缺口是油冷却器的进气口。

Ju-87 装备了两挺莱茵金属－博尔西格 7.92 毫米（0.31）MG 17 机枪，每挺备弹 1000 发。

Ju-87 的飞行员上方有一个滑动舱盖（周围有装甲保护）。Ju-87 拥有一套自动俯冲控制装置，只要飞行员进行操作，该装置就能在预先设定的高度上拉起飞机。

大型的颚部散热器是 Ju-87 的一大特征。该散热器被一个装甲"澡盆"包围。整流罩后方的液压操纵冷却肋片，可在飞机低速飞行时让更多空气流入。

在闪电战早期，"斯图卡"于机身下方安装了一个能发出尖啸声的警报器，这进一步增强了人们对"斯图卡"的恐惧。不过，此图中的"斯图卡"虽然还带有警报器整流罩，但却并没安装警报器。

"斯图卡"的海鸥翼设计可以让起落架变短，将阻力降到最小。

该标识显示，这架 Ju-87B-2 来自
东线战场的第 77 俯冲轰炸机联队
第 3 大队第 7 中队。

后部机枪手［操作一挺 7.92 毫米（0.31 英
寸）MG 15 机枪］兼无线电员。尽管 Ju-
87B 常被当作单座飞机使用，但机枪手也
有自己的滑动舱盖。

Ju-87B 两侧的挂架可携带两枚
250 千克（551 磅）重的炸弹或四
枚 50 千克（110 磅）重的炸弹。
机身下方的托架可挂载一枚 500 千
克（1100 磅）或 250 千克（551 磅）
重的炸弹。该托架可确保俯冲轰炸
时释放的炸弹不会碰到螺旋桨。

这枚 50 千克（110 磅）重的炸弹
带有一根长杆引信。这种引信可让
炸弹在地面上爆炸，以最大限度地
增强爆炸效果。

容克斯 J-87R（"R"代表德文"Reishweite"，意为"远程"）是一种以Ju-87B为基础，专为反舰和其他需要长巡航能力的任务而开发的型号，其经过加强的外侧翼板可加挂油箱。

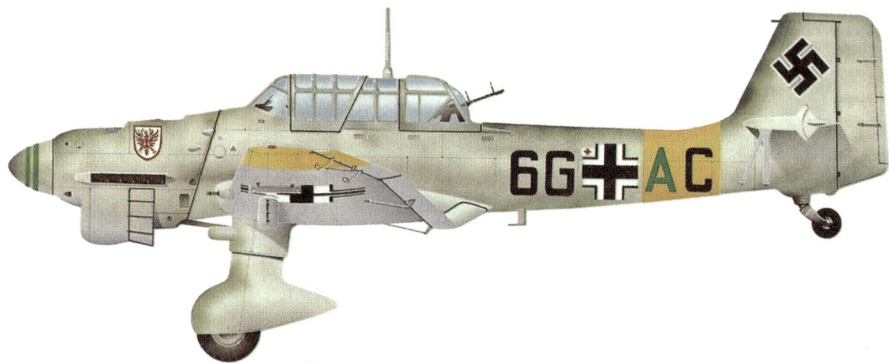

第 1 俯冲轰炸机联队的 Ju-87D。该联队的多个单位都曾参与过实战，尤其是在地中海战场上攻击英国船队及其护航舰只。

机型：俯冲轰炸机 / 攻击机（Ju-87D-1）

机组：两人
动力单元：一台 1044 千瓦（1400 马力）容克斯 Jumo 211J 倒 "V" 形活塞发动机
最高速度：410 千米 / 小时（255 英里 / 小时）
爬升速度：19 分钟 48 秒至 5000 米（16404 英尺）
实用升限：7300 米（23950 英尺）
最远航程：1535 千米（954 英里）
翼展：13.80 米（45 英尺 3 英寸）
机翼面积：31.90 平方米（343.38 平方英尺）

长度：11.50 米（37 英尺 7 英寸）
高度：3.88 米（12 英尺 7 英寸）
重量：空重 3900 千克（8598 磅）；最大满载重量为 6600 千克（14550 磅）
武装：机翼前缘两挺 7.92 毫米（0.31 英寸）固定前射机枪；后部座舱内一挺可收回的双管 7.92 毫米（0.31 英寸）后射机枪；外部最大可挂载 1800 千克（3968 磅）重的炸弹

　　尽管"斯图卡"（Stuka）——德文"Sturzkampfflugzeug"的缩写，字面意思为"俯冲战机"——一词适用于德国第二次世界大战期间所有具备俯冲轰炸能力的轰炸机，但这个词永远会让人在第一时间想到容克斯 Ju-87，包括它那丑陋的线条、倒海鸥形机翼，尤其是当它以近乎垂直的角度朝着目标俯冲下来时发出的女妖嚎叫一般的尖啸声。

　　Ju-87 是汉斯·波尔曼博士于 1933 年应德国空军的要求设计的，也是在 1928 年问世的高性能的 K-47 双座单翼机的基础上发展而来的。K-47 由容克斯公司位于瑞典马尔默-利姆港的工厂制造，曾有少量出口到中国。1935 年春末，Ju-87 的第一架原型机 Ju-87V-1 首飞。由一台 477 千瓦（640 马力）的罗尔斯-罗伊斯"红隼"

发动机提供动力的 Ju-87V-1 是一架全金属单翼机，它安装了一对垂直尾翼和方向舵，并采用了一种特殊的制造方式：机身被分为左右两半，然后在机身中线处拼合。数周后，这架原型机因为在进行俯冲测试时发生尾翼颤振而坠毁。之后的第二架原型机是 Ju-87V-2，其特征包括经过改进的发动机整流罩和散热器布置，以及变为单片的垂尾和方向舵。

1937 年 3 月，Ju-87V-2 被送往德国空军在雷希林的测试中心进行对比测试，同时作为其他三个竞争者（阿拉多的 Ar-81、布洛姆 - 福斯的 Ha-137 和亨克尔的 He-118）的参考对象。Ju-87 的第三架原型机 Ju-87V-3，大体上与 V-2 相似，但改善了前向视野，并采用了 507 千瓦（680 马力）的容克斯 Jumo 210 发动机。

Ju-87 的预生产型为 Ju-87A-0（由一台 Jumo 210Da 发动机提供动力）。接下来的一个型号是 Ju-87A-1——这也是 1937 年首批交付给第 162 "殷麦曼"俯冲轰炸机联队（该单位负责探索俯冲轰炸机相关的战术）的飞机。Ju-87A-1 配备一挺 MG 17 机枪和一挺 MG 15 机枪，而其主起落架之间的 "克瑙特"挂架，在飞机只搭载飞行员时可以携带一枚 453 千克（1000 磅）的炸弹，如果搭载了机枪手，则只能携带 250 千克（550 磅）的炸弹。1937 年 12 月，三架 Ju-87A-1 被派往西班牙，由秃鹰军团进行实战测试。A-1 之后的 A-2 的各子系列，只是螺旋桨有所不同。Ju-87A 系列在 3660 米（12008 英尺）的高度上最高可达 318 千米 / 小时（198 英里 / 小时）的速度，载重为 3402 千克（7500 磅）。在 1939 年 9 月第二次世界大战爆发时，大部分早期型的 Ju-87 已被转为训练机，而后续型号（Ju-87B）已在 1938 年开始批量生产。经过大幅改动的 Ju-87B 使用了更加强劲的 820 千瓦（1100 马力）Jumo 211D 发动机、重新设计的座舱，以及新的 "鞋罩"式起落架。其中，Ju-87B-1 可以携带 697 千克（1536 磅）的炸弹，在 4117 米（13507 英尺）的高度上的最高速度为 373 千米 / 小时（232 英里 / 小时）。Ju-87B-1 的前向火力获得了增强（拥有两挺 MG 17 机枪），其载重也增加到了 4245 千克（9358 磅）。Ju-87B-2 使用了宽叶螺旋桨，并进行了一些内部修改。Ju-87B-2 还有一种可在迫降时将起落架抛弃的反舰版本——Ju-87R。Ju-87R 可携带远程油箱，但能挂载的炸弹重量被降至 250 千克（550 磅）。需要注意的是，Ju-87R-1、R-2、R-3 和 R-4 只是在装备细节上有所差别。

此外，Ju-87 还有一种更有趣，却鲜为人知的型号——Ju-87C。Ju-87C 是一款舰载俯冲轰炸机（拥有液压折叠机翼、甲板阻拦装置和可抛式起落架），原定在德国的"齐柏林伯爵"号航空母舰上服役。Ju-87C-0 是 Ju-87B-1 的改进型，但没有折叠机翼结构；Ju-87C-1 只生产了一小批（但德国还是为此组建了第 186 舰载机联队第 4 俯冲轰炸大队）。不过，由于"齐柏林伯爵"号在几近完工时被废弃，所以这些俯冲轰炸机只能改回标准的 Ju-87。值得一提的是，"齐柏林伯爵"号的舰载机部队原计划包含 29 架"斯图卡"和 12 架 Bf-109 战斗机。

Ju-87 下一个服役的量产型号是 Ju-87D，它使用了一台带感应冷却的 1044 千瓦（1400 马力）Jumo 211J-1 发动机。Ju-87D 的发动机整流罩和座舱外形经过了重新设计，起落架整流罩的轮廓得到了改善。在增加了装甲之后，Ju-87D 仍可携带 1794 千克（3955 磅）的炸弹，而在 4117 米（13507 英尺）的高度上，速度也可达 410 千米 / 小时（255 英里 / 小时）。为了执行各种任务，Ju-87D 经过部分修改后衍生出了多个子型号，例如：Ju-87D-2（尾轮支腿经过特别加强，还有一个滑翔机牵引连接点）、Ju-87D-3[拥有额外的装甲，原定位于对地攻击，在每侧机翼下方都挂载了一个双联装 20 毫米（0.79 英寸）MG FF 机炮吊舱]、Ju-87D-4（可携带武器容器，为地面部队提供补给，主要在东线服役）、Ju-87D-5[将翼展从原来的 13.8 米（45 英尺 3 英寸）延长到 15 米（49 英尺 2 英寸），主要用于夜间战斗]、Ju-87D-7（去掉了俯冲制动器，安装了额外的翼下挂架）、Ju-87D-8（与 D-3 类似，但翼展更长）。

此外，Ju-87 还有两款停留在图纸上的改进型——Ju-87E 和 Ju-87F。Ju-87 的最后一个改进型是 Ju-87G，该型号在标准的 Ju-87D-5 上进行了改进——改为在翼下携带两门 BK 37[37 毫米（1.46 英寸）Flak 18] 机炮。在做出这样的改进之后，Ju-87G 能有效对付苏军的装甲车辆。汉斯·乌尔里希·鲁德尔上校是 Ju-87G 的主要拥趸，他在东线击毁了超过 500 辆坦克。至于 Ju-87H，则是所有具备双重控制能力的"斯图卡"（如 Ju-87D-1、Ju-87D-3、Ju-87D-5、Ju-87D-7 和 Ju-87D-8 等型号）的统一型号。归根结底，在得到战斗机空中支援的情况下，"斯图卡"是一件非常出色的武器，反之则会成为敌军唾手可得的猎物——正如在不列颠之战中那样，"斯图卡"遭受了惨重的损失。

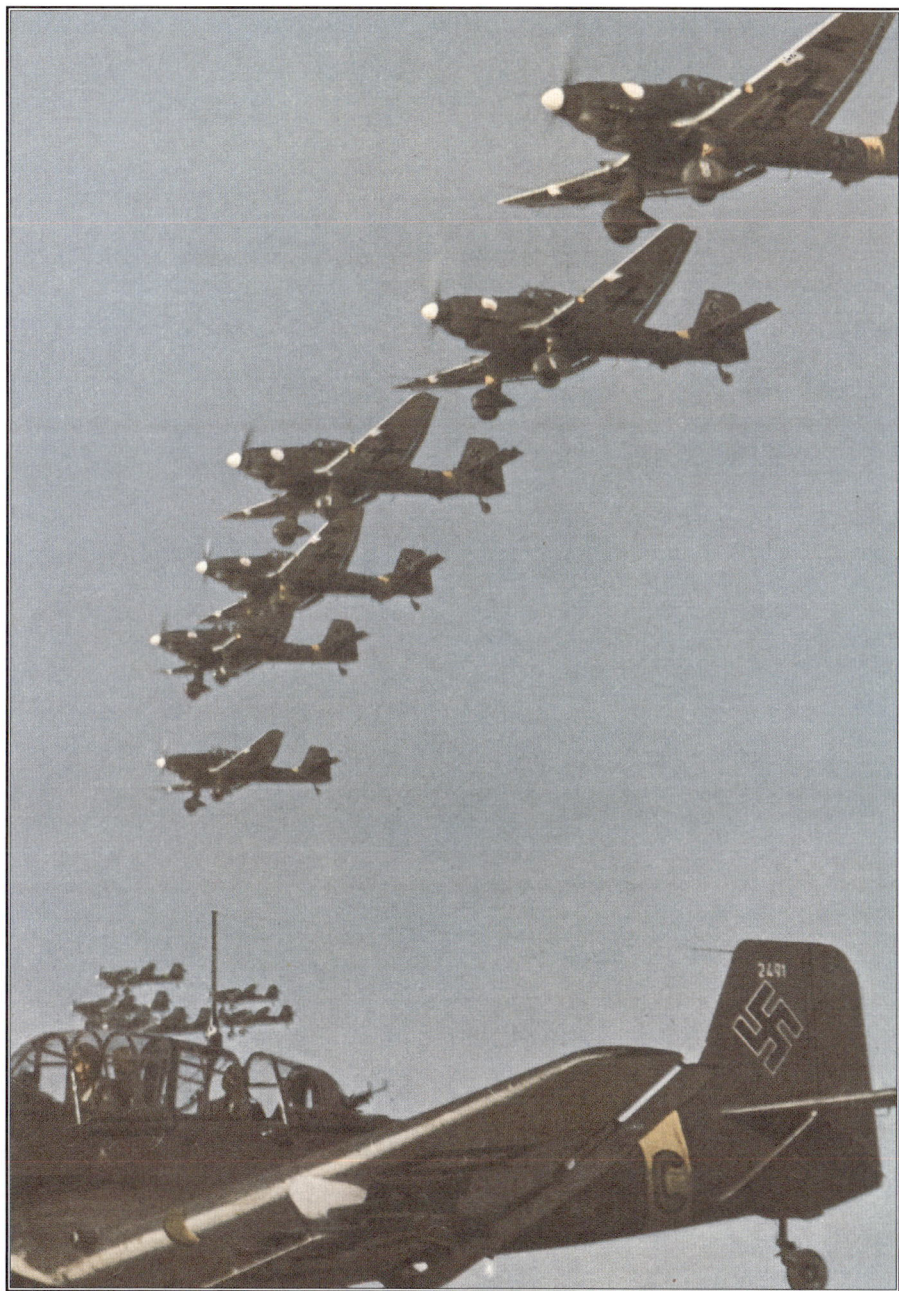

东线战场，一队 Ju-87 正在前往目的地。随着苏联红空军实力的恢复，"斯图卡"发现自己越来越离不开战斗机的严密保护了。

容克斯 Ju-88（Junkers Ju 88）

飞行员坐在玻璃座舱上部前方靠左的位置，在他右边稍微靠后的地方是副驾驶（投弹手）的位置，副驾驶还可进入玻璃机鼻内。驾驶舱有一挺用于防御飞机前半弧的机枪。

飞行工程师坐在玻璃座舱的后方，操作一挺 7.92 毫米（0.31 英寸）MG 15 后射机枪。

在常规轰炸时，投弹手使用一具位于玻璃机鼻处的轰炸瞄准具进行瞄准。在俯冲轰炸时，飞行员将使用座舱内的一具瞄准具（不用时可将其摆到一边）。

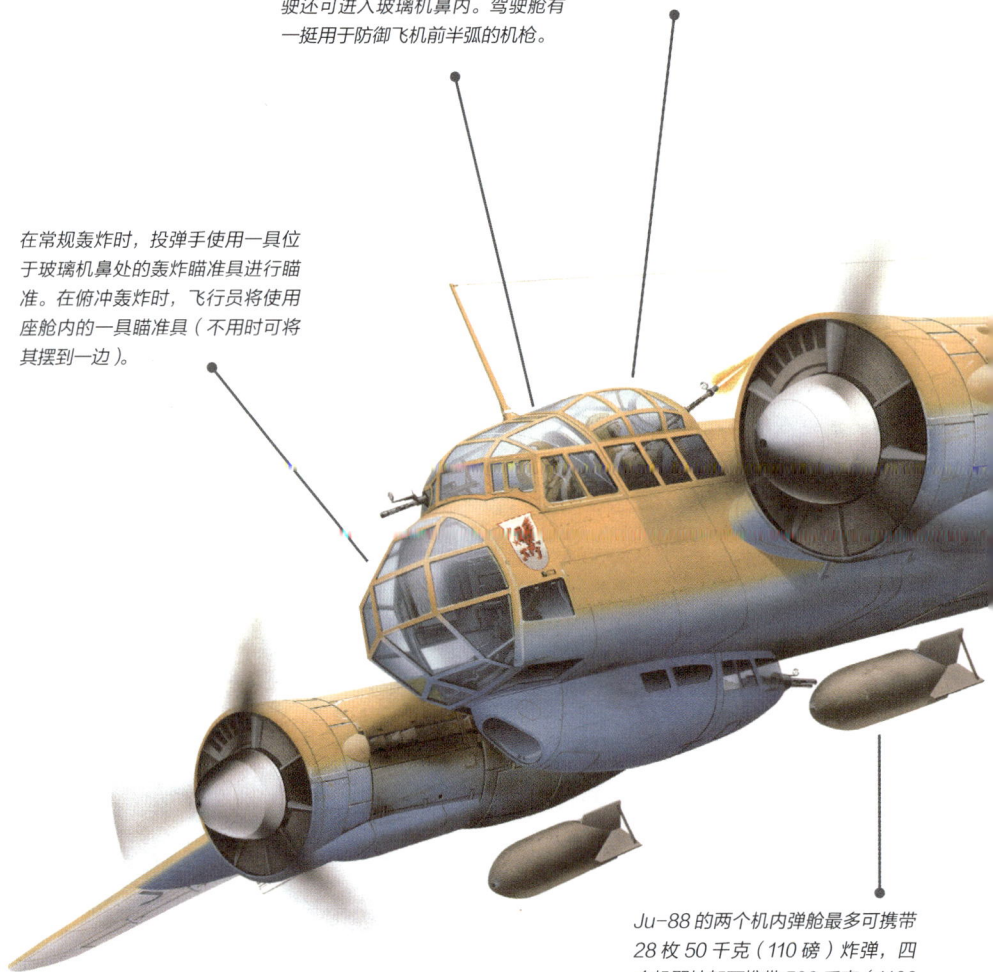

Ju-88 的两个机内弹舱最多可携带 28 枚 50 千克（110 磅）炸弹，四个机翼挂架可携带 500 千克（1100磅）炸弹。需要说明的是，A-5 型在两边机翼上分别增加了一个炸弹挂架。

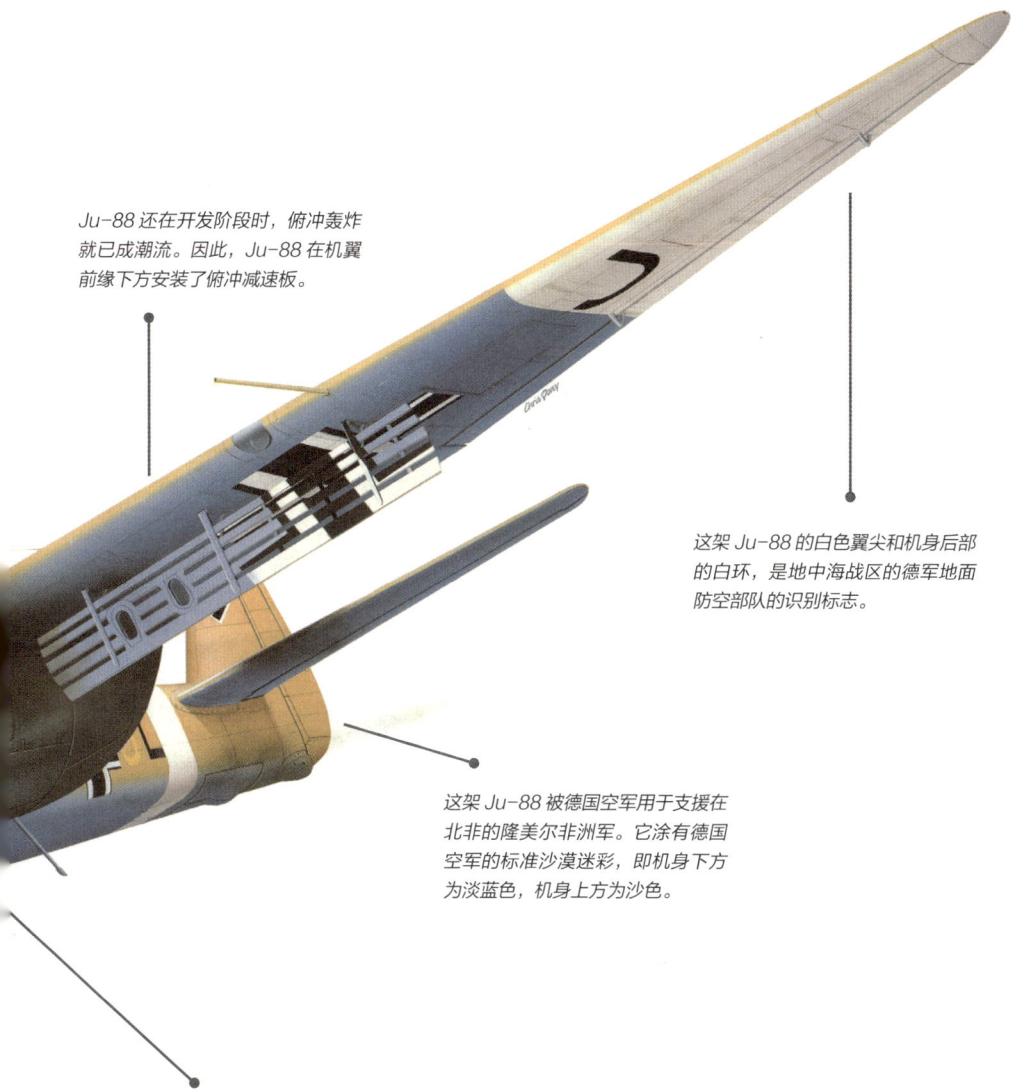

Ju-88 还在开发阶段时，俯冲轰炸就已成潮流。因此，Ju-88 在机翼前缘下方安装了俯冲减速板。

这架 Ju-88 的白色翼尖和机身后部的白环，是地中海战区的德军地面防空部队的识别标志。

这架 Ju-88 被德国空军用于支援在北非的隆美尔非洲军。它涂有德国空军的标准沙漠迷彩，即机身下方为淡蓝色，机身上方为沙色。

Ju-88 使用的是容克斯 Jumo 211G-1 12 缸液冷发动机。

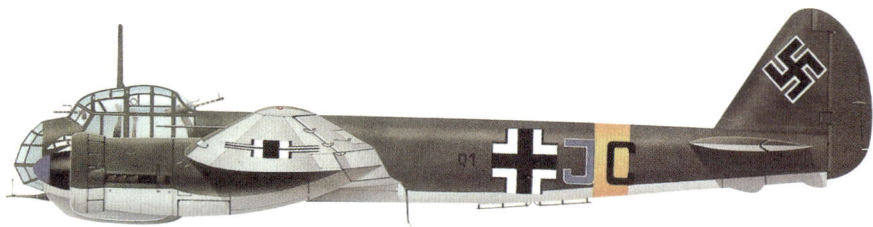

同时具备反舰能力和对地攻击能力的 Ju-88A-14，在机腹吊舱处安装了一门 20 毫米（0.79 英寸）机炮。该飞机的轰炸瞄准具窗口采用了流线型设计，并安装了抛壳槽。

　　作为有史以来功能最多、作战效率最高的几架飞机之一，Ju-88 在整个第二次世界大战期间的德国空军中一直占据着重要位置，并且扮演了轰炸机、俯冲轰炸机、夜间战斗机、近距离支援攻击机、远程重型战斗机、侦察机和鱼雷轰炸机等角色。在被德国空军"正式承认自己存在"之前，Ju-88 发端于 1934 年新上台的纳粹政府的大规模军用飞机扩张计划。在纳粹政府重新武装德国的计划中，轰炸机的研发很受重视，容克斯 Ju-86、亨克尔 He-111 和道尼尔 Do-17 等多个型号的轰炸机应运而生。这些飞机起初被定位为运输机（部分原因是为了掩盖德国正在重整武装的事实），而 1936 年开始设计的 Ju-88，一开始就被定位为专门的轰炸机——德国此时已不再掩盖自己重新武装的计划。1936 年 12 月 21 日，由两台 746 千瓦（1000 马力）DB 600A 直列发动机提供动力的 Ju-88 原型机（注册名为"D-AQEN"）完成首飞。此后，与 D-AQEN 相差不大的第二架原型机改用了 Jumo 211A 星形发动机（这也是 Ju-88 系列飞机所使用的主要动力单元）。1939 年夏，容克斯公司生产了一批预生产型 Ju-88A-0，并将首批 Ju-88A-1 交付给了测试单位——88 试验飞行队。1939 年 8 月，88 试验飞行队被改编为第 25 轰炸机联队第 1 大队，后又被改编为第 30 轰炸机联队第 1 大队，并在 9 月首次参加实战——在福斯湾攻击了英国战舰。10 月 16 日，德国空军再次攻击福斯湾，但有两架 Ju-88 被"喷火"式战斗机击落。1939 年年底，已有 60 架 Ju-88 进入德国空军服役。在 Ju-88A-17 之前，Ju-88A 总计生产的 17 个子型号，已逐步升级了发动机，增强了自卫火力，改进了攻击能力。Ju-88A 的改进型包括：配备火箭助推起飞装置的 Ju-88A-2、加大了翼展的 Ju-88A-4、安装了气球系缆切割器的 Ju-88A-6、安装了 FuG 200 搜索雷达的海上远程轰炸机 Ju-88A-6U、Ju-88A-14

反舰攻击机、拥有凸出弹舱的 Ju-88A-15[能携带 3000 千克（6614 磅）的炸弹]，以及 Ju-88A-17 鱼雷轰炸机等。在这些改进型中，使用最广泛的当数 Ju-88A-4——这是 Ju-88A 系列中，第一个根据在法国和不列颠战役中的实战情况而进行技术改进的机型。Ju-88A-4 加大了翼展，换装了 Jumo 211J 发动机，并增强了自卫武装。芬兰获得了 20 架 Ju-88A-4，而意大利、罗马尼亚和匈牙利也各自获得了一些。Ju-88A-5 与 Ju-88A-4 基本一致，只改动了少数设备。Ju-88A 系列的总产量约为 7000 架。

Ju-88A 在巴尔干、地中海和东线战场上参加了大量战斗。在德军入侵克里特岛期间，Ju-88A 密集出动，严重威胁了控制着马耳他岛的盟军及其补给船队。不过，Ju-88A 最出彩的表现是在北极。驻扎在挪威北部的第 26 和第 30 轰炸机联队（拥有不超过 120 架 Ju-88），对前往苏联的盟军护航队发动了致命打击——总计击沉了盟军 27 艘商船和 7 艘海军船只。

Ju-88B 是另外一个独立的研发项目，其最终的成果是 Ju-188，该型飞机在第二次世界大战爆发后不久首飞。按时间顺序来看，Ju-88 系列的下一个主要量产型号

Ju-88 迅捷而又强大，极其适合夜间突袭。假如希特勒在 1941 年后继续发动夜间突袭，盟军可能将遭受沉重打击。

是 Ju-88C 重型战斗机——其第一个子型号 Ju-88C-2，仅在 Ju-88A-1 的基础上换装了一个可容纳三挺 MG 17 机枪和一门 20 毫米（0.79 英寸）机炮的"实心"机鼻，并增加了一挺 MG 15 后射机枪。Ju-88C-2 于 1940 年夏末首次进入第 1 夜间战斗机大队服役，在英吉利海峡执行夜间入侵行动。至于使用了与 Ju-88A-4 类似的加长机翼的 Ju-88C-4，只生产了一小部分。接来下的改进型是 Ju-88C-5 和 Ju-88C-6，后者

这架有趣的 Ju-88A-4，其前半截机身被涂上了波形迷彩，而后半截机身及尾翼被涂成了白色，并有一个红十字符号，这可能象征着这架飞机曾被用作空中救护机。

机型：中型 / 俯冲轰炸机（Ju-88A-4）

机组：四人

动力单元：两台 999 千瓦（1340 马力）容克斯 Jumo 211J 倒置 V-12 发动机

最高速度：在 6000 米（19685 英尺）高度上，450 千米 / 小时（280 英里 / 小时）

爬升速度：23 分钟至 5400 米（17716 英尺）

实用升限：8200 米（26903 英尺）

最远航程：2730 千米（1696 英里）

翼展：20 米（65 英尺 6 英寸）

机翼面积：54.50 平方米（506.63 平方英尺）

长度：14.40 米（47 英尺 2 英寸）

高度：4.85 米（15 英尺 9 英寸）

重量：空重 9860 千克（21737 磅）

武装：最多七挺 7.92 毫米（0.31 英寸）MG 15 或 MG 81 机枪；内部及外部最大载弹量为 3600 千克（7935 磅）

使用了 Jumo 211J 发动机，增加了前向火力 [两门 20 毫米（0.79 英寸）机炮]，并将后部机枪由 MG 15 更换为 MG 131。Ju-88C-6 和 Ju-88C-7（Ju-88C 系列的最后一个子型号），分别被军方当作夜间战斗机与昼间战斗机使用。其中，Ju-88C-7 被用于掩护在比斯开湾活动的 U 型潜艇。

Ju-88 的最后一个战斗机型号是在 1944 年春面世的 Ju-88G。Ju-88G 是一种出色的夜间战斗机，它采用了 Ju-188 的折角形尾翼，并安装了改进后的"列支敦士登"AI 雷达。Ju-88G 的主要子型号有使用 BMW 801D 发动机的 G-1、使用 BMW 802G 发动机的 G-6a 和 G-6b、使用 Jumo 213A 发动机的 G-6c 和使用 Jumo 213E-1 发动机的 G-7。在 Ju-88 的生产线被关闭前，其最后生产的子型号是 Ju-88H-2 和 Ju-88R。

第二次世界大战期间，Ju-88 还有一种用于执行对地攻击和反坦克任务的特殊子型号——Ju-88P。Ju-88P 主要被用于东线战场，它既可以安装一门 75 毫米（2.95 英寸）机炮（Ju-88P-1），也可以安装两门 37 毫米（1.46 英寸）机炮（Ju-88C-2）。

Ju-88 的总产量为 14676 架，其中大约有 3900 架为战斗机或对地攻击机的衍生型。

梅塞施密特 Bf-109E（Messerschmitt Bf 109E）

Bf-109E 在机翼上安装了两挺 7.92 毫米（0.31 英寸）MG 17 机枪，并以此作为机身武器的补充。

两挺安装在 Bf-109E-3 机身上方的 7.92 毫米（0.31 英寸）MG 17 机枪，可穿过螺旋桨弧向前射击。这架飞机的机鼻、尾部、翼尖下侧被涂成黄色，便于友军识别。机身右侧的凸出进气口可为增压器提供进气。

一门可穿过螺旋桨主轴发射的 20 毫米（0.79 英寸）MG FF 机炮，让 Bf-109 在不列颠之战时，在火力方面超过了只安装机枪的皇家空军战斗机。

"埃米尔"（Bf-109E 的昵称）使用了一台戴姆勒·奔驰 DB601A-1 液冷 12 缸直列发动机。下颌进气口吸入的空气可以冷却机油。此外，Bf-109E 还可在腹部挂载油箱以增大航程。

Bf-109E 的座舱狭窄、拥挤，由一块装甲风挡提供保护。座舱盖采用铰接的方式固定。粗大的座舱盖框架和糟糕的后方视野让飞行员的视线严重受限。

这架飞机服役于不列颠之战时（1940 年）的西线战场。

Bf-109 早期型号的下颌进气口，被两个为乙二醇发动机冷却液提供冷却空气的机翼进气口所取代。进气口后部有可变挡板，飞行员可通过控制该挡板来加大进气量。

德国空军第 210 试验飞行大队的梅塞施密特 Bf-109E-4。此图中，该机挂载了一枚 227 千克（500 磅）的炸弹。1940 年 8 月 12 日，德国空军第 210 试验飞行大队攻击了英格兰南部海岸的多个雷达站，由此拉开了不列颠之战主要阶段的序幕。

　　威利·梅塞施密特著名的 Bf-109 战斗机（前缀 "Bf" 来自首个量产该飞机的巴伐利亚飞机制造厂的名字 "Bayerische Flugzeugwerke"），是从 1933 年开始研发的。当时，德国帝国航空部提出了研发新一代单翼战斗机的要求。原型机 Bf-109V-1 在 1935 年 9 月首飞，当时其使用的是 518 千瓦（695 马力）的罗尔斯 - 罗伊斯 "红隼" 发动机，而原计划使用的 455 千瓦（610 马力）的容克斯 Jumo 210A 发动机，直到 1936 年 1 月才被装到第二架原型机上。第三架原型机 Bf-109V-3，本有可能成为初始生产型（Bf-109A），但由于仅装备了两挺 MG 17 机枪，而被德国帝国航空部认为火力过于贫弱（但后续型号中得到了增强）。因此，安装了两挺机枪和一门 20 毫米（0.79 英寸）MG FF 机炮的 Bf-109V-7 成了首个进入量产的原型机型号（Bf-109B）。值得一提的是，Bf-109V-7 此时已用上了 Jumo 210 发动机。

　　梅塞施密特教授原本认为无法在 Bf-109 单薄脆弱的机翼上安装武器，但德国空军总司令部在获知英国的 "喷火" 战斗机和 "飓风" 战斗机将安装八挺机枪后，坚持要在 Bf-109 的机翼上安装武器。因此，梅塞施密特被迫设计了一种全新的机翼——每侧机翼都增加了可容纳 20 毫米（0.79 英寸）机炮弹药盒的突出部。在 Bf-109E 的改型采用了动力更强劲的戴姆勒·奔驰 601A 发动机后，由于必须在机翼下方安装导管式散热器，所以机翼的压力进一步增大。Bf-109 的一个创新是采用了窄横距起落架，其目的是让机身而非机翼来承受飞机停放在地面上时的重量。不过，有约 1750 架 Bf-109 在降落事故中损毁，占各型号总产量的 5%。

　　1937 年 2 月和 3 月，三架 Bf-109 原型机被送往西班牙做评估。之后，又有 24

架 Bf-109B-2 被送往了西班牙。很快，这些飞机就向军方证明了自己是西班牙内战时期最强的战斗机。正是在西班牙使用 Bf-109 的经验，帮助德国空军摸索出了在第二次世界大战初期碾压对手的战术。1939 年 9 月第二次世界大战爆发时，已有包括 Bf-109C 和 Bf-109D 在内的 1060 架各型 Bf-109 进入德国空军的战斗机单位服役。不过，此时 Bf-109C 和 Bf-109D 已被 Bf-109E 系列取代，而后者即将在 1940 年成为当时德国空军战斗机部队的中坚力量。Bf-109E 系列一直发展到了 E-9 型，包括战斗机、战斗轰炸机和侦察机等多种型号。而原计划用于德军"齐柏林伯爵"号航空母舰的 10 架 Bf-109E 舰载机，被命名为"Bf-109T"。作为法国战役时皇家空军的主要对手，Bf-109E-3 安装了四挺 MG 17 机枪（两挺位于机鼻，两挺位于机翼）和一门安装在发动机中的轴炮。然而，Bf-109E-3 的武器布置却备受争议。因此，Bf-109E-4 去掉了轴炮，改为在机翼上安装两门厄利孔机炮。不列颠之战后期，德国空军战斗机部队大多已换装 Bf-109E-4。

德国向各国出口的 Bf-109E-3 的数量分别为：保加利亚 19 架、匈牙利 40 架、日本两架、罗马尼亚 69 架、捷克斯洛伐克 16 架、瑞士 80 架、苏联五架、南斯拉夫 73 架。

从多个角度来看，Bf-109G 都是 Bf-109 系列飞机中最为重要的一个型号（直到第二次世界大战末期仍在生产）。虽然各项改进使它成为了一种重型战斗机，但也让它付出了操控性不佳的代价。

1941 年 5 月，德国空军在法国的单位开始换装 Bf-109 最好的改进型（Bf-109F）。在大多数方面，Bf-109F 都优于皇家空军当时的主力战斗机"喷火"MK V。与 Bf-109E 系列相比，Bf-109F 有更加整洁的机身，而且其发动机整流罩、机翼、散热器和尾部总成也都经过了重新设计。Bf-109F 系列的首个量产型 F-1 使用了 895 千瓦（1200 马力）的 DB 601N 发动机或 969 千瓦（1300 马力）的 DB 601E 发动机，而后续型号在武器和其他设备方面也有所改动。Bf-109F 在各个战场上的表现均较为出色，尤其是在西部沙漠战场——在这里，它被第 27 战斗机联队广泛使用。汉斯-约阿希姆·马尔塞尤等王牌飞行员驾驶的都是 Bf-109F。

Bf-109F 的后继机型是在 1942 年年末问世的 Bf-109G。预生产型 Bf-109G-0 使用的仍是 Bf-109F 系列的 DB 601E 发动机。Bf-109G-1、Bf-109G-3 和 Bf-109G-5 配备了增压座舱和 GM-1 紧急增压系统，而 Bf-109G-2 和 Bf-109G-4 则没有装配上述设备。Bf-109G 系列曾采用过多种武器方案，其后期型号甚至还用过木质尾翼。在 Bf-109G 系列中，速度最快的型号是 Bf-109G-10。这一型号的飞机去掉了机翼上的武器，并配备了 MW 50 增压设备，在 7400 米（24278 英尺）高空上最快可达 687 千米/小时（427 英里/小时）的速度，仅需 6 分钟就能爬升到 6100 米（20013 英尺）的高度，并可滞空 55 分钟。

Bf-109 系列最后投入作战的型号是 Bf-109K-4 和 Bf-109K-6，这两个型号的飞机都使用了 DB 605D 发动机和 MW 50 增压装置。Bf-109K-4 在发动机整流罩上方安装了两挺 15 毫米（0.59 英寸）MG 151 机枪，并配有一门 20 毫米（0.79 英寸）MK 108 或 30 毫米（1.19 英寸）MK 103 轴炮。Bf-109K-6 则将 MG 151 机枪替换为了 12.7 毫米（0.5 英寸）MG 131 机枪，并在翼下吊舱处安装了两门 30 毫米（1.19 英寸）MK 103 机炮。Bf-109 系列的最后一个衍生型是采用了 DB 605L 发动机的 Bf-109K-14，但只有这一型号的飞机被交付给了第 52 战斗机联队。

西班牙和捷克斯洛伐克也都生产过 Bf-109G，它们被分别称为"伊斯帕诺 Ha-1109"和"阿维亚 S-199"。西班牙为其中一些 Bf-109G 更换了罗尔斯-罗伊斯"梅林"发动机，而这些飞机在第二次世界大战之后还服役了多年。以色列在 1948 年获得了一些捷克制造的 Bf-109，并用其装备了自己的第 101 中队。

各型 Bf-109 的总产量接近 35000 架。

低空飞行的第27战斗机联队的梅塞施密特 Bf-109F 快速掠过北非沙漠。该单位最为知名的飞行员是汉斯－约阿希姆·马尔塞尤（在 1942 年于一次事故中死亡），他曾取得过 158 个战果。

机型：战斗机（Bf-109G-6）

机组：一人
动力单元：一台 1100 千瓦（1474 马力）戴姆勒·奔驰 DB 605AM 12 缸倒 "V" 形发动机
最高速度：在 7000 米（22966 英尺）高度上，621 千米／小时（386 英里／小时）
爬升速度：6 分钟至 6100 米（20013 英尺）
实用升限：11550 米（37893 英尺）
最远航程：1000 千米（621 英里）
翼展：9.92 米（32 英尺 5 英寸）

机翼面积：16.05 平方米（172.75 平方英尺）
长度：8.85 米（29 英尺）
高度：2.50 米（8 英尺 2 英寸）
重量：空重 2673 千克（5893 磅）；最大满载重量为 3400 千克（7496 磅）
武装：一门 20 毫米（0.79 英寸）固定机炮或一门 30 毫米（1.19 英寸）固定机炮；两挺 12.7 毫米（0.5 英寸）机枪；外部载弹量为 250 千克（551 磅）

梅塞施密特 Bf-110/Me-110（Messerschmitt Bf 110/Me 110）

Bf-110 设计搭载三名机组成员：飞行员、无线电员和机枪手。在实战中，机枪手承担了无线电员的任务。C-4 是 Bf-110 系列中首个为成员提供装甲防护的量产型。

Bf-110 的机鼻上部安装了四挺 7.92 毫米（0.31 英寸）机枪，由于此处空间狭窄，所以四挺机枪只能交错布置。飞行员座位下方的机身下部,还安装了两门 20 毫米(0.79 英寸）MG FF 机炮。

机身上的"黄蜂"涂鸦是一种非正式的单位标识。德国空军许多单位都采用某种形式的动物图案来进行识别。

机枪手操纵一挺备弹 750 发的
7.92 毫米（0.31 英寸）MG 15 机
枪。机枪手位置上的座舱外罩可向
上打开，以让机枪手获得更大的射
击范围。

机身上的识别标识表明，这架 Bf-
110C-4/B 来自在 1942 年秋驻扎
于乌克兰别尔哥罗德的第 1 驱逐机
联队第 2 大队。

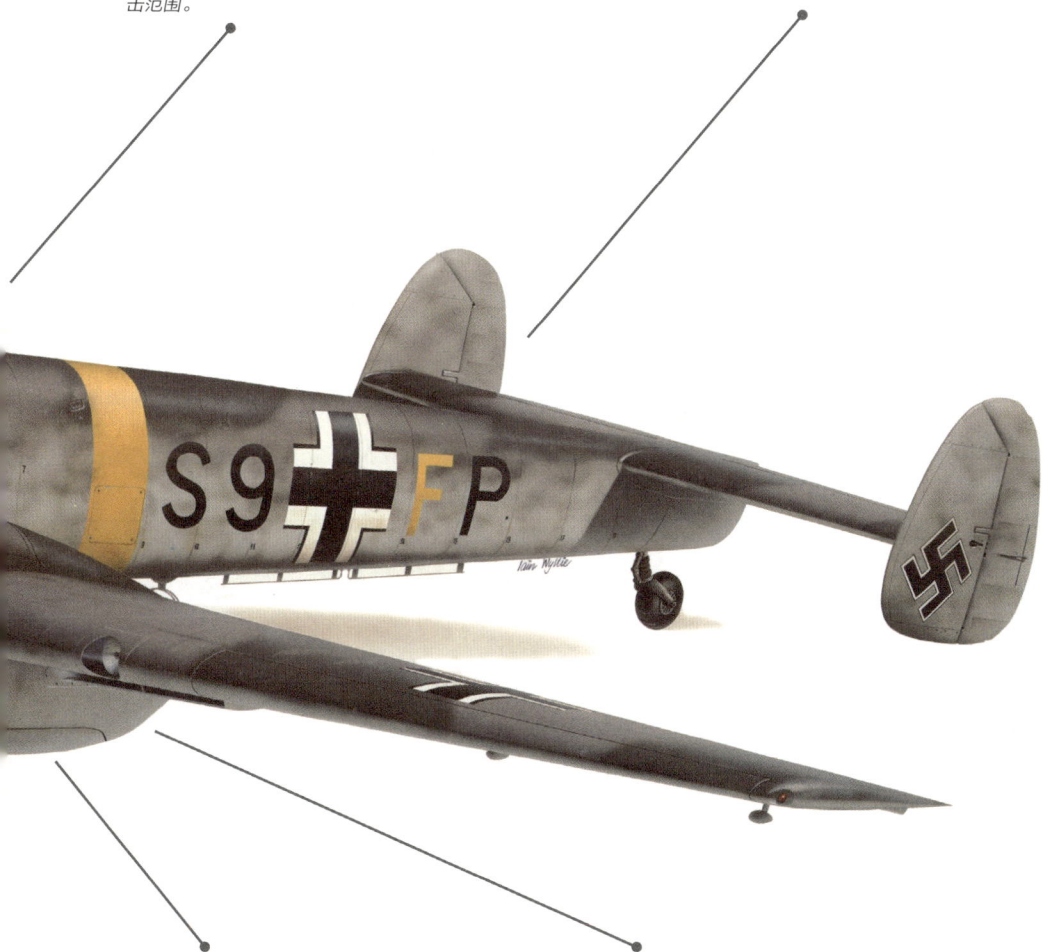

S9 FP

Bf-110C-4/B 安装的是使用高辛
烷值燃料的戴姆勒·奔驰 DB 601A
发动机，这一型号的发动机提高
了压缩比，并重新设计了活塞头。
Bf-110C-4/B 的性能上超过了一
般的 Bf-110C-4。

Bf-110C-4 是这一系列飞机中首
个专门作为战斗轰炸机使用的型号。
因此，它在机身中部下方设置了两
个硬挂点，每个硬挂点可挂载一枚
250 千克（551 磅）重的炸弹。

一架携带炸弹的梅赛施密特 Bf-110F-2。Bf-110F 安装了动力更强的 DB 601F 发动机，更适合扮演战斗轰炸机的角色。包括各种改进型在内，Bf-110F 系列总计生产了 583 架。

机型：夜间战斗机（Bf-110G）

机组：两 / 三人

动力单元：两台 1100 千瓦（1475 马力）戴姆勒·奔驰 DB 605B-1 12 缸倒 "V" 形发动机

最高速度：在 7000 米（22966 英尺）高度上，550 千米 / 小时（342 英里 / 小时）

初始爬升率：每分钟 661 米（2169 英尺）

实用升限：8000 米（26247 英尺）

最远航程：1300 千米（880 英里）

翼展：16.25 米（53 英尺 3 英寸）

机翼面积：38.40 平方米（413.3 平方英尺）

长度：13.05 米（42 英尺 9 英寸），包括 SN-2 雷达天线的长度在内

高度：4.18 米（13 英尺 7 英寸）

重量：空重 5094 千克（11230 磅）；最大满载重量为 9888 千克（21799 磅）

武装：机鼻两门 30 毫米（1.19 英寸）固定前射机炮；腹部托盘两门 20 毫米（0.79 英寸）固定前射机炮；座舱尾部一挺双管机枪；机身后部机背可安装两门向上发射的 20 毫米（0.79 英寸）机炮

　　Bf-110 是梅赛施密特公司按照 1934 年德国帝国航空部提出的远程护航战斗机和驱逐机的参数设计的一款飞机。首批三架原型机采用了 DB600 发动机，其中第一架在 1936 年 5 月 12 日首飞。之后，德国帝国航空部订购了四架预生产型 [Bf-110A-0，采用了 455 千瓦（610 马力）的 Jumo 210B 发动机]，同时还订购了一批数量更少的 Bf-110B-0 试验机 [安装的是 515 千瓦（690 马力）的 DB 600A 发动机]。由于发动机的性能无法满足军方的要求，所以首个量产型号（Bf-110C-1）使用了更加强劲的 820 千瓦（1100 马力）DB 601A 发动机。与 Bf-110A-0 相比，Bf-110C-1 还在气动布局方面做了一些优化，比如机翼切尖（提高了速度，降低了机动性能）和改进型座舱盖。Bf-110C-1 的武器为四挺安装在机鼻上半部分的 7.92 毫米（0.31 英寸）MG 17 机枪、两门安装在机腹处的一个可拆卸托盘上的 20 毫米（0.79 英寸）MG FF 机炮，

以及一挺安装在座舱后部的 MG 15 机枪（需手动操控）。1938 年，首批飞机被交付给德国空军技术研究单位第 1 训练航空联队第 1 驱逐机大队。

Bf-110C-2 只是采用了与 Bf-110C-1 不一样的无线电设备（FuG 10）。Bf-110C-2/U1 则是安装了遥控尾部机枪（这一装置后来被安装在了 Me-210 和 Me-410 战斗轰炸机上）的试验型号。Bf-110C-3 和 Bf-110C-4 仅对 20 毫米（0.79 英寸）机炮进行了改进。Bf-110C-4B 在机身中段下方挂载了两枚 250 千克（551 磅）的炸弹。Bf-110C-5 是一种特殊侦察型号 [用照相机取代了 20 毫米（0.79 英寸）机炮]。在海平面高度上，Bf-110C-4 的最高巡航速度为 423 千米 / 小时（263 英里 / 小时），航程为 772 千米（480 英里）；在 7000 米（22965 英尺）的高度上，Bf-110C-4 的最高巡航速度为 484 千米 / 小时（301 英里 / 小时），航程为 909 千米（565 英里）。

1939 年 9 月 1 日，Bf-110C 在波兰迎来了首次实战。1939 年 12 月 14 日，皇家空军首次遭遇 Bf-110，12 架轰炸黑尔戈兰湾的维克斯"威灵顿"轰炸机被这些德国飞机击落了五架。然而，Bf-110 在法国战役中面对英法的单发战斗机时的表现不佳，并在不列颠之战中损失惨重。尽管如此，德国依然在大量生产 Bf-110。1940 年，梅塞施密特工厂交付了 1008 架 Bf-110 战斗机和 75 架侦察机。

Bf-110C 系列有众多改型，包括：与 C-2 型基本一致，但在机身下方的一个整流罩内增加了一门 30 毫米（1.19 英寸）MK 101 机炮的 C-6 型；能够携带两枚 500千克（1102 磅）重的炸弹，并加强了起落架的 C-7 型轰炸机。

Bf-110D 原先是一款远程护航战斗机，其预生产型 Bf-110D-0 安装了一个大型腹部油箱。由于腹部油箱带来的阻力会令飞机的性能严重下降，所以量产型（Bf-110D-1）又去掉了腹部油箱，改为安装额外的机翼油箱。能携带两枚 1000 千克（2205 磅）炸弹的 Bf-110D-2，既可充当战斗机使用，也可充当轰炸机使用。至于 Bf-110D-3，其实就是加装了炸弹挂架的 Bf-110D-1。Bf-110E-1 和 Bf-110E-2 不仅能在机身下方挂载大型炸弹，还能在机翼下携带四枚 50 千克（110 磅）重的炸弹。而 Bf-110E-3则是一款远程特别侦察机。

Bf-110F-1（轰炸机）、Bf-110F-2（重型战斗机）、Bf-110F-3（远程侦察机）及Bf-110F-4（夜间战斗机）都使用了 969 千瓦（1300 马力）DB 601F 发动机，但是最后一个 Bf-110 的主要量产型（也是所有衍生型号中产量最多的）——Bf-110G，使用的是 1007 千瓦（1350 马力）DB 605 发动机。在该发动机的加持下，Bf-

110G-1 轰炸机和 Bf-110G-2 战斗机在 6405 米（21013 英尺）的高空上的速度可达 544 千米 / 小时（338 英里 / 小时）。Bf-110G-2/R1 装备了一门 37 毫米（1.46 英寸）BK 机炮和四挺 7.92 毫米（0.31 英寸）MG 17 机枪；Bf-110G-2/R3 与 Bf-110G-2/R1 类似，但安装了与 Bf-110G-2/R5 一样的 GM1 增压装置；Bf-110G-2/R4 与 Bf-110G-2/R1 相似，但把后者的四挺 MG 17 机枪更换为两门 30 毫米（1.19 英寸）MK 108 机炮。Bf-110G-3，是一种安装了 Rb 50/30 和 Rb 75/30 相机的远程侦察机。至于 Bf-110G-4，则是一种夜间战斗机。

Bf-110 真正擅长的是夜间战斗。1941 年 7 月，在荷兰吕伐登，一套"明石"SN-2 原型 AI 雷达装置被安装在了一架 Bf-110 上。8 月 9 日，这架由路德维希·贝克中尉和约瑟夫·施托布中士组成的机组驾驶的飞机，在"明石"雷达的帮助下拦截了一架"威灵顿"轰炸机并将其击落。不过，德国各夜间战斗机中队直到 1942 年才获得了数量不等的安装了"明石"雷达的战斗机。这些战斗机的加入，让德国

夜间战斗机单位的效率得到了大幅提升，一些飞行员也开始取得突出战绩。1940年7月20日晚至21日凌晨，驻扎在荷兰芬洛的第1夜间战斗机联队第1大队的指挥官维尔纳·施特赖布上尉，在观察员林根（二等兵）的伴随下首次驾驶Bf-110，就击落了一架轰炸机。1941年8月，施特赖布击落了三架轰炸机。同年10月1日晚至2日凌晨，他又在40分钟内击落了三架"威灵顿"轰炸机。最终，施特赖布取得了66个战果——他在很长一段时间内一直是德国头号夜间战斗机飞行员。紧随其后的是海穆·兰特少尉——一位驾驶Bf-110的老兵，他曾在波兰和挪威作战。1941年11月1日，兰特组建了新的夜间战斗机单位——第2夜间战斗机联队第2大队。至1944年8月死于一场事故之前，兰特不仅在夜间行动中击落了102架敌机，还在白天击落了8架敌机。

直到1945年停产之前，Bf-110的总产量为5973架。

1941年，一架第76驱逐机联队的Bf-110D-3在地中海上空飞行。Bf-110在地中海空战中发挥了关键作用。

梅塞施密特 Me-163（Messerschmitt Me 163）

Me-163 的座舱十分简陋。飞行员通过一台反射式瞄准具来进行瞄准，其向后的视野十分有限。此外，"彗星"在降落时面对盟军战斗机几乎没有还手之力。

"彗星"的武器为两门安装在翼根处的 30 毫米（1.18 英寸）MK 108 机炮。这种机炮能对敌机造成致命伤害，但过快的接近速度会使飞行员最多只有 3 秒的反应时间。

Me-163 使用可抛弃式小车来起飞。因此，Me-163 在降落时需依靠机身下方凸出的滑板来充当"起落架"。

这架 Me-163B 带有闵希豪森男爵的徽章，这表明它来自 1944 年年底驻扎于莱比锡的第 400 战斗机联队第 1 大队。这架飞机原本在上表面上涂了绿色伪装色，但垂尾和升降舵被重新刷过漆。

这架飞机的动力来自一台沃尔特 HWK 509A-2 火箭发动机，该发动机在全速飞行时只能工作大约六分钟。

1944 年 7 月 28 日，当美国陆军航空队第 359 战斗机大队的 P-51 "野马"战机在德国梅泽堡上空 7600 米（25000 英尺）处为 B-17 护航时，忽然有飞行员发现在其 6 点钟方向、8000 米（5 英里）外的高空中出现了两条航迹。"野马"指挥官在战斗报告中描述了这次经历：

我立即认出那是德国最新的喷气式飞机。它们的航迹很容易被认出来——看起来像浓厚的白云，有时能拉到 1200 米长。我的双机编队立即调转 180 度飞向敌人，发现有两架敌机的喷气式发动机还在工作状态，而另外三架敌机已经关掉了喷气式发动机，正在滑翔飞行。喷气式发动机还处于工作状态的两架敌机正以密集编队俯冲转向，佯装要朝我 6 点钟方向的轰炸机飞去，并在转弯时关掉了发动机。我们的小队迎头朝它们飞去，挡在它们和轰炸机编队之间。在离轰炸机还有约 2700 米时，敌机丢下轰炸机朝我们飞来。在这次转向中，它们的机身倾斜了大约 80 度，但航向只调整了大约 20 度。它们的转弯半径很大，但滚转率很好。我估计它们当时的速度在每小时 800—965 千米之间。这两架敌机在我们下方约 300 米处飞过，并继续以密集编队滑翔飞行。为了能追上它们，我做了个"破 S"动作。一架敌机继续以 45 度角俯冲，另一架敌机则以大角度拉起并朝太阳的方向爬升。然后，我就跟丢了。我看了一下那架俯冲的敌机，它已降到离地约 3000米高的地方，离我有 8000 米左右的距离……

实际上，这些攻击美军的德机根本不是喷气式飞机，而是使用火箭发动机的梅塞施密特 Me-163 "彗星"的早期型号。这种奇特的小飞机的历史，可以追溯到 1938年亚历山大·利皮施教授设计的试验机 DFS 194。1938 年以后，利皮施将这一设计连同设计团队一起转交给了梅塞施密特公司。1941 年春，Me-163 的两架原型机以无动力滑翔机的形式完成了首飞。当年晚些时候，Me-163V-1 被送抵佩内明德，并被安装上了 750 千克（1653 磅）推力的沃尔特 HWK R. II 火箭发动机——这种发动机使用主要成分为 T-stoff（80% 的过氧化氢和 20% 的水）和 C-stoff（水合肼、甲醇和水）的高挥发性混合物燃料。1941 年 8 月，Me-163 首次实现使用火箭动力飞行。在之后的测试中，Me-163 打破了当时所有的世界空中速度记录，达到了 1000 千米 / 小时（621 英里 / 小时）的最高速度。1944 年 7 月 6 日，在某次飞行中，Me-163 的一

一架在起飞小车上的预生产型 Me-163。大约有 30 架"彗星"，被编号为"V- 数字"（V 代表试验型），它们在 1942 年主要被用于一个测试和评估项目。

架试验型 Me-163V-18 在低空中达到了令人难以置信的 1130 千米 / 小时（702 英 / 小时）的速度。最终，尽管它得以安全降落，但是高速飞行引发的颤振却撕掉了它的垂尾。出于保密的考虑，这些纪录直到第二次世界大战后才为人所知。Me-163 的首批 70 架预生产型，以"Me-163B-a1"的名字被分配到各测试单位，但加速生产的计划却因为量产型 HWK 509A 火箭发动机的交付延迟而被推后。1943 年年初，Me-163 的生产进入一个新阶段。一些使用早期型 HWK 509A 火箭发动机的 Me-163，在安装了两门 20 毫米（0.79 英寸）MG 151 机炮后被分配给新测试单位——驻扎在佩内明德的第 16 试验飞行队（EK16，指挥官为沃尔夫冈·斯佩特少校）。EK16 的主要任务是为德国空军摸索 Me-163B（具备完整战斗力的版本）的使用方法，并培养有经验的骨干飞行员。之后，该单位转移至巴特茨维申安。此后，斯佩特不知何故被调往东线担任某战斗机大队的指挥官，EK16 的指挥官职务由托尼·泰勒上尉接替。

1944年5月，首个"彗星"作战单位——第400战斗机联队开始在维特蒙德与芬洛组建。6月，该单位的三个中队和EK16一起转移至莱比锡附近的布兰迪斯。驻扎在布兰迪斯的Me-163负责保卫驻地以南90千米处的洛伊纳炼油厂。在从可抛弃式小车上起飞后，Me-163一开始能以3600米/分钟（11811英尺/分钟）的速度爬升，到9760米的高度时爬升速度可提升至10200米/分钟（33465英尺/分钟）。Me-163只需要3.35分钟，就飞到12000米（39698英尺）的实用升限；在马力全开时，Me-163的续航时间为8分钟。当燃料耗尽后，Me-163会采用高速滑翔的方式，用两门30毫米（1.19英寸）MK 108机炮攻击目标。在打完120发炮弹且速度开始下降后，Me-163会大角度俯冲脱离交战区域，滑翔回基地，并使用滑板降落。

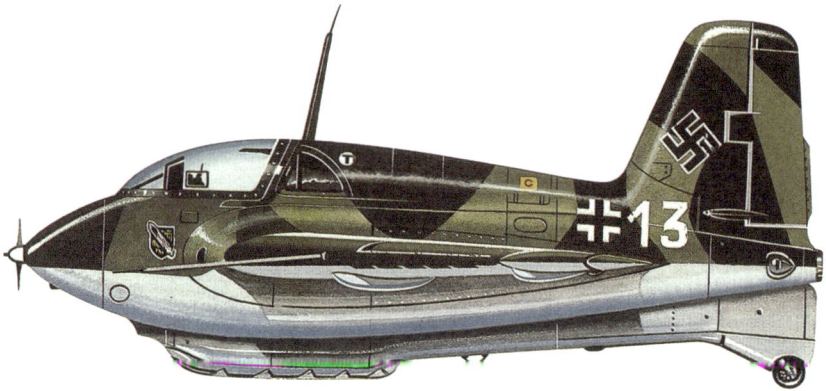

一架第400战斗机联队的可作战的Me-163。Me-163的使用部队会让至少一架装满燃料的飞机及其飞行员处于待命状态，以便随时对付进入攻击范围内的敌军轰炸机。对飞行员来说，驾驶Me-163是一件极其危险的事情。

实际上，Me-163的这一套作战流程十分危险。因为如果有未燃尽的燃料残留在油箱中，飞机就会有爆炸的危险。许多Me-163在降落事故中损毁。Me-163的总产量大约为300架，但第400战斗机联队是唯一使用该飞机的部队。在Me-163短暂的服役生涯中，其有记录可查的战果只有九个。作为该系列最后一个作战用的型号，Me-163C拥有一个加压座舱和水泡型舱盖，采用了改进型沃尔特109-509C火箭发动机，并稍微加长了机身。Me-163C不仅产量极少，还从未被交付给作战单位使用。Me-163C配备了一套由蓝威茨教授（"铁拳"单兵反坦克武器的发明者）研发的奇特的武器系统，该系统包括了五个垂直安装在两侧机翼上的发射管 [每个发射管里都有一枚 50 毫米（1.97 英寸）炮弹]。当 Me-163 从敌军轰炸机下方飞过时，飞机上的光电感应器将会击发发射管中的炮弹。

　　Me-163 的最后一个型号是 Me-163D，该型号经过了大量的重新设计（包括增加一个可伸缩的起落架）。最后，这一型号被命名为 "Me-263"，但仅在 1944 年建造了一架原型机。

机型：火箭动力战斗机

机组：一人
动力单元：一台 1700 千克（3748 磅）推力的沃尔特 109-509A-2 火箭发动机
最高速度：正常作战时，955 千米 / 小时（593 英里 / 小时）
爬升速度：2 分钟 36 秒至 9145 米（30003 英尺）
实用升限：12000 米（39370 英尺）
最远航程：35.5 千米（22 英里）作战半径

翼展：9.33 米（30 英尺 6 英寸）
机翼面积：19.62 平方米（211.2 平方英尺）
长度：5.85 米（19 英尺 2 英寸）
高度：2.76 米（9 英尺）
重量：空重 1908 千克（4206 磅）；满载时为 4310 千克（9502 磅）
武装：位于机翼翼根处的两门 30 毫米（1.19 英寸）MK 108 机炮

梅塞施密特 Me-262（Messerschmitt Me 262）

尽管座舱很狭窄，但座舱盖的设计却能让飞行员拥有很棒的视野。飞行员的身后和身前分别有一块厚实的装甲板和一个装甲风挡提供保护。

这架 Me-262 安装了四门 30 毫米（1.18 英寸）MK 108 机炮，上排的两门每门备弹 100 发，下排的两门每门备弹 80 发。

Me-262 原先配备的是反射式瞄准具，但之后又改为采用阿斯卡尼 EZ42 陀螺瞄准具。

这架 Me-262A-1a 涂有第 7 战斗机联队第 9 中队的标志，该部于 1945 年 3 月驻扎在德国的帕尔希姆。现今，这架飞机在美国华盛顿特区的国家航空航天博物馆内展出。

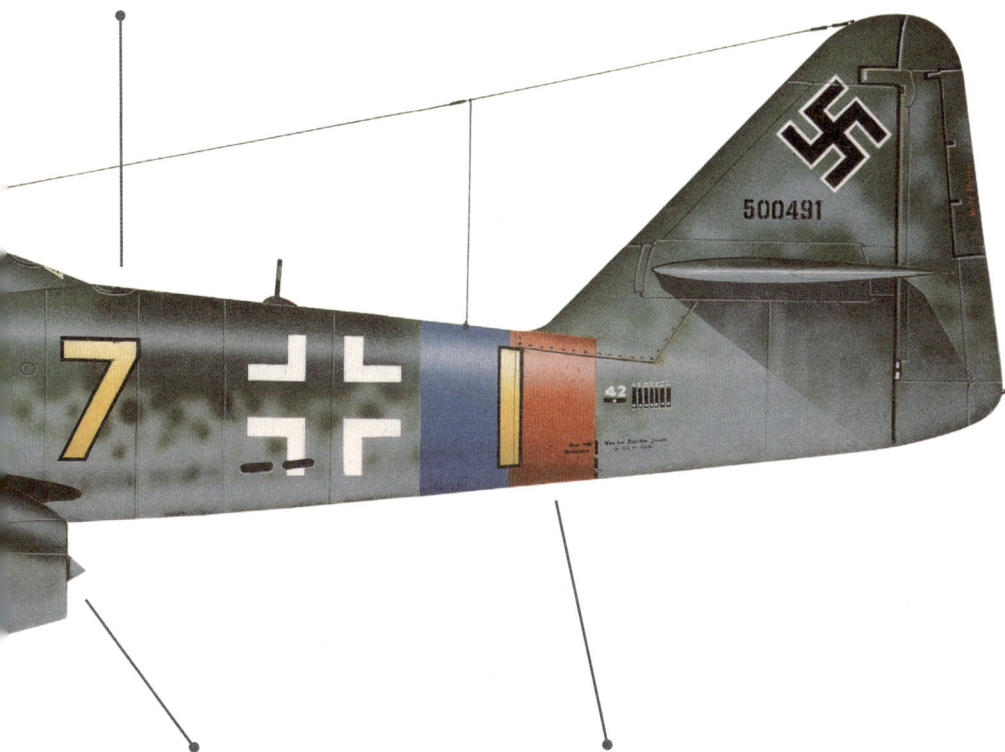

Me-262 由两台带轴流压缩机的 Jumo 004B 涡轮喷气式发动机提供动力。这种发动机十分脆弱，寿命也较短，它降低了 Me-262 在前线的可用率。

这架 Me-262 在机身上涂有一条彩色色带，这表明其参与了"帝国保卫战"。

这是一架梅塞施密特 Me-262A-1a 战斗轰炸机，其前机身下方携带了两枚 500 千克（1102 磅）重的炸弹。把 Me-262 改装为快速轰炸机的工作阻碍了战斗机型号的生产。德国为这一错误付出了沉痛的代价。

世界首架实用的喷气式战斗机 Me-262 是从 1939 年 9 月开始设计的，而世界首架喷气式飞机——亨克尔 He-178 刚刚在同年 8 月完成首飞。然而，由于发动机研发的滞后、盟军大规模空袭造成的破坏，以及希特勒执迷于将这种飞机用作轰炸机而非战斗机，这些因素导致 Me-262 从梅塞施密特公司的画图板上成形到进入德国空军服役用了六年时间。由于缺乏喷气式发动机，原型机 Me-262V-1 在 1941 年 4 月 18 日试飞时用的还是一台 Jumo 210G 活塞式发动机。直到 1942 年 7 月 18 日，Me-262V-3 才用上了喷气式发动机。1943 年 12 月，搭载四门 30 毫米（1.19 英寸）MK 108 机炮的 Me-262V-8 完成首飞。由于遇到了不计其数的难题，所以 Me-262 的生产直到 1944 年 4 月才开始步入快车道——机身制造厂广泛分布于各地，组装厂也在各地设立起来。到 1944 年年底，德国共生产了 730 架 Me-262；1945 年的头几个月，德国又生产了 564 架 Me-262。其总产量达 1294 架。尽管希特勒坚持要将 Me-262 改为快速轰炸机，但 Me-262 在生产之初就是一架纯粹的战斗机，并于 1944 年 8 月开始在位于奥格斯堡附近的试验单位 262 试验飞行队（EK262）服役。EK262 的指挥官原先是蒂尔菲尔德上尉（死于坠机引起的大火），后由沃尔特·诺沃特尼少校接替。时年仅 23 岁的诺沃特尼是德国空军的顶级飞行员之一，他有 258 个战绩（其中的 255 个是在东线战场取得的）。他所指挥的部队后来被称为"诺沃特尼大队"。到 1944 年 10 月底，EK262 实现完全作战状态，并被部署至奥斯纳布吕克附近的阿赫姆和黑塞佩机场，以挡在美国昼间轰炸机空袭德国的路线上。由于技术问题和缺乏训练有素的飞行员，"诺沃特尼大队"在攻击敌军编队时，每天只能起飞三到四架次。但是1944年11月，Me-262依然击落了22架飞机。然而到11月底，EK262的30架飞机中就只有13架可用了——因意外事故造成的损耗比战斗造成损耗还多。

1944年年底，Me-262对盟军的空中优势造成了严重威胁。此时，德军正同时接收两种型号的飞机：Me-262A-2a"暴风鸟"轰炸机和Me-262A-1a战斗机。1944年9月，第51"雪绒花"轰炸机联队接装了"暴风鸟"。之后，第6、第27和第54轰炸机联队也装备了"暴风鸟"。不过，德军在作战训练中遇到的问题推迟了"暴风鸟"首次参战的时间。1944年秋，战场上的Me-262的数量开始增加，它们频繁对盟军（主要是行进中的车队）发起低空突袭。Me-262还有"Me-262A-1a/U3"和"Me-262A-5a"这两种侦察型号。在数周的时间内，Me-262侦察机几乎是不受阻挡地在整个战地上空飞行，并深入盟军战线后方拍摄军事设施和部队调动情况。对此，盟军向Me-262基地发起了猛烈袭击。不过，德军不仅在接近机场跑道的地方布置了长达3.2千米（2英里）的"20毫米（0.79英寸）高射炮走廊"，还指派了一个大队（第54战斗机联队）的Fw-190去保卫位于阿赫姆和黑塞佩的主要基地。

停在树林空地上的一架Me-262。在第二次世界大战的最后几个月里，德军把众多喷气式战斗机分散到了高速公路邻近的树林中——因为拥有合适的跑道的机场已被盟军彻底摧毁了。

尽管如此，盟军的袭击还是开始给德军造成了越来越多的损失。在1944年11月8日的一次袭击中，沃尔特·诺沃特尼在试图降落到阿赫姆机场时，被"野马"击中身亡。在他死后不久，"诺沃特尼大队"的一个支队被用来组建新的喷气式战斗机单位，即第7"兴登堡"战斗机联队的核心。该单位由约翰内斯·施坦因霍夫少校指挥。尽管该联队的三个大队被依次转移至位于布兰登堡—布里斯特、奥拉宁

这张照片很好地展示了 Me-262"燕子"流畅的线条。尽管机身设计优秀，"燕子"的发动机却一直是问题的根源，而且只有25小时的使用寿命。

机型：喷气式战斗机（Me-262A-1a 截击机）

机组：一人

动力单元：两台900千克（1984磅）推力的容克斯 Jumo 109-004B 4 涡轮喷气式发动机

最高速度：在7000米（26966英尺）高度上，870千米/小时（541英里/小时）

爬升速度：6分钟48秒至6000米（19685英尺）

实用升限：11450米（37566英尺）

最远航程：1050千米（652英里）

翼展：12.51米（41英尺）

机翼面积：21.68平方米（233.3平方英尺）

长度：10.60米（34英尺7英寸）

高度：3.83米（11英尺6英寸）

重量：空重4420千克（9744磅）；最大满载重量为7130千克（15719磅）

武装：机鼻四门30毫米（1.19英寸）MK 108 机炮

堡和帕尔希姆的基地,但只有第3大队一直保持与盟军的实际接触。1945年2月中旬,第7"兴登堡"战斗机联队第3大队接收了第一批R4M 5厘米(1.9英寸)空对空火箭。Me-262可在机翼下方的简易木质挂架上挂载24枚这种火箭,在对盟军的轰炸机编队进行齐射时,这些火箭可像霰弹枪的子弹一样四处扩散,这大大增加了击中一架或多架敌机的概率。1945年2月底,Me-26在第7"兴登堡"战斗机联队第3大队的首战中,依靠反射式瞄准具,用R4M火箭和30毫米(1.19英寸)机炮击落了美军至少45架轰炸机和15架护航战斗机,而自身仅损失四架。与此同时,德军高层批准成立了第二个Me-262喷气式战斗机单位,该单位后来被称为"第44喷气式战斗机中队",由阿道夫·加兰德中将指挥。该中队汇集了45位经验极为丰富的飞行员,其中很多都是曾取得过不俗战绩的王牌飞行员。该中队的主要基地位于慕尼黑—里姆,该队主要攻击从南面来袭的美国第15航空队。至于第7"兴登堡"战斗机联队,其主要在德国中部和北部作战,并一直战斗到所有飞机都因缺乏燃料和发动机备件(Jumo 004喷气式发动机只有25小时的使用寿命)而无法起飞为止。1945年5月3日,在美军坦克即将攻陷机场前,德国空军的地面人员摧毁了绝大多数Me-262。

Me-262有多个计划中的改进型,其中就包括安装雷达的Me-262B-1a/U1双座夜间战斗机。从1945年3月,该型飞机曾在维尔特中尉的第11夜间战斗机联队第10大队短暂服役。维尔特曾于1945年3月30日晚至31日凌晨,在柏林附近击落了四架皇家空军的"蚊"式战斗机。

槲寄生（Mistel）

在这个槲寄生 2 "父与子" 组合中的轰炸机是 Ju-88G-1。

尽管增加了一架战斗机的重量，但这架轰炸机的起落架并没有得到任何加强。地勤人员会在槲寄生起飞前清扫跑道以防爆胎。

操控槲寄生的飞行员坐在上方的飞机中——通常是一架 Fw-190 或 Bf-109 战斗机。上方飞机座舱内的双重控制装置可操控两架飞机。

这一槲寄生组合的上部分是福克－沃尔夫 Fw-190A-8 战斗机。许多被用于槲寄生的战斗机都去除了机翼武器以减轻重量，仅保留用于自卫的机身武器。

上方的飞机通过三根支柱固定于下方的飞机上面。控制电缆被绑在支柱上，插入上方的飞机下部。在释放槲寄生时，尾部支柱先断开，让战斗机获得一个"机头抬起"的高度。之后，装有炸药的球形接头会被电流引爆——下方飞机被完全释放。

槲寄生在轰炸机座舱的附近，安装了一个聚能装药高爆弹头。经过验证，该弹头可击穿 19.8 米（65 英尺）厚的混凝土。

碰撞引信被安装在一个前伸的鼻锥中，因此弹头可以在击中目标之前被提前引爆。

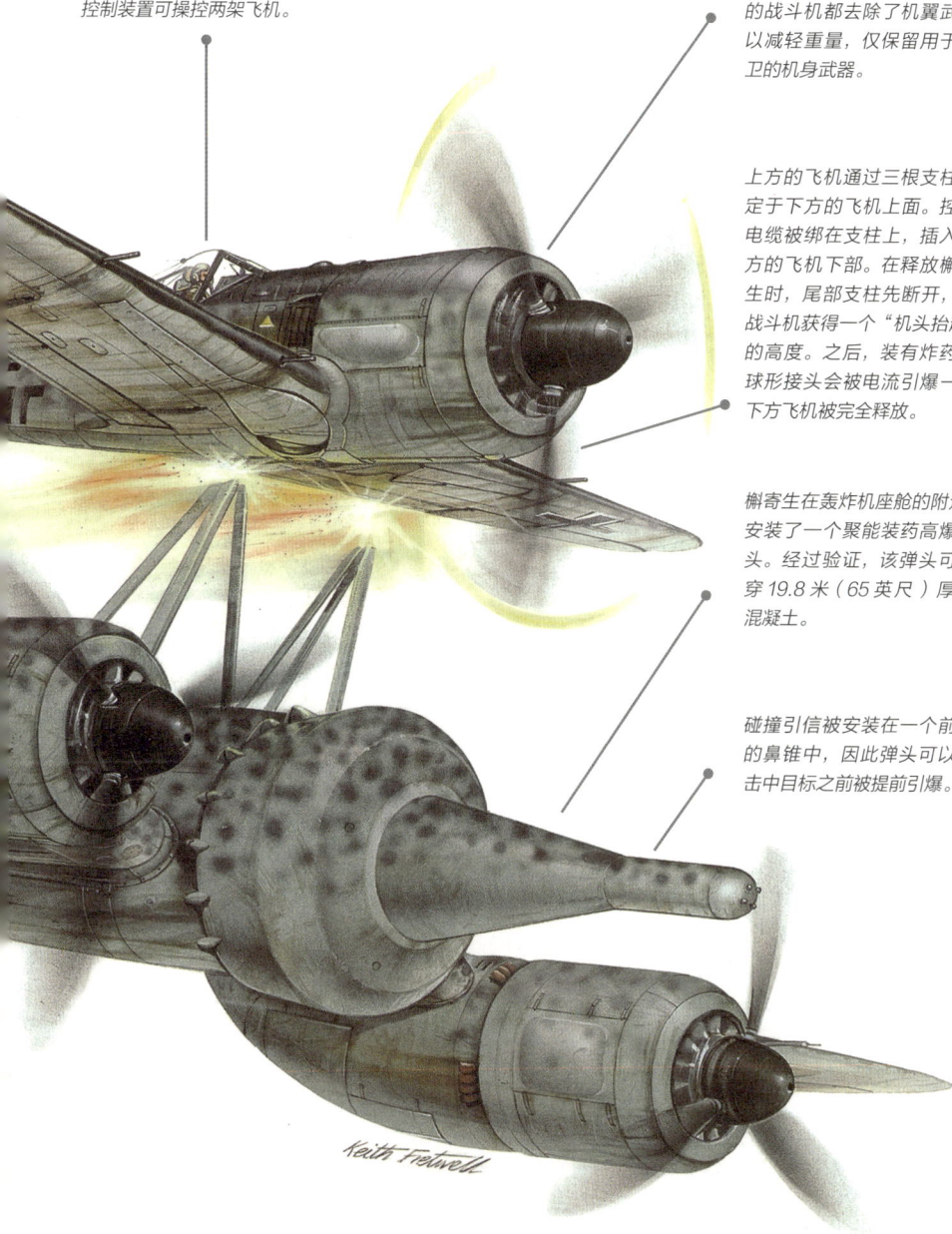

Keith Fretwell

槲寄生的概念（即用一架战斗机操控一架和它组合在一起的、装满炸药的废弃轰炸机去攻击目标），最初是由德国滑翔机研究所（DFS）提出的。为了找出一种为远程空袭提供战斗机护航的方法，DFS 从 1940 年就开始研究如何把一架飞机组合到另一架上的方案。他们设想的是，当轰炸机部分受到攻击时，战斗机可与其脱离并与敌交战；战斗结束后，该战斗机可重新与其他轰炸机结合并补充燃料。20 世纪 40 年代末，美国在为康维尔 B-36 超远程轰炸机寻找护航手段时，再度想起了这一方法。

槲寄生的构想是 DFS 此类研究中的一个。这一构想得到了容克斯首席试飞员齐格弗里德·霍尔茨鲍尔的支持。他提议可以把旧的 Ju-88 轰炸机改造为一种防区外武器，并由与之结合的战斗机引导至目标附近。尽管一开始德国官方对此缺乏兴

该槲寄生组合体包含一架 Ju-88A4 和一架 Bf-109F-4 "父亲"。两者合起来被称为 "父与子"。德军原计划用槲寄生对斯卡帕湾发动猛烈袭击，但终成泡影。

机型：飞行炸弹（槲寄生 3C）

机组：一人
动力单元：与来源飞机相同
最高速度：550 千米 / 小时（342 英里 / 小时）
爬升速度：不适用
实用升限：不适用
最远航程：4100 千米（2548 英里）
翼展：Ju-88，20 米（65 英尺 6 英寸）

机翼总面积：72.8 平方米（783.5 平方英尺）
长度：18.53 米（61 英尺 10 英寸），含弹头鼻锥的长度
高度：未知
重量：最大满载重量为 23600 千克（52028 磅）
武装：1725 千克（3803 磅）重的黑索金 /TNT 弹头

趣，但还是在 1942 年开始了试验——使用一架 DFS-230 攻击滑翔机作为下方飞机，一架克莱姆 Kl-35 轻型飞机作为上方飞机。这些早期试验取得的成功让德国帝国航空部对这一构想产生了兴趣。因此，德国帝国航空部在 1943 年年初下令制造一架由 Ju-88A-4 和 Bf-109F 组成的原型机，以研究这种组合的攻击用途。这架由两架飞机组合而成的原型机，被非正式地称为"父与子"，其下方飞机被命名为"槲寄生"。原型机的测试从 1943 年 7 月开始，到 10 月德国帝国航空部订购 15 架类似的组合型号时结束。

槲寄生的转向控制系统包括一个 S 型罗盘和一台三轴自动驾驶仪，二者均安装在轰炸机尾部。正常飞行时，这套设备可控制槲寄生组合的转向，而不能控制上方的战斗机。战斗机飞行员可通过两个拇指操作按钮来控制下方的轰炸机：一个按钮位于操纵杆上，可用来控制轰炸机的方向舵和副翼；一个按钮位于新的中央控制盘上，可用来控制轰炸机的升降舵。通过操作一个开关，飞行员就可用战斗机的操纵杆和方向舵来控制整个组合——两架飞机的控制器会同步运作。除要对后部机身进行部分加强外，上方战斗机几乎不需要做什么改装。至于下方的轰炸机，其机鼻部分会被一个 3500 千克（7716 磅）重的空心装药弹头取代，弹头内有 1725 千克（3803 磅）重的高爆炸药和一个碰撞引信（引信在双机分离大约三秒后就会被激活）。1944 年 4 月，槲寄生完成了最后的弹头测试。测试证实，其 1000 千克（2205 磅）重的钢制核心可穿透 7.5 米（24 英尺 6 英寸）厚的混凝土。

弹头测试完成时，由霍斯特·鲁达特上尉带领五名飞行员组成的第一个槲寄生单位——第 101 轰炸机联队第 2 大队也恰好成立了。该单位在容克斯的北豪森工厂使用了在原型机中被称为"槲寄生 S1"（在实战中使用的组合体被称为"槲寄生 1"）的 Ju-88A-4/Bf-109F-4 组合体开展了相关训练。起初，德军设想从丹麦发动槲寄生袭击，目标是苏格兰奥克尼群岛斯卡帕湾中的英国舰队。但在盟军登陆诺曼底后，槲寄生部队匆忙转移至法国的圣迪济耶。1944 年 6 月 24 日晚至 25 日凌晨，槲寄生部队从圣迪济耶出击，以攻击塞纳河湾中的登陆船只。四架槲寄生发现了目标，第五架则因发生故障而被抛弃。8 月 9 日至 10 日，槲寄生部队对位于英吉利海峡的盟军船只发动了一次失败的袭击，一架 Ju-88 在汉普郡附近坠毁爆炸。10 月，五架槲寄生从丹麦的格罗夫起飞，发动谋划已久的斯卡帕湾突袭，但最终结果却是三架槲寄生坠毁爆炸，两架槲寄生未能找到目标。

1944 年 11 月，所有的槲寄生（除了"槲寄生 1"，还有由 Ju-88G-1 和 Fw-190A-6 或 F-8 组合而成的"槲寄生 2"）都被集中到了德国空军特别任务单位的第 200 轰炸机联队第 2 大队。此时，槲寄生部队的任务重点转向了东线，并以桥梁为主要目标。1945 年 3 月 8 日，四架槲寄生攻击了位于德国哥利茨的奥得河上的桥梁，两座桥梁被击中，一架槲寄生被击落。3 月 25/26 日，又有四架槲寄生攻击了奥得河上的桥梁，但战果未知。当日，还有一批槲寄生攻击了维斯图拉河上的桥梁。此时，德军还秘密制定了一项"很有野心的计划"（"铁锤"行动），要用槲

寄生攻击苏联的发电站——德军准备投入 82 架槲寄生，并计划于 3 月 28/29 日实施攻击。不过，由于很多槲寄生被消耗在了桥梁袭击任务中，这一行动被迫终止。

德军最后一次用槲寄生对苏军桥头堡发起突袭，是在 1945 年 4 月 16 日。在这次突袭中，德军尝试了用槲寄生与亨舍尔 Hs-293 导弹相结合的方案。至第二次世界大战结束前，德军还推出了"槲寄生 3A"（Ju-88A-4/Fw-190A-8）、"槲寄生 3B"（Ju-88H-4/Fw-190A-8）和"槲寄生 3C"（Ju-88G-10/Fw-190F-8）等新型号。另外，关于喷气式飞机与导弹组合的槲寄生项目，还有一些尚在草图阶段。

自 1944 年夏服役以来，槲寄生就是一种致命武器——当然，它首先要能击中目标。大多数槲寄生不仅没能命中原定目标，还成了盟军战斗机与地面火力的猎物。

第二章

美国

波音 B-17（Boeing B-17）

两名飞行员并肩坐在驾驶舱中，他们身后就是机背炮塔。在驾驶舱前面的是一个半球形的观察窗。

装有两挺 12.7 毫米（0.5 英寸）机枪的机背炮塔。

投弹手的位置在飞机的最前方。B-17 配备了诺顿瞄准具，以纠正偏航和风阻造成的误差。投弹手后面坐的是导航员。

机鼻下方安装了两挺 12.7 毫米（0.5 英寸）机枪的遥控炮塔，是 B-17G 的显著特征。此外，机鼻两侧还安装了两挺由导航员操作的 12.7 毫米（0.5 英寸）机枪。

与 B-24 或"兰开斯特"相比，B-17 的载弹量较小。炸弹被堆在弹舱的两侧，机组人员可穿过弹舱前往后机身。

尾部的三角形标志表明这架飞机来自第1轰炸机联队，标志中间的字母表示该飞机隶属第91轰炸大队。此外，这架飞机腰部的黄色中队标志表明，它属于驻扎在巴新邦基地的第322轰炸机中队。

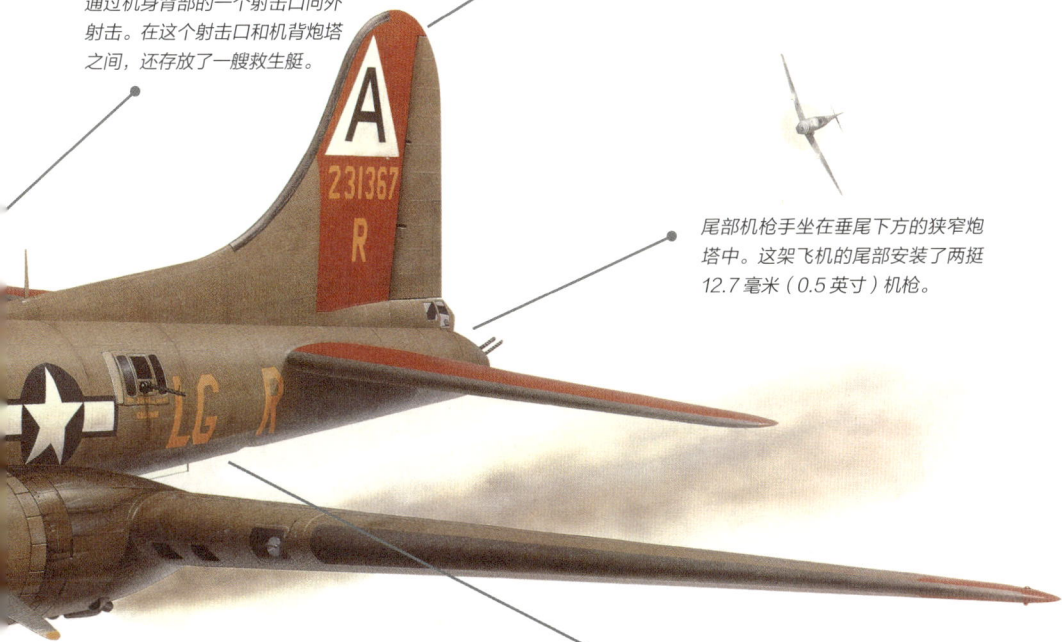

一挺可收回舱内的机枪——它能通过机身背部的一个射击口向外射击。在这个射击口和机背炮塔之间，还存放了一艘救生艇。

尾部机枪手坐在垂尾下方的狭窄炮塔中。这架飞机的尾部安装了两挺12.7毫米（0.5英寸）机枪。

飞机腰部两侧各有一挺12.7毫米（0.5英寸）机枪，以用于攻击沿水平方向来袭的敌机。此外，机身下方还有一座安装了两挺12.7毫米（0.5英寸）机枪的斯佩里球形炮塔。

B-17G使用了四台莱特R-1820-97"旋风"发动机，每台发动机的功率为897千瓦（1200马力）。此外，这些发动机还配有涡轮增压器。

B-17"飞行堡垒",是波音公司应美国陆军航空队在1934年提出的远程高空昼间轰炸机的需求而设计的。B-17的原型机被命名为"波音Model 299",其使用了四台559千瓦(750马力)的普拉特·惠特尼"大黄蜂"发动机,于1935年7月28日首飞。虽然这架原型机在之后的一次事故中遭损毁,但这次事故被认为是人为失误所致,因此项目得以继续推进。美国军方订购了13架Y1B-17和一架Y1B-17A以用于评估,并在完成试飞后将这两个型号的飞机分别命名为"B-17"和"B-17A"。1940年3月底,第一批量产的39架B-17B全部交付,其拥有经过修改的机鼻和加大的尾翼等特征。同时,美军还订购了38架使用895千瓦(1200马力)莱特"旋风"发动机的B-17C,并对其做了一些小改动。1941年,其中20架B-17C被交给皇家空军,英国人称它们为"空中堡垒I"。在轰炸行动中连续损失多架后,剩下的B-17C就被转交给了英国海防司令部或被转移到了中东战区。

一个 B-17G 编队在德国上空投弹。白色航迹是一种发烟标记,它由引导机发出,可在飞机投弹时提示机群。这种战术被证明十分有效。

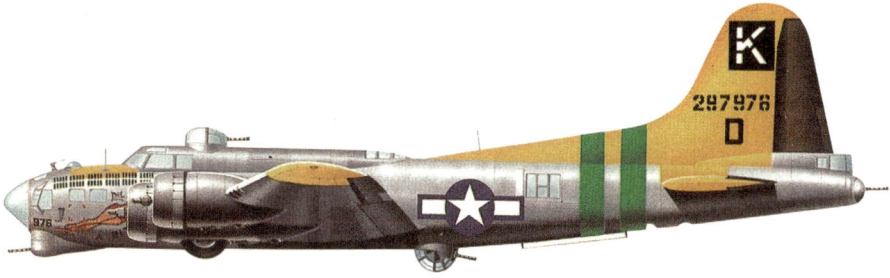

绰号为 "A Bit o' Lace" 的波音 B-17G。这架飞机来自驻扎在萨福克郡的第 447 轰炸大队第 711 轰炸机中队。在整个战斗生涯中，第 447 轰炸大队出击了 7605 架次，投弹 17273 吨。

当太平洋战争爆发时，B-17D 已开始服役，其中有 42 架是军方在 1940 年订购的。当时在军方服役的 B-17C 被陆续换装为标准的 B-17D。B-17 的早期型号有半数在远东战争的头一天被日军摧毁。B-17E 采用了新设计的尾部，并首次加上了尾部炮位，增强了武装——这也是 E 型及其之后所有 "飞行堡垒" 的标志性特征。第 97 轰炸大队的 B-17E 是首个在欧洲战区作战的 "空中堡垒" 的型号。太平洋战区的所有 B-17 最终都被调往欧洲，以增援驻扎在英国的美国陆军第 8 航空队。1942 年，英国接收了 42 架 B-17E，并称它们为 "飞行堡垒 II A"。其中一架 B-17E 在被改装为 38 座的 XC-108 运输机后，成了太平洋战区总指挥道格拉斯·麦克阿瑟的专机；一架 B-17E 被改装成了 XC-108A 货机；还有一架 B-17E 被用于测试艾利逊发动机。波音公司一共生产了 512 架 B-17E。1942 年 4 月，波音公司开始生产经过进一步改进的 B-17F。B-17F 的总产量为 3400 架。其中，61 架被改装为远程侦察机（B-17F-9），19 架被交给了皇家空军海防司令部——英国人称它们为 "空中堡垒 II"。

早期的 B-17 只在机鼻处装有一挺可转动的 7.62 毫米（0.3 英寸）机枪，由投弹手或导航员操作。之后，该机枪因火力不足而被两挺 12.7 毫米（0.5 英寸）机枪取代。B-17F 的机鼻两旁各有一挺机枪，但这种纯手动控制的机枪无论是准确度，还是火力范围都难堪大用。因此，波音公司最后生产的 86 架 B-17F 在机鼻下方安装了带有两挺 12.7 毫米（0.5 英寸）机枪的本迪克斯电动炮塔。在德国空军越来越频繁地采取对头攻击的方式时，这一改进体现了巨大价值。在 B-17 的主要量产型 B-17G 上，这个电动炮塔成了标准配置。B-17G 安装了 13 挺 12.7 毫米（0.5 英寸）机枪。

在 B-17G 如此凶猛的火力面前，德国战斗机被迫增加了额外的装甲。由于在 1943 年夏的作战中损失过大，为了增强 B-17 编队的防御火力，一些"空中堡垒"被改装成了 YB-40"护航战斗机"——它们身上安装了多达 30 挺的 12.7 毫米（0.5 英寸）机枪。由于在实战中飞得比需要它们护航的轰炸机慢，所以 YB-40 最终只参加了少数几次任务。美国军方认为，要解决"为轰炸机护航"这一问题，需要的是能全程伴随轰炸机往返的真正的护航战斗机。最终，P-51"野马"战斗机被研制了出来。

一张 B-17G 的精美图片。这架飞机的原型来自驻扎于剑桥附近的巴新邦基地的第 91 轰炸大队。第 91 轰炸大队是第 8 航空队中首个完成 100 次任务的大队，该大队总共完成了 340 次（9591 架次）任务。

机型：中型／重型轰炸机（B-17G）

机组： 10 人

动力单元： 四台 895 千瓦（1200 马力）莱特"旋风"R-1820-97 星形发动机

最高速度： 462 千米／小时（287 英里／小时）

爬升速度： 37 分钟至 6096 米（20000 英尺）

实用升限： 10850 米（35600 英尺）

最远航程： 载弹 2722 千克（6000 磅）时，3220 千米（2000 英里）

翼展： 31.62 米（103 英尺 7 英寸）

机翼面积： 131.92 平方米（1420 平方英尺）

长度： 22.78 米（74 英尺 7 英寸）

高度： 5.82 米（19 英尺 1 英寸）

重量： 空重 16391 千克（36135 磅）；最大满载重量为 32660 千克（72000 磅）

武装： 机鼻下方、座舱后方、机身中部下方和尾部各两挺 12.7 毫米（0.5 英寸）机枪；机鼻内、无线电员射击口和机身腰部两侧各一挺机枪；最大载弹量为 7983 千克（17600 磅）

皇家空军接收过 85 架被其命名为"飞行堡垒 Ⅲ"的 B-17G，并将其中一些用于电子战。有 10 架 B-17G 被改为侦察机，并被命名为"F-9C"。美国海军及海岸警卫队有 24 架 PB-1W 和 16 架 PB-1G（用于海洋测量和航测）。大约有 130 架"空中堡垒"被改装为 B-17H 或 TB-17H 海空搜救飞机——这类飞机在机身下方搭载了一艘救生艇，并在机身上安装了其他救生设备。B-17F 及其之后的型号由波音、道格拉斯和洛克希德·维加这三家公司共同生产。其中，B-17G 的总产量为 8680 架。

对日战争后期，自由法国空军曾在印度支那投入过少量 B-17F，并把改装过的 B-17G 用于运输和测量。1947 年至 1955 年，法军总共获得了 13 架 B-17G。法国的最后一架 B-17（注册号为"F-BEEA"），一直服役到 20 世纪 80 年代末。这架"空中堡垒"被命名为"维尔讷伊城堡"，此前它在美国陆军航空队中的系列号为"44-85643"。值得一提的是，德国空军的秘密特别任务单位第 200 轰炸机联队也使用了一些在德国迫降的 B-17。

整个第二次世界大战期间，B-17 在欧洲出动了 291508 架次，投弹 650308 吨，战斗损失总计 4688 架。

波音 B-29"超级空中堡垒"(Boeing B-29 Superfortress)

B-29"超级空中堡垒"拥有不少于11人的机组,其中包括飞行员(机长)、副驾驶、投弹手、导航员和飞行工程师等五名军官,以及无线电员、雷达操作员、中央火力控制机枪手、左侧机枪手、右侧机枪手和尾部机枪手等士兵。

"超级空中堡垒"由四台莱特R-3350-23"双旋风"发动机提供动力,每台发动机拥有两个涡轮增压器。起初,B-29存在发动机容易着火的问题,但这个问题之后被波音公司解决了。

B-29前方的防卫由两个炮塔负责,它们分别位于机身的上下方。这两个炮塔中均装有两挺遥控机枪。

B-29是世界上首架使用加压机舱的轰炸机。它的弹舱两头各有一个加压机舱,并通过一条密封通道连接,以便机组人员在两个加压机舱之间通行。在前部机舱处,投弹手坐在最前方的机鼻内,其身后是飞行员,再后面是飞行工程师。无线电员、雷达操作员和导航员位于前机舱的尾部。

B-29在两个弹舱之间安装了AN/APQ-13轰炸雷达。在战时拍摄的B-29照片中,雷达经常被抹掉。

图中展示的B-29正在日本上空投放M-47燃烧弹。这些炸弹在装载时是被捆在一起的,但在投放后就会散开。B-29拥有两个弹舱,炸弹会交替着从两个弹舱中投下,以避免投弹时飞机的重心发生变化。

该标识表明这架飞机来自第 313 轰炸机联队第 504 轰炸大队，该部队驻扎在马里亚纳群岛的提尼安岛。机身的条纹表明该机是一架负责为编队提供导航的引导机。

尾部的加压机舱位于第二个弹舱和垂尾的起点位置之间，机枪手可在这里使用模拟计算机火控系统。此外，这里还有四个供轮班人员在远程飞行时休息的铺位。

位于加压尾部炮塔里的机枪手有装甲风挡提供保护。机枪手在这里操控一门 20 毫米（0.79 英寸）机炮和两挺 12.7 毫米（0.5 英寸）机枪。这个炮塔在飞行时无法进出。

第21轰炸机司令部的 B-29 在日本城市上空投下成捆的燃烧弹。在原子弹为太平洋战争"画上句号"之前，B-29 的空袭已基本摧毁了日本本土的防御。

　　波音 B-29 "超级空中堡垒"是著名的重型轰炸机，在太平洋战争的最后一年，美军用它对日本本土发起了战略空袭，并在广岛和长崎投下了原子弹。1940 年，应美国陆军航空队提出的"半球防御武器"的需求，波音公司最终设计完成了一种可携带 907 千克（2000 磅）重的炸弹，能以 644 千米 / 小时（400 英里 / 小时）的速度飞行 8582 千米（5333 英里）的飞机。当年，美军订购了三架这种飞机，第一架

原型机（XB-29）在 1942 年 9 月 21 日首飞。当美军下达了 1500 架的采购订单后，B-29 项目获得了最高的优先级（尤其是在日本偷袭珍珠港之后）。尽管还在生产 14 架预生产型（YB-29），但波音公司此时已与美国政府制定了一个庞大的生产计划，该计划涉及了贝尔飞机公司和格伦·L. 马丁公司。1943 年 7 月，第 58 轰炸机联队获得了第一架用于评估的 YB-29。三个月后，B-29-BW 开始进入生产流程。B-29 的另一个重要型号是 B-29A-BN，该型号在前上部炮塔处安装了四挺机枪，并加大了机翼面积。此外，B-29 还有一个型号是机枪数量减少、载弹量增大的 B-29B-BA。值得一提的是，B-29 有一个被改装成侦察机的型号——F-13A（后改为"RB-29"）。B-29 应用了很多创新技术，例如可由机枪手在机身内通过潜望镜操控的遥控炮塔。

1943 年年底，美军决定将 B-29 专门用于太平洋战场，因此把第 58 和第 73 轰炸机联队分派给了第 20 轰炸机司令部。首个装备 B-29 的单位于 1944 年春被部署到位于印度及中国西南的基地。1944 年 6 月 5 日，B-29 首次对日本占领下的泰国曼谷发动了空袭。10 天后，B-29 首次出征日本本土。不过，B-29 早期执行的高空轰炸效果不佳，原因有两点：第一，目标地区的天气条件差；第二，B-29 采用的新技术较多，复杂的设计导致了大量设备故障。1944 年 3 月，马里亚纳群岛上的五个作战基地建成，这让 B-29"离日本本土更近一步"。第 73、第 313、第 314 和第 315 轰炸机联队迅速从位于印度和中国的基地转移至马里亚纳群岛，随后第 58 轰炸机联队也在此地完成部署。此时，所有的 B-29 轰炸机联队都归总部位于关岛的第 21 轰炸机司令部指挥。此后，美军彻底调整了战术，开始在夜间对日本的主要城市大规模投放燃烧弹，并对其造成了毁灭性的破坏。1945 年 3 月 9 日晚至 10 日凌晨，279 架 B-29 向东京投放了 1693 吨炸弹，杀死 80000 多人。1945 年 8 月 6 日和 9 日，隶属第 509 轰炸机联队（暂编，该联队后来成为美国核武器的主要测试单位）的两架 B-29（绰号分别为"埃诺拉·盖伊"和"博克之车"）在长崎和广岛投下了原子弹。

在 1945 年之后的数年里，B-29 仍是美国战略空军司令部的中坚力量。1950 年

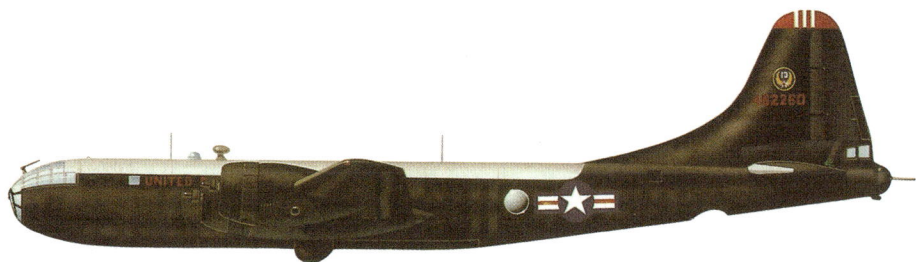

B-29 侧视图。直到第二次世界大战快要结束时，日本才开发出了能真正对"超级空中堡垒"造成伤害的战斗机。

7月13日，关岛基地的第20航空军第19轰炸机联队的B-29首次参与轰炸朝鲜，并在整个8月、9月和10月持续对朝鲜军队的集结地、交通枢纽与工业目标进行空袭。在此期间，B-29向朝鲜投掷了超过30480吨炸弹。然而从1950年11月开始，在朝鲜上空活动的B-29，尤其是单独活动的RB-29侦察机，在米格-15喷气式战斗机的打击下损失惨重，这标志着活塞式发动机重型轰炸机的时代已经结束。

1946年5月，美国结束了B-29的生产（B-29的总产量为3970架），但该型飞机的基本设计还经历了几次修改。这些修改后的衍生型号包括SB-29（搜索与救援机）、TB-29（教练机）、WB-29（气象侦察机）和KB-29（加油机）等。在KB-29系列中，KB-29M使用的是英国"探管与锥套"式加油设备，KB-29P使用的是波音"飞桁"式加油装置。其他只改装了一架的型号还有XB-29G（被用作喷气式发动机的测试平台，美国将其租借给了通用电气公司）和XB-29H（被用作特殊武器测试平台）。到第二次世界大战结束时，美国终止了B-29C和B-29D这两个改进型的生产计划。不过，在经过大量修改后，B-29摇身一变成了B-50。1947年，B-50开始取代战略空军司令部麾下一线单位的B-29。

不管是B-29还是B-50，美国都从未对外出口过。不过，美国曾在1951年将87架B-29租借给了皇家空军（装备了隶属轰炸机司令部的八个中队，其中四架被用于电子情报侦察），为后者提供了短期战略打击能力。B-29被皇家空军称为"华盛顿"。此外，还有一些因各种原因而迫降在苏联境内的B-29，成了图波列夫"图-4"轰炸机的仿制原型。

机型：重型战略轰炸机

机组：10人

动力单元：四台1641千瓦（2200马力）莱特R-3350-57星形发动机

最高速度：在7600米（25000英尺）高度上，576千米/小时（358英里/小时）

爬升速度：38分钟至6095米（20000英尺）

实用升限：9695米（31807英尺）

最远航程：6598千米（4099英里）

翼展：43.36米（142英尺3英寸）

机翼面积：161.27平方米（1736平方英尺）

长度：30.18米（99英尺）

高度：9.01米（29英尺6英寸）

重量：空重32369千克（71360磅）；最大满载重量为64003千克（141100磅）

武装：机鼻上方有一座安装四挺机枪的炮塔；机鼻下方、机身后部的上方和下方各有一座安装两挺机枪的炮塔，都安装的是12.7毫米（0.5英寸）机枪；机尾两挺12.7毫米（0.5英寸）机枪和一门20毫米（0.79英寸）机炮；最大载弹量为9072千克（20000磅）

联合 B-24 "解放者"（Consolidated B-24 Liberator）

B-24H 由四台带涡轮增压功能的普拉特·惠特尼 R-1830-43 发动机提供动力。发动机两侧的油冷却器让整流罩外观呈独特的椭圆形。

驾驶舱后面的机背炮塔是无线电员的战位。这里装备了两挺 12.7 毫米（0.5 英寸）机枪，以便防御来自上方的攻击。

B-24H 机鼻的位置安装了联合公司或艾默生公司的炮塔，炮塔内安装了两挺 12.7 毫米（0.5 英寸）机枪。炮塔下方是投弹手的战位，投弹手俯卧在这里，透过一块平面风挡进行观察。投弹手身后是导航员。

B-24H 上有 10 名机组成员。飞行员和副驾驶并肩坐在驾驶舱内，他们身后是无线电员。其他机组人员包括一名投弹手、一名机鼻机枪手、一名导航员、两名腰部机枪手、一名腹部球形炮塔机枪手和一名尾部机枪手。

这架 B-24 正在目标上空投掷常规的高爆炸弹。B-24H 的弹舱最多可堆放 5806 千克（12800 磅）重的炸弹。

机身腰部两侧各有一挺 12.7 毫米（0.5 英寸）机枪，以防御从水平方向袭来的敌军战斗机。

该标识表明，这架飞机来自美国陆军第 15 航空队第 451 轰炸大队第 726 中队。福特公司的密歇根柳树工厂生产了 1580 架 B-24H，这是其中的一架。

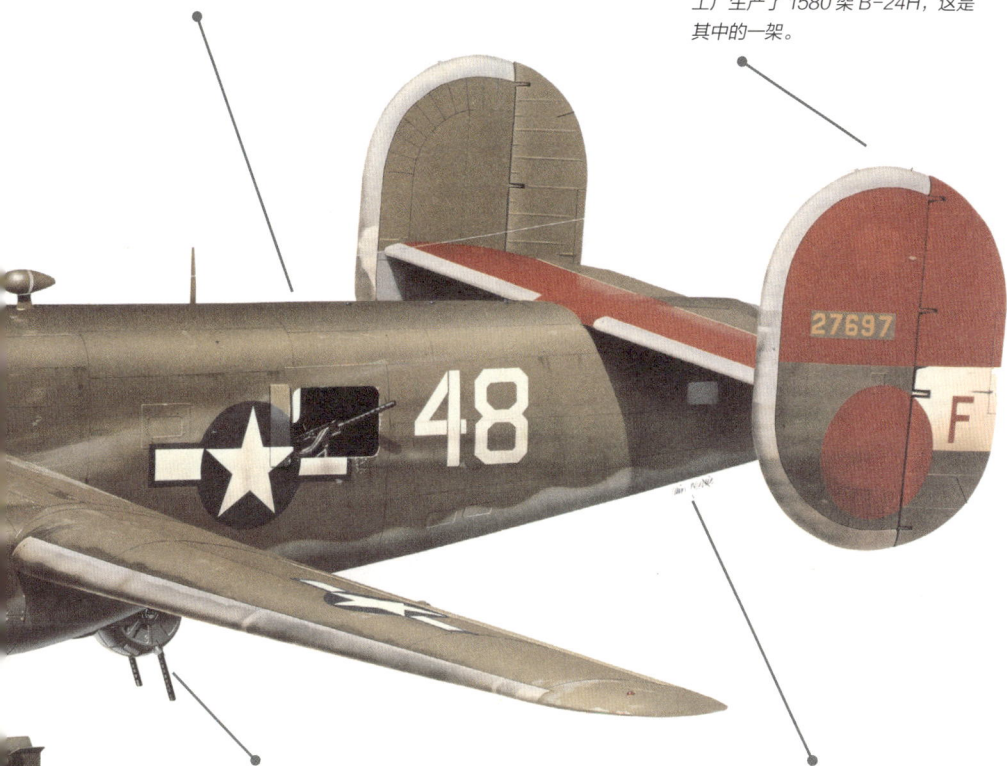

27697

48

F

配备了两挺 12.7 毫米（0.5 英寸）机枪的布里格斯－斯佩里腹部球形炮塔。

尾部机枪手坐在联合公司或福特公司制造的炮塔里。炮塔内安装的两挺 12.7 毫米（0.5 英寸）机枪，由位于飞机腹部的弹药盒供弹。

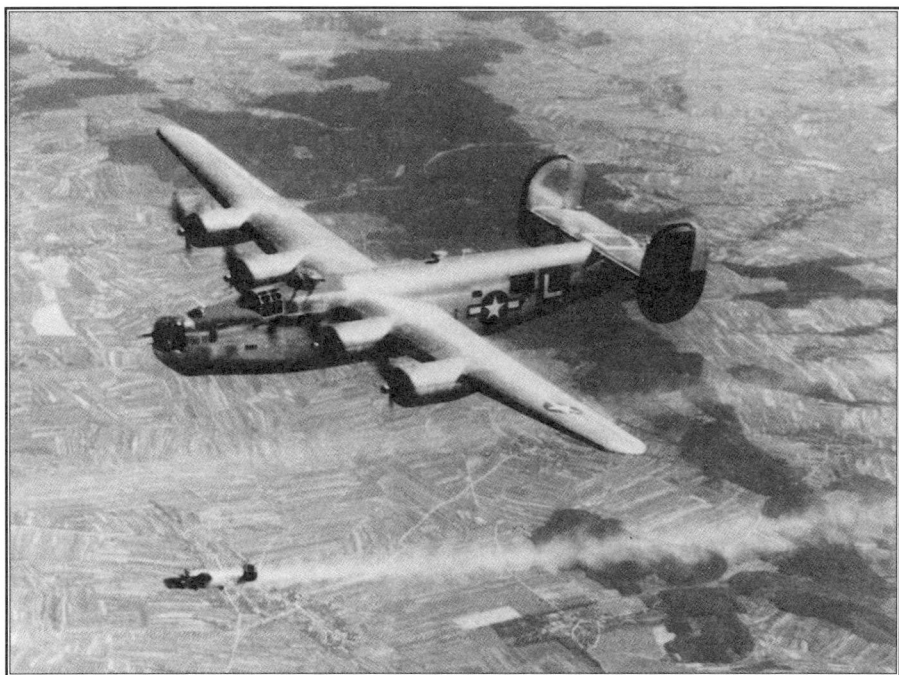

一架飞行中的B-24"解放者"。"解放者"是一款广受机组成员欢迎的飞机，它曾在皇家空军、皇家空军海防司令部，以及美国陆军服役，并且在对抗U型潜艇的大西洋战役中表现优异。

联合公司的B-24"解放者"是第二次世界大战时期美国产量最大的战机，也是航空史上交付数量最多的轰炸机。为了执行大量作战与训练任务，B-24发展出了多个型号，总计生产了18431架。1935年，美国陆军航空队发布了"C-212规范"，要求研制一种新型的四发重型轰炸机——其最高速度应达到483千米/小时（300英里/小时），航程应达到4830千米（3000英里），实用升限应达到10675米（35022英尺），最大载弹量应达到3624千克（8000磅）。联合公司提交了他们的Model 32轰炸机草案——该草案基于Model 31水上飞机的飞行测试。新轰炸机的机身非常高大，可满足军方对载弹量的要求。为了方便在陆地上起降并缩短起飞滑跑距离，Model 32采用了前轮可转向的三轮车式起落架。不过，新设计从Model 31的飞行测试中"借来"的最重要的部分，是翼展为33.5米（110英尺）

的、带有可伸缩襟翼的大展弦比机翼。这种新型机翼让 Model 32 和竞争对手波音 B-17C "空中堡垒" 拥有相同的载弹量，但速度更快，航程更远。此外，双垂尾设计也是 Model 32 和 Model 31 的共同之处。

1939 年 3 月 30 日，美军批准购买一架原型机，并将其命名为 "XB-24"。这架飞机（系列号为 "39-556"）于 1939 年 12 月 29 日在加利福尼的亚林德伯格机场首飞。之后，联合公司又生产了七架用于评估的 YB-24。在这七架飞机还未完工时，联合公司又对 XB-24 进行了一些改动，包括：用普拉特·惠特尼 R-1830-41 发动机替代 895 千瓦（1200 马力）的 R-1830-33 发动机，而新发动机配备了通用电气用于高空飞行的 B-2 涡轮增压器；将尾翼翼展加长了 0.6 米（2 英尺）。在经过一系列修改后，XB-24 被重新命名为 "XB-24B"，并获得了新的系列号（"39-680"）。

联合公司圣地亚哥工厂生产的首批 B-24 是六架 LB-30A，这是法国政府在 1939 年 9 月下的订单的一部分。法国沦陷后，这批飞机被交给了皇家空军，但很快就被发现缺乏自封油箱的它们并不适合在欧洲作战。皇家空军在 1940 年 11 月接收了这批飞机，并将其转为运输机。美国陆军航空军部队订购的 "解放者" 的首个型号是 B-24A，首批的九架于 1941 年 5 月交付。此后，联合公司还交付了九架经过进一步改进的 B-24C。接下来，联合公司开始大量生产 B-24D（2738 架），以及大体相似但安装了动力机鼻炮塔的 B-24E（791 架）和 B-24G（430 架）。之后，B-24 的进一步改进型是 B-24H：联合公司生产了 738 架，并为它们安装了联合机鼻炮塔；道格拉斯及福特公司生产了 2362 架，并为其安装了艾默生炮塔。B-24H 在加装了自动驾驶系统，并进行了一些操作升级（包括改用更高效的轰炸瞄准具）后，被命名为 "B-24J"（共生产了 6678 架）。B-24L（联合公司和福特公司共生产了 1667 架）用两挺手动操控机枪取代了尾部炮塔。B-24J 的改进型被命名为 "B-24M"（联合公司和福特公司共生产了 2593 架）。其他 B-24 的衍生型包括 C-87 运输机、RY 运输机、AT-22 教练机、F-7 远程照相侦察机和 PB4Y-1 海上侦察机等。

皇家空军在获得六架无武装的 LB-30 运输机后不久，开始获得有武装的型号。他们首先获得的是 20 架相当于 B-24A 的 "解放者" Mk Ⅰ，其中的一些配备了 ASV（空对水面舰艇）雷达和一个腹部炮架，以用于海上侦察。之后，从 1941 年 8 月开始，皇家空军获得的 139 架 "解放者" Mk Ⅱ 和 260 架 "解放者" Mk Ⅲ 同样被用于海上侦察，另有 112 架 B-24G 被改为 "解放者 B" Mk Ⅴ 轰炸机和 GR

MK V 海上侦察机。交付给英国及英联邦国家的 B-24 后期型号有 1302 架 B-24J、437 架 B-24L 和 47 架 B-24M。英军的 B-24J 被称为"'解放者 B'Mk Ⅵ 轰炸机",带有球形炮塔——把球形炮塔换成 ASV 雷达后,被称为"'解放者'GR Mk Ⅵ 远程海上侦察机"。英军的 B-24L 和 B-24M 与此类似,被称为"'解放者 B'Mk Ⅷ"和"'解放者'GR Mk Ⅷ"。英军的"解放者"轰炸机主要在东南亚作战(装备了 14 个中队),而海上侦察机型号则为大西洋护航队提供了空中掩护,填补了"中大西洋空中缺口"。此外,皇家空军还获得了 24 架由 B-24D 改装的、被称为"'解放者 C'Mk Ⅶ"的 C-87 运输机。其中一架系列号为"AL504"、代号为"突击队"的飞机,是英国首相温斯顿·丘吉尔的专机。1943 年年底,这架飞机返回康维尔,按 RY-3 标准进行了改装升级。

B-24 在 1942 年 6 月首次参加实战。它们从埃及起飞,向罗马尼亚油田发起了远程突袭。尽管后来波音 B-29 担负起了对日本本土的空袭任务,但在太平洋战场的其他地方,"解放者"仍是战略轰炸机的中坚力量。

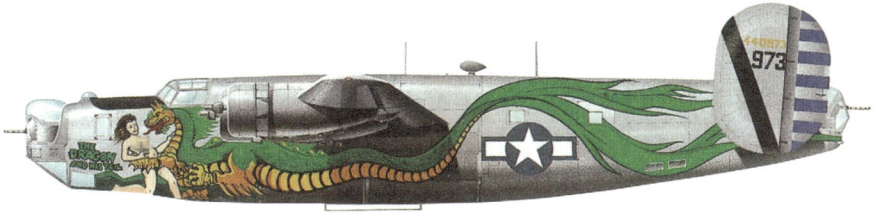

这架 B-24J 属于在 1945 年春以日本伊江岛为基地的第 43 轰炸大队，是最后投入第二次世界大战的 B-24 之一，其机身涂上了华丽的图案。由于不再受日本战斗机的威胁，这架飞机已经去掉了机背炮塔。

机型：远程重型轰炸机（B-24J）

机组：8 至 10 人

动力单元：四台 895 千瓦（1200 马力）普拉特·惠特尼 R-1830-65 星形发动机

最高速度：467 千米 / 小时（290 英里 / 小时）

爬升速度：25 分钟至 6096 米（20000 英尺）

实用升限：8535 米（28000 英尺）

翼展：33.53 米（110 英尺）

机翼面积：97.36 平方米（1048 平方英尺）

长度：20.47 米（67 英尺 2 英寸）

高度：5.49 米（18 英尺）

重量：空重 16556 千克（36500 磅）；最大满载重量为 29484 千克（65000 磅）

武装：机鼻、机尾、驾驶舱后的机身上部和机身中部下方各有一座安装两挺机枪的炮塔，机身腰部两侧各一挺机枪，总计 10 挺 12.7 毫米（0.5 英寸）机枪；通常载弹量为 3992 千克（8800 磅）

一队正在出击的 B-24。在面对战斗机的攻击时，B-24 十分脆弱，很容易着火。

联合 PBY "卡特琳娜"（Consolidated PBY Catalina）

在着陆时，"卡特琳娜"的翼尖可变成浮筒，以增强飞机在水上的稳定性。

这架"卡特琳娜"Mk IVA 配备了 ASV Mk Ⅱ 雷达，以发现水面的 U 型潜艇。ASV 雷达有两套偶极天线，分别安装于两侧机翼下方。

"卡特琳娜"Mk IVA（PBY-5）安装了两台普拉特·惠特尼 R-1830-82 或 R-1830-92 双黄蜂发动机。发动机舱下方的整流罩内安装的是油冷却器。

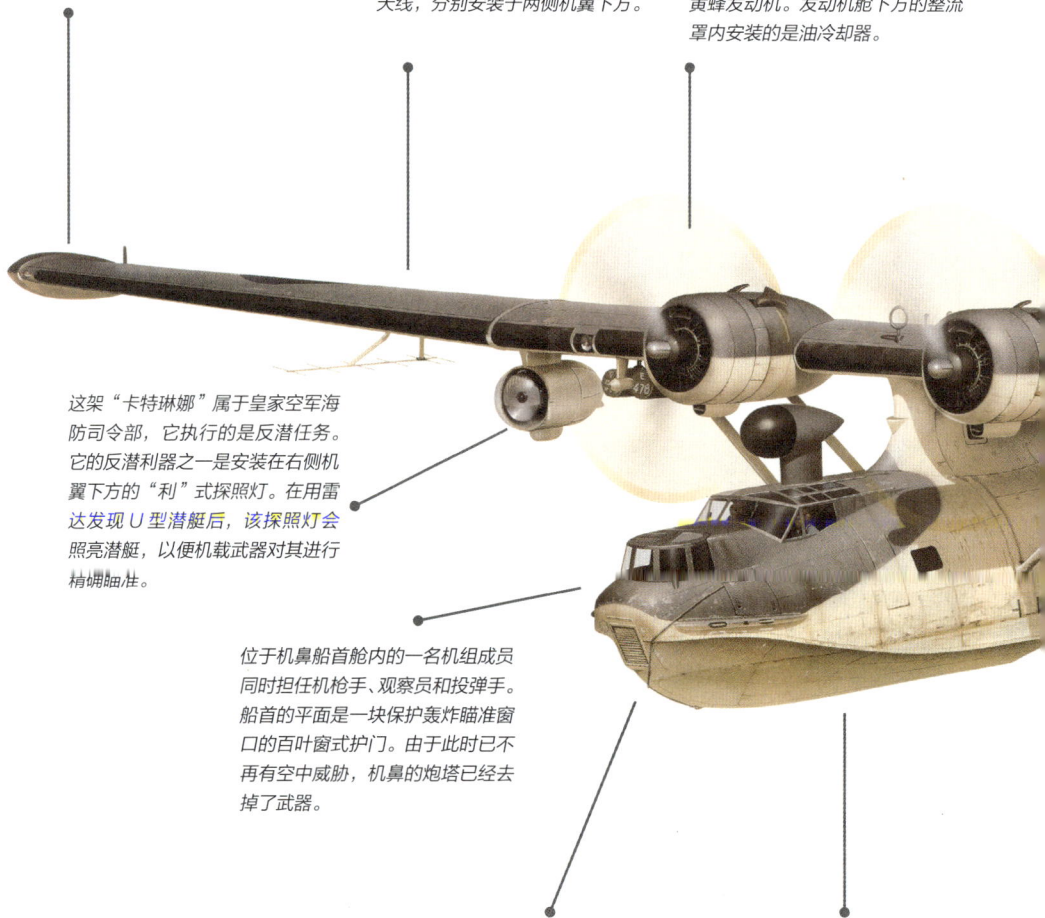

这架"卡特琳娜"属于皇家空军海防司令部，它执行的是反潜任务。它的反潜利器之一是安装在右侧机翼下方的"利"式探照灯。在用雷达发现 U 型潜艇后，该探照灯会照亮潜艇，以便机载武器对其进行精姗瞄准。

位于机鼻船首舱内的一名机组成员同时担任机枪手、观察员和投弹手。船首的平面是一块保护轰炸瞄准窗口的百叶窗式护门。由于此时已不再有空中威胁，机鼻的炮塔已经去掉了武器。

在驾驶舱里，飞行员和副驾驶并肩而坐。在他们正上方的是一个泪滴形天线罩，里面有一部搜索雷达。

驾驶舱后的机身中段是无线电员和导航员的位置。导航员有一张桌子，可用它来铺开海图。在他们身后的是一直延伸到翼根的后机舱，这里是飞行工程师的位置。同时，这里还有间休息室，配备机组人员的休息铺位。

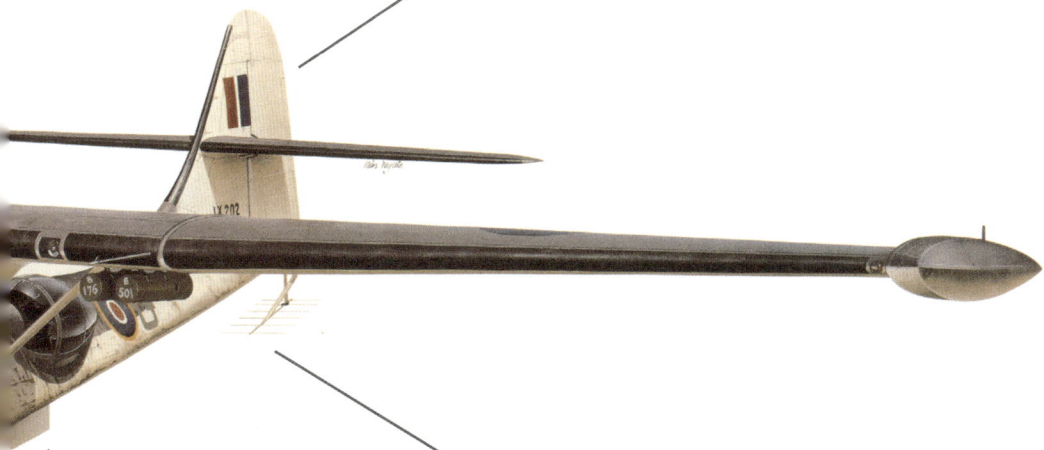

该标识表明这架"卡特琳娜"Mk IVA 来自皇家空军海防司令部第 202 中队，该中队在 1945 年驻扎于北爱尔兰。

一条中央走道从驾驶舱通到机枪手／观察员干活的后机舱。后机舱设置了两个半圆形平台，机枪手／观察员在此可以通过一个弧形枪架转动机枪，飞机腰部凸出的水泡型玻璃罩则为其提供了覆盖范围极广的视野。

这架飞机携带了四枚深水炸弹。飞机上的每个硬挂点最多可承受 454 千克（1000 磅）的重量。除了深水炸弹，飞机还可挂载炸弹、鱼雷和发烟器。

1928 年 2 月 28 日，美国海军与联合公司签署了制造一架水上飞机原型——XPY-1——的合同。这架飞机可配置双发动机或者三发动机，是美国海军得到的第一款大型单翼水上飞机。这一初始配置的机型最终发展成了史上最为杰出的伞形单翼水上飞机——PBY "卡特琳娜"。1933 年 10 月 28 日，联合公司获得了生产原型机 PBY 的合同，该原型机后被称为 "XP3Y-1"。1935 年 3 月 21 日，这架飞机成功首飞。1936 年 10 月，实用化的 "卡特琳娜" 开始交付 VP11F 巡逻中队。VP-3 巡逻中队的 12 架飞机从圣地亚哥飞往巴拿马运河区的科科索洛。在这一跨越 5297 千米（3291 英里）、耗时 27 小时 58 分钟的航程中，"卡特琳娜" 的初始版本（PBY-1）展现了自己极强的远程飞行能力。

联合 PBY "卡特琳娜" 是有史以来用途最多的水上飞机。此图中，它正被拉上滑道。一些 "卡特琳娜" 在第二次世界大战后被转为商用飞机，并在南美洲运营得非常成功。

机型：海上侦察两栖水上飞机（PBY-5A）

机组：七至九人
动力单元：两台 895 千瓦（1200 马力）普拉特·惠特尼 R-1830-92 双黄蜂 14 缸星形发动机
最高速度：在 2135 米（7000 英尺）高度上，288 千米 / 小时（179 英里 / 小时）
爬升速度：19 钟分 18 秒至 3050 米（10000 英尺）
实用升限：4480 米（14700 英尺）
最远航程：4095 千米（2545 英里）
翼展：31.70 米（104 英尺）
机翼面积：130.06 平方米（1400 平方英尺）

长度：19.45 米（63 英尺 8 英寸）
高度：6.15 米（20 英尺 2 英寸）
重量：空重 9485 千克（20910 磅）；最大满载重量为 16067 千克（35420 磅）
武装：船首炮塔两挺 12.7 毫米（0.5 英寸）机枪，机身腰部两侧的水泡型窗口各一挺 12.7 毫米（0.5 英寸）机枪，腹部通道一挺 7.7 毫米（0.303 英寸）机枪；作战载荷最多可挂载 1814 千克（4000 磅）炸弹、水雷、深水炸弹或两枚鱼雷

PBY-1 安装了 634 千瓦（850 马力）的普拉特·惠特尼 R-1830-64 发动机。1937 年，联合公司交付了 50 架安装了 746 千瓦（1000 马力）普拉特·惠特尼发动机的 PBY-2。1938 年，美国向苏联提供了三架后继型号（PBY-3）。苏联的 PBY 被称为"GST"，并且安装了本国制造的 708 千瓦（950 马力）M87 发动机，其主要用于运输。

1938 年问世的 PBY-4，在机身中部安装了大型水泡形观察与射击窗，这后来成了 PBY 的一个显著特征。1939 年 4 月，美国海军订购的一种 PBY 的两栖版，后来成为广泛用于第二次世界大战的 PBY-5A 的原型机。1939 年，皇家空军获得一架 PBY，并将其用于评估。之后根据评估结果，皇家空军订购了 50 架与美国海军 PBY-5 类似的飞机，并将其命名为"'卡特琳娜' Mk Ⅰ"。后来，美国海军也采用了"卡特琳娜"这一名字。1940 年，皇家空军将原先的订单增加一倍。同时，其他国家也开始下单采购 PBY：澳大利亚 18 架、加拿大 50 架、法国 30 架、荷属东印度 36 架。在这些初始订单和之后美国海军的订单里的型号都是 PBY-5，其使用的是 895 千瓦（1200 马力）的 R-1830-92 星形发动机。在一批 200 架的 PBY-5 订单中，最后 33 架被改为达到 PBY-5A 标准的两栖飞机。PBY-5 最终共生产了 750 架。其后的 PBY-5A 生产了 794 架，而其中的 10 架为美国空军所有，并被称为"OA-10"。

1939 年 9 月 21 日，美国海军第 21 巡逻中队在连同 14 架 PBY 抵达菲律宾后，成为太平洋舰队自 1932 年以来的首个巡逻单位。1940 年 12 月，第 21 巡逻中队和一年后另一个部署至菲律宾的中队构成了在菲律宾成立的第 10 巡逻联队的核

心。数周之后，在 1941 年春，皇家空军海防司令部开始使用"卡特琳娜"Mk Ⅰ。当年 5 月，这些飞机在猎杀德国"俾斯麦"号战列舰时发挥了重要作用。1940 年 5 月 30 日，美国海军第 52 巡逻中队开始在大西洋西部北大西洋护航队航线上巡逻，此地是美国政府宣布的"中立区"。12 月 10 日，在美国参加第二次世界大战后，第 52 巡逻中队以巴西的纳塔尔为基地，也开始在南大西洋上空进行反潜巡逻。

1942 年，皇家空军与美国海军的"卡特琳娜"中队合计击沉了数艘 U 型潜艇。1942 年 6 月，在世界的另一边，执行侦察任务的"卡特琳娜"探测到了逼近中途岛的日本航母特遣队，并帮助美军将该航母击沉。之后，"卡特琳娜"还对阿留申群岛上的日本军队发动了攻势。

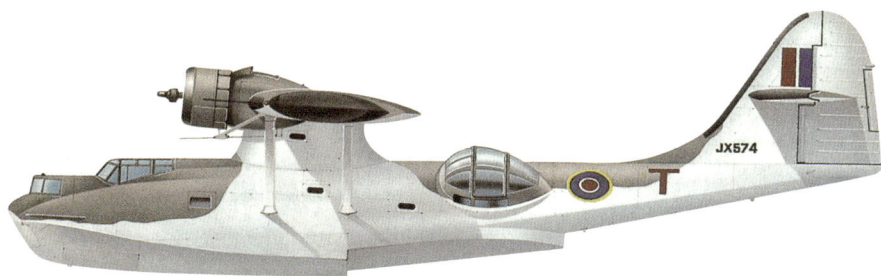

美国向皇家澳大利亚空军提供的 18 架联合 PBY-5"卡特琳娜"之一，隶属于第 11 中队。"卡特琳娜"的产量之大，超过了任何其他所有水上飞机的总和。

按照租借法案，美国向英国提供了 225 架 PBY-5B（"卡特琳娜"IA）和 97 架安装了 ASV（空对水面）雷达的"卡特琳娜"IVA。"卡特琳娜"的进一步改进型是 PBY-6A（235 架），该型号主要是修改了武器配置，加大了机尾，并在驾驶舱上方安装了一块搜索雷达显示屏。另外，美国海军飞机制造厂生产的 PNB-1"游牧民"（156 架），是按照 PBY-5A 标准制造的，但进行了一些改进，例如增大机尾单元，加大油箱容量，加强武装等。这批飞机中的大部分被供给了苏联。此外，PBY-5A 在加拿大生产的型号，被称为"加拿大维克斯 PVB-1A"。到 1945 年 4 月停产时，联合公司生产了 2398 架"卡特琳娜"，其他生产商生产了 892 架。苏联生产的 GST 数量则不详。

拍摄于太平战争早期的 PBY "卡特琳娜"。1942 年 6 月，一架 "卡特琳娜" 发现了逼近中途岛的日军特遣队，并使后者遭受了灾难性的后果。

第二次世界大战之后数年，许多 "卡特琳娜" 在民用领域获得了一席之地。尽管从商业用途来说，"卡特琳娜" 并不是一种很经济的机型，但它在诸如亚马孙盆地、东南亚群岛群等地方证明了自己是一款优秀的运输机。巴西泛空航空公司的六架 "卡特琳娜" 都成为十分成功的 22 座运输机，它们在亚马孙河沿岸一直运营到 1965 年该公司解散。

寇蒂斯 P-40 "战鹰"（Curtiss P-40 Warhawk）

发动机上方的进气道可让空气直接
进入发动机后方的化油器。

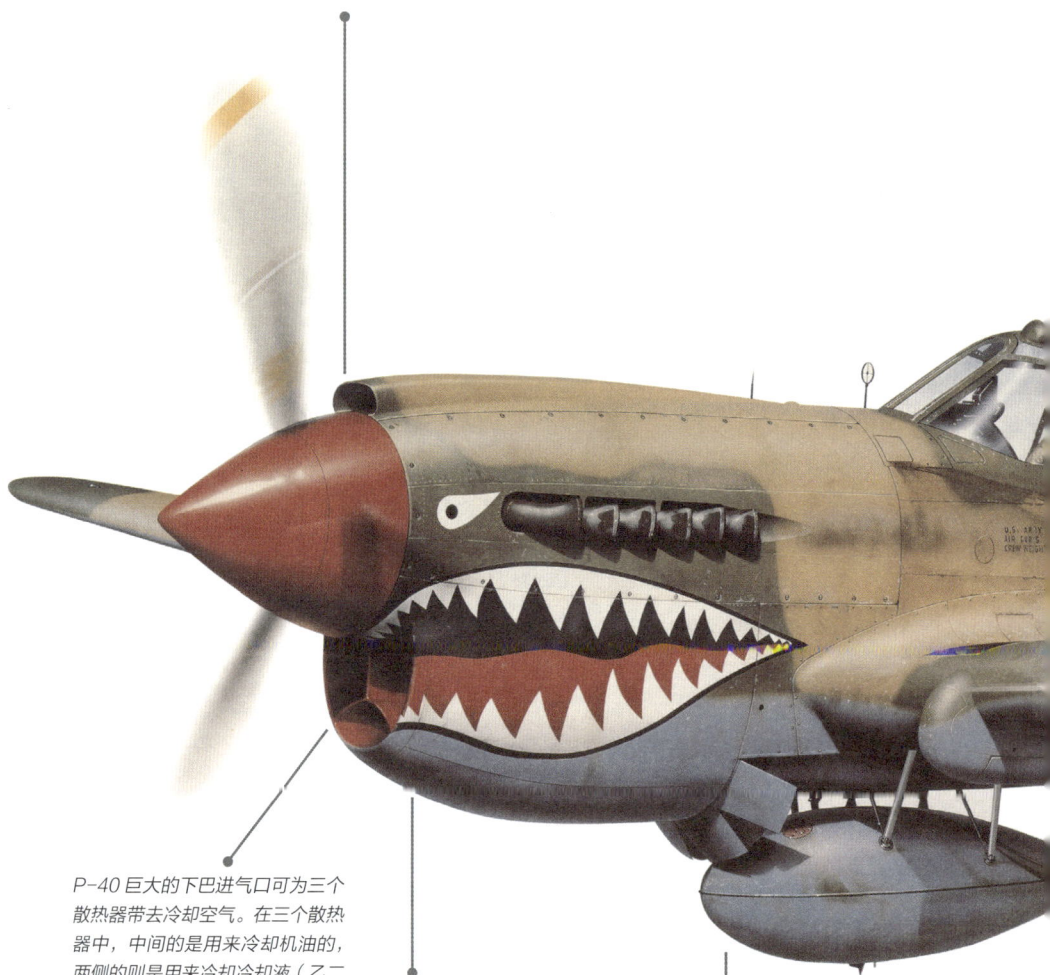

P-40 巨大的下巴进气口可为三个
散热器带去冷却空气。在三个散热
器中，中间的是用来冷却机油的，
两侧的则是用来冷却冷却液（乙二
醇）自身的。

P-40E "战鹰"由一台艾利逊
V-1710-39 12 缸直列发动机提
供动力。大多数 P-40 的衍生型
号使用的都是艾利逊发动机，但
P-40F 除外。P-40F 使用的是"梅
林"发动机的美国授权生产版帕卡
德 V-1650。

中国战场上的 P-40 经常携带副油
箱以增加航程。飞机的散热鳍片在
副油箱前面，可在飞机低速飞行或
发动机过热时打开，以便让更多空
气通过。

P-40 的座舱盖有多根加强框。飞行员身后有一块透明的玻璃后视面板。一块镜子安装在座舱加强框上，方便飞行员查看后方情况。飞行员使用反射式瞄准具瞄准，但在紧急情况下，还可以用一部环珠瞄准具瞄准。

这是一种美军飞行员在战场上的典型机尾涂鸦。

该标识表明这架飞机隶属于在中国战场上对抗日军的第 23 战斗机大队第 76 中队。

这架 P-40E 配备了六挺 12.7 毫米（0.5 英寸）机枪，每侧机翼各三挺，每挺备弹 235 发。

尽管从来称不上优秀，寇蒂斯 P-40 却打遍了第二次世界大战的所有战场。更重要的是，它以足够多的数量支撑盟军熬过了第二次世界大战的关键时刻，而后来更先进的并在多种用途上取代它的战斗机当时还处在测试阶段。P-40 是采用星形发动机的寇蒂斯 P-36A "鹰"发展来的。当时，美国陆军航空兵团已向寇蒂斯 - 莱特公司的飞机制造部门订购了 210 架 P-36A。1937 年 7 月，美国陆军航空兵团订购的一架试验改进型（被命名为"XP-40"），安装了最新的艾利逊液冷式 V-1710 12 缸 V 型发动机。第十架 P-36A 在生产线上安装了新的动力单元，并于 1938 年 10 月首飞。XP-40 原型机在速度上比 P-36A 大约快了 48 千米 / 小时（30 英里 / 小时），尽管在机动性上略逊于后者，但驾驶过它的美国陆军航空兵团的试飞员都称赞其优秀的操纵性。1939 年 4 月 27 日，美国陆军航空兵团与寇蒂斯 - 莱特公司签署了生产 524 架 P-40 的合同，这是当时美军签署的数量最多的战斗机合同。之后，订购数量缩减到 200 架，全部飞机在 1940 年 9 月交付完毕。与原型机相比，P-40 的量产型只有一点不同，那就是它安装的是 776 千瓦（1040 马力）的艾利逊 V-1710-33 发动机。P-40 的一个重大缺陷是，飞机完全没有为飞行员和其身后的主油箱提供装甲防护。总的来说，P-40 早期型算是一个死亡陷阱。

尽管如此，法国空军在 1939—1940 年的"静坐战"期间已经用上灵巧的寇蒂斯"鹰"75A（P-36A），并且还订购了 140 架 P-40。这些飞机后来获得了出口资格，称号为"'鹰' 81A-1"。法国空军在 P-40 上面使用了多种法国装备，但最重要的装备是安装在内侧翼板起落架舱外侧机翼上的四挺 7.62 毫米（0.3 英寸）FN- 勃朗宁机枪，其取代了美国陆军航空兵团在 P-40 机鼻上方安装的两挺 12.7

1942 年，中缅战区，美国志愿航空队的寇蒂斯 P-40。美国志愿航空队与皇家空军联手，英勇地抵挡着日军在缅甸的攻势，尤其是前者击落了大量日军轰炸机，但也是徒劳一场。

毫米（0.5 英寸）柯尔特 - 勃朗宁机枪。但是"鹰"81A-1 还没来得及交付，法国就已陷落，于是英国驻美采购委员会代表皇家空军，接手了这批飞机。虽然皇家空军战斗机司令部认为这批飞机不适合作战，但它们在安装了四挺 7.7 毫米（0.303 英寸）机枪后被分配给皇家空军陆军合作司令部。这些被用于战术侦察的飞机代号为"战斧 I"。它们一直服役到 1942 年，后来被另一款美国飞机——北美公司的"野马 I"代替。

1941 年 2 月，美国陆军航空兵团继续接收 P-40。此时的 P-40，其武器配置已经升级到与法军订购版一样的武器配置，不仅在机翼上增加了四挺 7.62 毫米（0.303 英寸）机枪，而且还为飞行员提供了装甲风挡和装甲板。改进后的型号被称为"P-40B"，有 130 架交付给了美国陆军航空兵团。皇家空军获得了另外 110 架完全一样的飞机，并将其称为"'鹰'81A-2"，后又称其为"战斧 II A"。由于 P-40B 使用了和前一个型号相同的动力单元，并且安装了额外的装备，其重量有所增加，空重从 2435 千克（5368 磅）增至 2532 千克（5582 磅）。飞机的操纵性和最高速度不可避免地受到负面影响。在 4575 米（15000 英尺）高度上，P-40B 的速度从 574 千米 / 小时（357 英里 / 小时）降到 566 千米 / 小时（352 英里 / 小时）。

P-40 的下一个改型（P-40C）安装了更大的自封油箱，增加了两挺机枪。这一型号的飞机，美国陆军航空队（美国陆军航空兵团此时已改名）获得了 193 架；皇家空军获得 930 架，并将其称为"战斧 II B"。这其中的 146 架在 1941 年 6 月德国入侵苏联后被转交给了苏联，另外 100 架由在中国作战的美国志愿航空队获得。第二次世界大战期间，美英总共向苏联提供了 2430 架 P-40，由于运输途中损失很大，实际送抵的为 2097 架。皇家空军把"战斧 II B"机身上的武器去掉，仅保留机翼上的武器。这些飞机在西部沙漠的战斗中提供了杰出的战术支援，它们主要在皇家空军的第 94、第 112、第 208、第 250 和第 260 中队，沙漠航空军的第 2、第 4（南非）和第 3（澳大利亚）中队中服役。P-40C 在第 15 驱逐大队、第 24 驱逐大队和美国志愿航空队中参加了战斗。其中，绰号为"飞虎队"的美国志愿航空队，在 1941 年以中国昆明和缅甸明加拉东为基地开始作战，以保卫滇缅公路和中缅边境。1941 年 12 月 20 日，十架日军轰炸机空袭昆明，美国志愿航空队的"战鹰"击落了其中的六架。

P-40D 将四挺机翼机枪升级为 12.7 毫米（0.5 英寸）机枪，去掉了机鼻中的武器，并且为了在机身和机翼挂载炸弹，还进行了其他改动。美国陆军航空队只接收了 22 架 P-40D，并称之为"'鹰'87A"，而皇家空军获得了 560 架，并将其命名为"小鹰Ⅰ"。美国陆军航空队更喜欢装有六挺机枪的 P-40E，并订购了 820 架；皇家空军获得另外 1500 架，并称之为"小鹰ⅠA"。安装了帕卡德 - 梅林发动机的 P-40F，生产了 1311 架。皇家空军获得了 21 架 P-40K、600 架 P-40M（"小鹰Ⅲ"）和 586 架 P-40N（"小鹰Ⅳ"）。到 1944 年 12 月停产时，美国总计生产了 13738 架各型 P-40，其中包括 1300 架增大垂尾面积的 P-40K、700 架只有四挺机枪的 P-40L和 4219 架使用 1014 千瓦（1360 马力）V-1710-81 发动机的 P-40N。

机型：战斗机/战斗轰炸机（P-40N）

机组：一人

动力单元：一台1014千瓦（1360马力）艾利逊 V-1710-81 V-12发动机

最高速度：在3200米（10500英尺）高度上，609千米/小时（378英里/小时）

爬升速度：6分钟42秒至4570米（14993英尺）

实用升限：11580米（38000英尺）

最远航程：386千米（240英里）

翼展：11.38米（37英尺3英寸）

机翼面积：21.92平方米（236平方英尺）

长度：10.16米（33英尺3英寸）

高度：3.76米（12英尺3英寸）

重量：空重2722千克（6000磅）；最大满载重量为5171千克（11400磅）

武装：机翼六挺12.7毫米（0.5英寸）机枪；最多挂载三枚227千克（500磅）重的炸弹

寇蒂斯 P-40 深受性能不稳定的艾利逊发动机之苦。在战斗机之间的对决中，P-40 逊于同时期的对手战斗机，但在对地攻击任务中表现出色。

道格拉斯 SBD-1"无畏"（Douglas SBD-1 Dauntless）

飞行员前方是两挺 12.7 毫米（0.5 英寸）固定前射机枪。机枪的后膛一直延伸到驾驶舱里，飞行员可以随时排除卡壳故障，给机枪重新上膛。

飞行员坐在驾驶舱高处，其身后有一块装甲背板，但是前面没有防弹风挡。他在射击和投弹时可使用一具望远镜式瞄准具来瞄准目标。

"无畏"使用一台莱特 R-1820-32"旋风"发动机。机油通过机身下方的进气口进行冷却，发动机整流罩顶部的大型进气口则为化油器提供制冷。大型炸弹挂架位于机身下方，在飞机进行俯冲攻击时能够把炸弹甩出去而不会碰到螺旋桨。

"无畏"的翼下挂架，每个能挂一枚 454 千克（1000 磅）重的炸弹。主武器（炸弹或者鱼雷）挂载在机身中央。

观察员 / 机枪手面朝后方。在把机枪收好后，他可把座舱盖的后半部分向后拉以保护自己。"无畏"的后部机枪是一挺备弹 600 发的 7.62 毫米（0.3 英寸）机枪。

2·MB·1

U.S. MARINES

飞机上的标识表明，这是美国海军陆战队第 1 轰炸机中队的指挥官座机，该中队是第二个接收"无畏"的单位。1941 年，该单位更名为"海军陆战队第 132 轰炸侦察机中队"。

尽管配备了一个可用的尾钩，"无畏"被认定不具备航母作战能力，因此被转交给了海军陆战队。

　　道格拉斯 SBD "无畏" 系列战机的演化史开始于 1934 年 11 月。当时，诺斯罗普的一支设计团队提议以即将为美国陆军航空兵团生产的轻型攻击轰炸机 A-17 为基础，设计一款新型的海军俯冲轰炸机。基于该设计的一架原型机被订购。该原型机于 1935 年 7 月首飞，并获得了 "XBT-1" 的名字。1936 年 2 月，配备 615 千瓦（825 马力）莱特 R-1535-94 发动机的 BT-1 获得了 54 架的订单。这份订单中的最后一批飞机改用了 746 千瓦（1000 马力）的 R-1820-32 发动机，并在完成后被称为 "XBT-2"。1937 年 8 月 31 日，诺斯罗普公司在成为道格拉斯公司的一

道格拉斯"无畏"虽然性能一般，却为盟军在太平洋战场上获胜做出了巨大贡献。在这场战争中，它击沉的船只吨位超过任何其他飞机击沉的船只吨位数。

部分之后，继续修改 XBT-2（主要是对起落架和垂尾表面进行改进），并将飞机重新命名为"XSBD-1"。1940 年年中，道格拉斯公司开始向美国海军陆战队交付 57 架 SBD-1。这种飞机此时已安装了大块的开孔式俯冲减速板——这成了"无畏"的一个显著特征。与此同时，美国海军也订购了 87 架带额外油箱、防护装甲和自动驾驶功能的 SBD-2。这两种型号都在发动机整流罩上方安装了两挺 7.62 毫米（0.3 英寸）机枪，而且都在驾驶舱后方安装了一挺机枪。机身下方的挂架最多可携带 454 千克（1000 磅）重的炸弹，飞机的最大载弹量为 544 千克（1200 磅）。

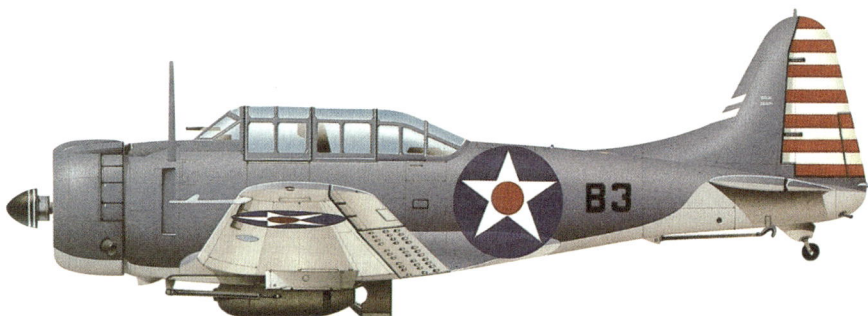

一架来自美国海军"企业"号航空母舰第 6 轰炸机中队的 SBD-3"无畏",时间大约是 1942 年春。数月之后,第 6 轰炸机中队的俯冲轰炸机将参加中途岛战役,是役击沉日军四艘航母。

机型:舰载及陆基俯冲轰炸机(SBD-5)

机组:两人
动力单元:一台 895 千瓦(1200 马力)莱特 R-1820-60"旋风"九缸星形发动机
最高速度:410 千米 / 小时(255 英里 / 小时)
爬升速度:8 分钟至 3050 米(10000 英尺)
实用升限:7780 米(25530 英尺)
最远航程:2519 千米(1565 英里)
翼展:12.66(41 英尺 5 英寸)
机翼面积:30.19 平方米(325 平方英尺)

长度:10.09 米(33 英尺 1 英寸)
高度:4.14 米(13 英尺 6 英寸)
重量:空重 2905 千克(6406 磅);最大满载重量为 4853 千克(10700 磅)
武装:前机身上半部分两挺 12.7 毫米(0.5 英寸)固定前射机枪;机舱后部两挺可伸缩 7.62 毫米(0.3 英寸)机枪;外部最大可挂载 1021 千克(2250 磅)重的炸弹或深水炸弹

1940 年 11 月,SBD-2 开始交付,在其之后投入服役的是 SBD-3,后者把前射武器改为两挺 12.7 毫米(0.5 英寸)机枪,把发动机改为 R-1820-52 发动机。1941 年 3 月,首批 174 架 SBD-3 开始交付,之后美国海军又获得了 410 架。在日本偷袭珍珠港时,这些战机已成为美国海军航母舰载机部队的打击力量。在 1942 年的头几个月,它们从"列克星敦"号和"约克城"号航母上起飞,多次攻击了日军的沿海基地和海运船只。在 1942 年 5 月的珊瑚海海战中,这些战机与 TBD"蹂躏者"鱼雷攻击机一起,击沉了日军轻型航母"祥凤"号,重伤了航母"翔鹤"号,并迫使日军放弃了攻占新几内亚莫尔兹比港的计划。在 1942 年 6 月的中途岛战役中,"无畏"再度联手"蹂躏者",对日军舰队发起俯冲轰炸与鱼雷攻击协同作战。最后，来自"企业"号、"大黄蜂"号和"约克城"号航母的 SBD 取得了重要战果——击沉日军"赤城"号、"加贺"号和"苍龙"号航母，重创"飞龙"号航母并迫使日军将其自沉。在这次战斗中，"蹂躏者"中队遭受了令人震惊的损失，参战的 41 架飞机损失了 35 架，而第 8 鱼雷机中队的 15 架飞机全军覆没。

另一方面，"无畏"中队的损失率则是美军在太平洋战场的舰载机中最低的，这要归功于"无畏"承受损伤的惊人能力。战争后期，寇蒂斯 SB2C "地狱俯冲者"开始取代"无畏"的俯冲轰炸机的角色，后者开始被分配给护航航母，并执行反潜或近距离支援任务。1942 年 10 月，安装了雷达和无线电导航装置的新型战机 SBD-4 问世——此时美军已接收了 780 架。之后，"无畏"系列战机的另一个主要量产型号——换装了更为强劲的 895 千瓦（1200 马力）发动机的 SBD-5 诞生了。美国海军接收了 2965 架 SBD-5，而原先按照美国海军订单生产的 65 架 SBD-5A 被交给了海军陆战队。然后，一架安装了 1007 千瓦（1350 马力）R-1820-66 发动机的 SBD-5，成了 SBD-6 的原型机。道格拉斯公司在生产了 450 架 SBD-6 后，于 1944 年 7 月终止了"无畏"系列战机的生产。

"无畏"全系列的总产量为 5936 架，其中的 178 架为美国陆军航空兵团的 A-24、A-24A 和 A-24B。这些型号大体上与海军的 SBD-3、SBD-4 和 SBD-5 型号相对应，二者的主要区别在于前者去掉了着舰钩。太平洋战争中，美国陆军的"无畏"系列战机很少参战，它们中的大多数都被派去保护巴拿马运河区，且没过多久就被转为承担训练和通信任务。皇家新西兰空军先后获得了 18 架 SBD-3、27 架 SBD-4 和 23 架 SBD-5。还有三分之二的 SBD-5 被提供给了法国海军。法国空军也得到了 24 架 A-24B，但它们承担的都是训练和其他二线任务。此外，皇家海军也获得过九架 SBD-5。

"无畏"系列战机在中途岛和瓜达卡纳尔岛战役中力挽狂澜，为美军赢得了胜利。最终在击沉的日军船只吨位总数上，它超过了盟军的其他所有飞机。

格鲁曼"野猫"（Grumman Wildcat）

格鲁曼 F4F 由一台普拉特·惠特尼 R-1830-86 双黄蜂双排 14 缸星形发动机提供动力。发动机整流罩后方的可动鳍片能够控制进入发动机室的空气。

F4F 原先设计的是固定起落架，但在最后一刻改成可伸缩式起落架。然而为了完全收回或者伸出起落架，飞行员需要用左手握住操纵杆，同时用右手摇座舱里的一个转轮 28 圈。

早期型 F4F 在机身上安装了两挺 12.7 毫米（0.5 英寸）机枪，后将其去除，改为在机翼安装六挺机枪。

"野猫"的飞行员拥有良好的前向视野，但座舱整流罩却妨碍了他观察后方。F4F 配备了一具反射式瞄准具。

这架 F4F-3"野猫"来自驻扎萨摩亚塔富纳的美国海军陆战队第 121 战斗机中队。这些早期型"野猫"由于翼展较短，机翼不可折叠。

　　1936 年 3 月，格鲁曼飞机公司获得一份为美国海军开发一种全金属双翼战斗机 XF4F-1 的合同。然而没多久，双翼布局就被抛弃，而一架采用单翼布局的 XF4F-2 被制造了出来。这架使用了一台 783 千瓦（1050 马力）普拉特·惠特尼 R-1830-66 双黄蜂星形发动机的飞机，于 1937 年 9 月完成首飞。此后，美国海军决定在它的基础上做进一步改进——在经过大幅重新设计的机身上安装 XR-1830-76 增压发动机。改头换面后的飞机被称为"XF4F-3"，并在 1939 年 2 月 12 日完成首飞。同年 8 月，美国海军向格鲁曼公司下了 53 架 F4F-3 的订单。这种战斗机此时已被命名为"野猫"。量产型的首架"野猫"在 1940 年 2 月完成首飞，但整个交付过程十分缓慢。到 1940 年年底，仅有 22 架"野猫"被交付给了美国海军第 4 和第 7 战斗机中队，而这两支部队当时分别部署在美国海军的"突击者"号和"黄蜂"号航空母舰上。

在日军偷袭珍珠港时，"野猫"是美国海军最为重要的战斗机，而它也名副其实地守住了盟军在太平洋的战线，尤其是在中途岛和瓜达卡纳尔岛之战中。

同样，在1939年，法国——当时拥有一艘在役航母、两艘在建航母——表示有意获得100架出口名称为"G-36A"的"野猫"。由于双黄蜂星形发动机短缺，所以法国订购的"野猫"将采用895千瓦（1200马力）R-1820-G205A"旋风"发动机。后来，订单量被减至81架。但直到法国投降时，这一订单的首架飞机都还在进行飞行测试。因此，英国驻美采购委员会代表皇家海军，接手了该订单的所有飞机。皇家海军的F4F-3被命名为"岩燕 I"。这批飞机于1940年7月27日开始交付，这比美国海军获得第一架"野猫"的时间早了一个月。10月，皇家海军第804中队开始在奥克尼群岛的哈斯顿换装"岩燕 I"，并在斯卡帕湾海军基地上空旗开得胜——击落了一架容克斯 Ju-88。1941年4月,30架由希腊订购的G-36A同样被转交给了英国，并被命名为"岩燕 III"。当德军入侵巴尔干时，这批飞机已

1940 年 12 月，一架来自美国"黄蜂"号航空母舰的第 7 战斗机中队的格鲁曼 F4F-3"野猫"。1942 年 4 月，"黄蜂"号参加了支援马耳他岛的行动，并将搭载的飞机放飞到岛上。"黄蜂"号在 1942 年 9 月的瓜达卡纳尔岛之战中被击沉。

经开始在直布罗陀卸船。不管是 F4F-3 还是"岩燕Ⅰ"都没有可折叠机翼，只有英国在 1940 年订购的 100 架"岩燕Ⅱ"①中的 10 架安装了可折叠机翼。格鲁曼飞机公司以各种名称交付给英国的"野猫"系列战机的总数为 1191 架，包括 220 架"岩燕Ⅳ"（使用"旋风"发动机的 F4F-4B）、311 架"岩燕Ⅴ"和 370 架"野猫Ⅳ"（英国海军航空兵沿用了美军的命名）。其中，"野猫Ⅳ"相当于 F4F-8，它安装了 895 千瓦（1200 马力）的 R-1820-56"旋风"发动机，拥有更高的垂尾和方向舵。

安装了可折叠机翼的美国"野猫"被称为"F4F-4"，其首架飞机在 1941 年 4 月 14 日完成首飞，并于 5 月交付驻"约克城"号航母的第 42 战斗机中队进行测试。在 1941 年临近年底时，"野猫"迅速取代了所有其他美军舰载战斗机。在日军偷袭珍珠港时，海军陆战队第 211 战斗机中队的"野猫"被分成两队，分别驻扎于瓦胡岛和威克岛。在瓦胡岛，有九架"野猫"在袭击中被击毁或击伤于地面上；在威克岛，八架飞机中的七架遭遇了差不多的命运。在威克岛陷落之前，剩下的四架"野猫"发起了绝望而英勇的反击。

"野猫"与"零"式战斗机的首次交锋表明，前者几乎在每个方面都逊于日本战斗机。一份对比两种飞机的美国海军官方报告指出：

---

① 译者注：原文是"G-36A"，但"岩燕Ⅱ"对应的应该是"G-36B"。

在 305 米（1000 英尺）高度以上的任何高度上，"零"式（Zeke）在速度和爬升方面都胜过 F4F-4，在实用升限和航程方面也更优。在接近海平面的地方，F4F-4 在不开加力时，两架飞机的水平飞行速度相当。两架飞机在俯冲时，速度也一样，只有在爬升时，"零"式发动机熄火后，F4F-4 才能胜出。由于"零"式的相对翼载较小，失速速度较慢，两种飞机在盘旋时没有比较。鉴于上述情况，在与"零"式格斗时，F4F 系列飞机依赖于飞机的相互支援和飞机自身的防护，并且由于飞机的最小转弯半径受到飞行员的身体素质和飞机结构对过载的承受能力的限制，而应采用高速拉起和转弯的战术。

尽管十分结实并能承受大量的战斗损伤，但在与日本战斗机格斗时，"野猫"仍需要一名经验丰富的飞行员来操控，才能取得一线生机。尽管如此，不少美国海军飞行员依然驾驶"野猫"，获得了多次令人瞩目的胜利。1942 年 2 月 20 日，从美国航母"列克星敦"号上驾机起飞的爱德华·H.奥黑尔中尉在拉包尔上空击落了五架日军轰炸机。当美国飞行员在 1942 年积累了大量经验之后，他们以高超的战术和团队配合开始在太平洋战场的空战中发挥重要作用。而美国海军陆战队的"野猫"，则因其在 1942 年下半年守卫瓜达卡纳尔岛而被铭记。

"野猫"系列战机的总产量为 7885 架，其中包括 21 架无武装的 F4F-7 侦察型。

机型：海军战斗机

机组：一人
动力单元：一台 895 千瓦（1200 马力）普拉特·惠特尼 R-1830-66 星形发动机
最高速度：在 5913 米（19400 英尺）上，512 千米/小时（318 英里/小时）
爬升速度：每分钟 594 米（1950 英尺）
实用升限：10638 米（34900 英尺）
最远航程：1239 千米（770 英里）

翼展：11.58 米（38 英尺）
机翼面积：24.15 平方米（260 平方英尺）
长度：8.76 米（28 英尺 7 英寸）
高度：3.61 米（11 英尺 8 英寸）
重量：空重 2612 千克（5758 磅）；最大满载重量为 3607 千克（7952 磅）
武装：机翼六挺 12.7 毫米（0.5 英寸）机枪；外部最大载弹量为 91 千克（200 磅）

格鲁曼"地狱猫"（Grumman Hellcat）

这架"地狱猫"全身覆盖了深蓝色涂装，该涂装取代了之前的浅蓝色机身加灰色底部的标准太平洋战区配色方案。

该标识表明这架飞机来自1945年2月配属美国"邦克山"号航空母舰的第84战斗机中队。发动机整流罩上的黄色标志是在攻击东京时被采用的，但很快就被去掉。

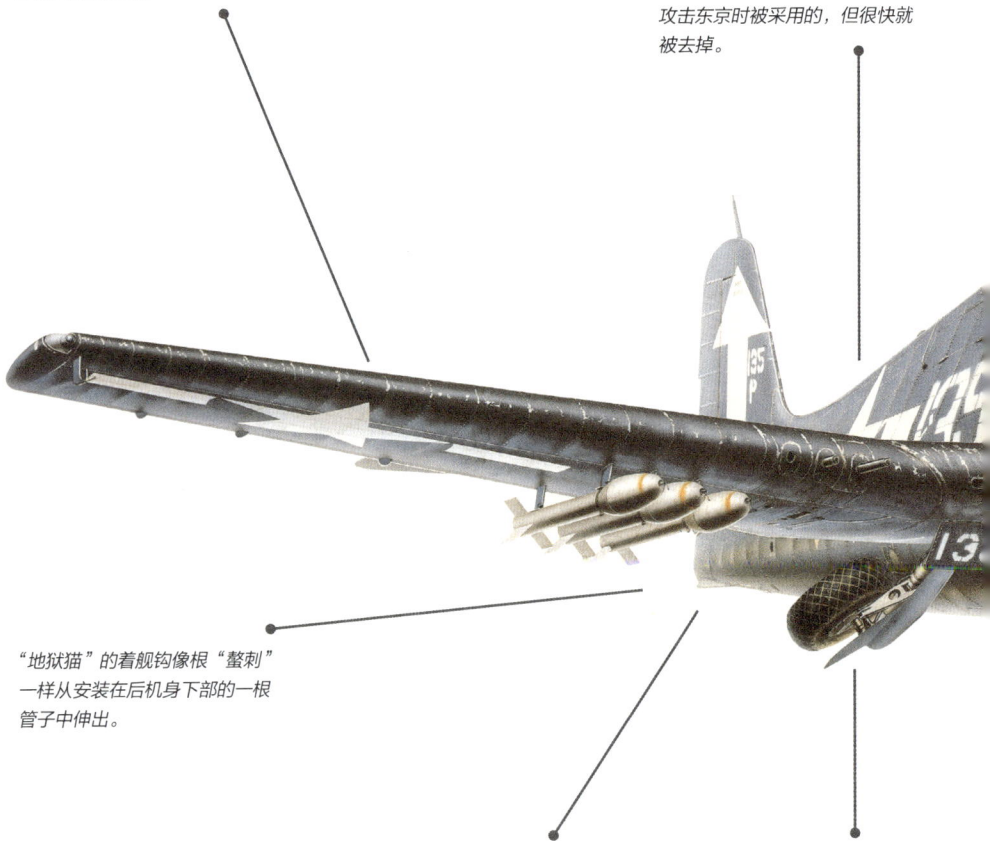

"地狱猫"的着舰钩像根"螫刺"一样从安装在后机身下部的一根管子中伸出。

几乎所有的"地狱猫"都安装了六挺稍微错开布置的12.7毫米（0.5英寸）机枪，每挺备弹400发。

"地狱猫"的起落架做了加固，以便飞机在航母上起降，而且在飞行时还可以收回并翻转90度以平放进机翼内部。飞机的尾轮也是可完全收缩的。

"地狱猫"的座舱盖是滑动式的，可为飞行员四周尤其是身后提供装甲保护，但是飞机没配备后视镜，飞行员缺乏向后的视野。飞行员使用反射式瞄准具瞄准。

"地狱猫"使用一台普拉特·惠特尼 R-2800-10W 双黄蜂星形发动机，这种发动机为双排九缸布局。

发动机整流罩下方有三个辅助进气口，中间的进气口为机油提供冷却空气，两边的则为增压器提供冷却。发动机整流罩上的散热鳃片可以打开，以增大气缸表面的气流。

第二次世界大战后期，12.7厘米（5英寸）火箭弹成为深受盟军喜爱的对地攻击武器，曾在硫磺岛和冲绳岛之战中被大量使用。"地狱猫"可携带六枚这种火箭弹。

太平洋战场的舰载机经常携带副油箱以延长巡逻时间，"地狱猫"也不例外。在发生空战时，副油箱可以抛弃。

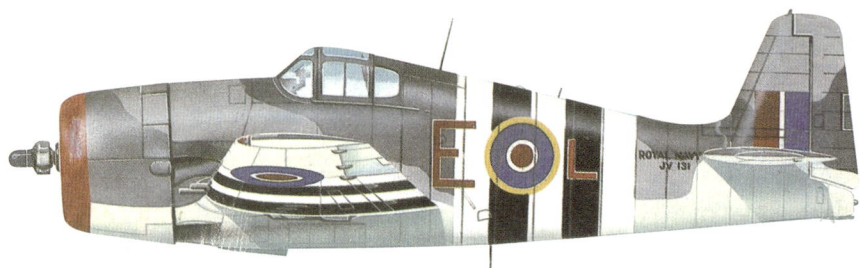

1944 年 6 月，皇家海军的一架格鲁曼"地狱猫"，涂上了"入侵"条纹。从皇家海军护航航母上起飞的"地狱猫"，负责为 D 日的诺曼底登陆作战提供空中掩护。

格鲁曼"地狱猫"作为改变了太平洋空战的战斗机，其地位无可置疑。1943年 8 月 31 日，来自美国航母"约克城"号的第 5 战斗机中队的"地狱猫"在马库斯岛上空首次参战。在此之前，统治太平洋天空的是三菱"零"式战斗机。"地狱猫"——这一结实的美国战斗机，在太平洋战区的交换比达到了 19：1——的出现，即将彻底改变这一局面。

1941 年 6 月 30 日，离日军偷袭珍珠港还剩不到六个月，美国海军向格鲁曼公司下达了制造名为"XF6F-1"的舰载机原型机的订单。这型飞机原计划用于取代已在 1940 年年底进入美军服役的格鲁曼 F4F "野猫"。格鲁曼公司的设计团队此时已开始 F4F 的继任者的设计工作，但是根据 F4F 早期与"零"式战斗机交战的经验，XF6F-1 的基本设计概念发生了一些重要改变。最终制造出来的原型机是 XF6F-3，它于 1942 年 6 月 26 日成功首飞。该型飞机使用了非常强劲的 1491 千瓦（2000 马力）的普拉特·惠特尼 R-2800-10 双黄蜂 18 缸星形发动机，其机身为十分坚固的全金属硬壳式结构，而机身中心线两侧安装有垂直龙骨。压边铝合金框架被铆接到这些龙骨构件上。铝合金挤压纵梁构成了基本结构。三翼梁全金属机翼安装在机身中下位置，使用埋头铆接的方式敷设蒙皮。机翼由五个主要部分构成：在座舱下方横穿机身并容纳自封油箱的部分，两个为主起落架提供连接点和容纳空间的中心翼根部分，和一对可拆卸的、可在前翼梁处旋转并沿机身侧面向后折叠的外侧机翼。所有的控制面都采用了金属结构，垂尾和升降舵表面用织物覆盖。开裂式襟翼安装在副翼与机身之间。可完全收放的主起落架在收起并旋转 90 度后完全收入机翼空间内。

飞机配备了六挺 12.7 毫米（0.5 英寸）柯尔特 - 勃朗宁机枪，每挺备弹 400 发。其中，每侧机翼的三挺机枪都安装在机翼折叠处外侧的机翼上。驾驶舱及其他要害部位的装甲总共约 96 千克（212 磅）重。

1943 年 1 月 16 日，首批已被正式命名为"地狱猫"的 F6F-3，交付给了配属美国航母"埃塞克斯"号的第 9 战斗机中队。之后正如前文所述，"地狱猫"于 8 月 31 日在加罗林群岛的马库斯岛参与了首次战斗。从 1943 年夏开始，美国海军战斗机中队迅速用"地狱猫"替换下"野猫"，到当年年底时已接收了 2545 架 F6F-3。英国也将通过租借法案获得 252 架 F6F-3，其中的首批"地狱猫"于 1943 年 7 月由英国海军航空兵团第 800 中队获得。在之后的 12 月，该中队以皇家海军轻型护航航母"皇帝"号为基地，在挪威沿岸执行反舰任务。

F6F-5"地狱猫"已换成深蓝涂装。这是产量最大的一个型号，共制造了 7868 架。皇家海军获得了其中的 932 架。一些 F6F-5 安装了夜战设备。

在太平洋战场上，"地狱猫"在美国海军的所有海上行动中发挥了重要作用，尤其是菲律宾海之战（1944年6月19日、20日）。在此战中，九艘日本航母上的舰载机，与陆基飞机一起，向美国第58特遣舰队发动了大规模空袭。在这场被称为"马里亚纳射火鸡"的战斗中，美军战斗机和防空火力击落了325架敌机，其中包括从日军航母上起飞的328架飞机中的220架。美军仅仅被日军的战斗机和地面火力击落16架"地狱猫"和7架其他飞机。

一架"地狱猫"在众人的挥手送行中飞离航母甲板出击。"地狱猫"的高光时刻是在1944年被后世称为"马里亚纳射火鸡"的战斗的时候。在此战中，"地狱猫"消灭了多波次来犯的日军飞机。

F6F-3 的夜间战斗机版为在右翼下方安装了 APS-4 雷达的 F6F-3E。美国总计生产了 18 架 F6F-3E 和 205 架 F6F-3N，这些飞机被计入了 F6F-3 的总产量中。1944年 5 月，美国转向生产经过改进的 F6F-5。

F6F-5 安装了一台普拉特·惠特尼 R-2800-10W 发动机，该发动机在紧急时刻可以通过喷水加力将功率提高到 1491 千瓦（2200 马力）。F6F-5 使用了重新设计的发动机整流罩，改进了风挡，还在飞行员身后增加了装甲 [因此飞机的装甲重量增加到 110 千克（242 磅）]，拥有新的副翼，加强了尾部总成，并可在机身中段下方挂载两枚 454 千克（1000 磅）重的炸弹。F6F-5 同时还获得了挂载六枚 12.7 厘米（5英寸）火箭弹的能力，后期生产的 F6F-5 用 20 毫米（0.79 英寸）机炮取代了两挺机载 12.7 毫米（0.5 英寸）机枪。

F6F-5 在 1944 年夏进入太平洋战区的特遣队服役。到 1945 年 11 月底停产时，各型 F6F-5 总计生产了 6436 架，其中有六分之一都是夜战型。皇家海军获得了 930架被称为"地狱猫 II"的 F6F-5——其夜战型由第 891 和第 892 两个中队装备。使用 1566 千瓦（2100 马力）R-2800-18W 发动机的试验型 XF6F-6 总共造了两架，并都进行了试飞。还有一些"地狱猫"（名为"F6F-5K"）在朝鲜战争中被改装成攻击无人机。各型号的"地狱猫"的数量总计为 12272 架。

机型：海军战斗机

机组：一人
动力单元：一台 1491 千瓦（2000 马力）普拉特·惠特尼 R-2800-10W 星形发动机
最高速度：在 7132 米（23400 英尺）高度上，612 千米 / 小时（380 英里 / 小时）
爬升速度：每分钟 908 米（2980 英尺）
实用升限：11369 米（37300 英尺）
最远航程：1521 千米（945 英里）
翼展：13.05 米（42 英尺 8 英寸）

机翼面积：31.03 平方米（334 平方英尺）
长度：10.24 米（33 英尺 6 英寸）
高度：3.99 米（13 英尺 1 英寸）
重量：空重 4190 千克（9238 磅）；
武装：机翼六挺 12.7 毫米（0.5 英寸）机枪，或者两门 20 毫米（0.79 英寸）机炮和四挺 12.7 毫米（0.5 英寸）机枪，外加两枚 454 千克（1000 磅）重的炸弹或六枚 12.7 厘米（5 英寸）火箭弹

洛克希德 A-29"哈德逊"（Lockheed A-29 Hudson）

该标识显示这是一架隶属于皇家空军海防司令部第48中队的"哈德逊"Mk VI。该中队将基地设在直布罗陀，参与过支援登陆北非的"火炬"行动。

"哈德逊"对抗敌军战斗机的武器是两挺装在机背的博尔顿·保罗 C Mk II 炮塔内的 7.7 毫米（0.303 英寸）机枪。

"哈德逊"保留了其前身 Model 14 型直机的民航样式舱窗。如有需要，Mk VI 型可以被重新布置成客运或货运飞机。在第二次世界大战末尾时，很多"哈德逊"都进行了此类改装。

这是 1940 年后"哈德逊"安装的三组 ASV 雷达天线之一。ASV 雷达用于在恶劣天气或夜间探测水面的 U 型潜艇。

"哈德逊"使用莱特"旋风"或普拉特·惠特尼双黄蜂星形发动机，而 Mk VI 型使用的是后者。发动机上方的进气口是供冷却化油器之用，下方的进气口则是用于冷却机油的。

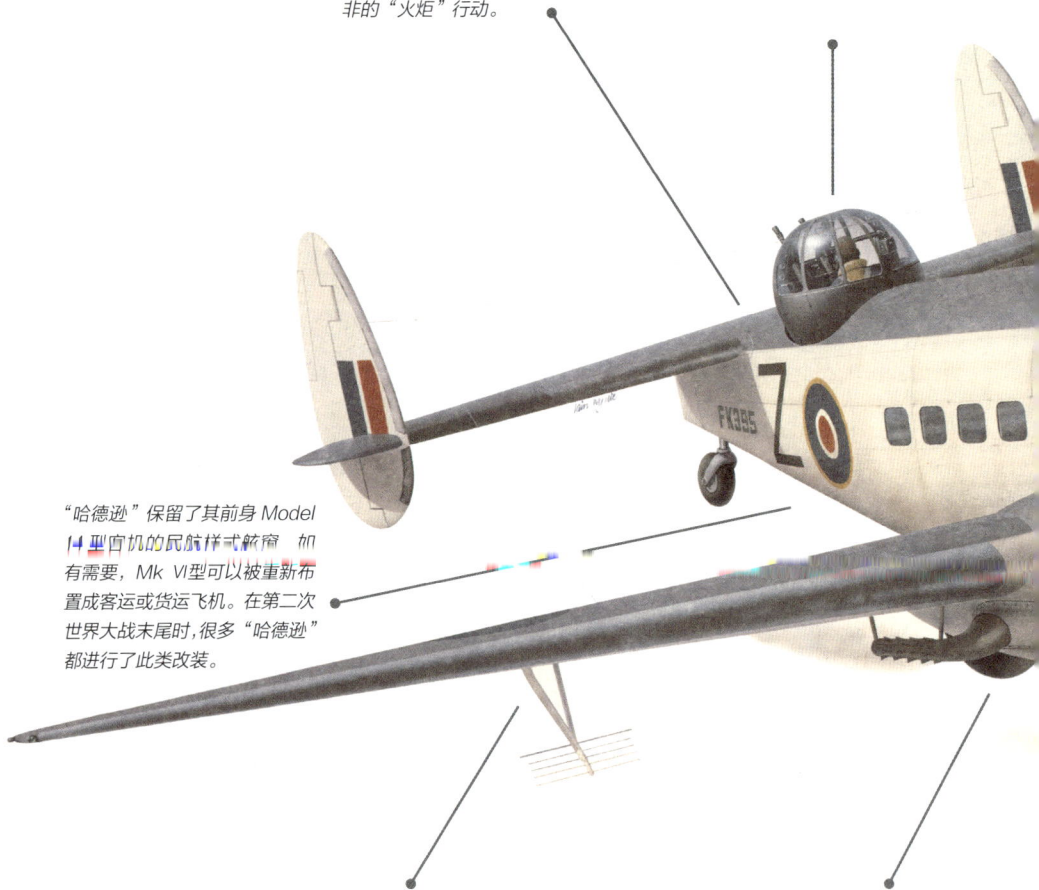

机身顶部的环形天线用于测向。在其后方的是一个用于测量六分仪读数的天测窗。

飞行员与副驾驶并肩坐在驾驶舱内。飞行中，副驾驶的座椅可向下折叠起来，以便打开通往机鼻的通道。无线电员坐在飞行员正后方。

玻璃机鼻的顶部有两挺由飞行员操作的 7.7 毫米（0.303 英寸）机枪。Mk VI 型还可在机翼下方挂载火箭弹。

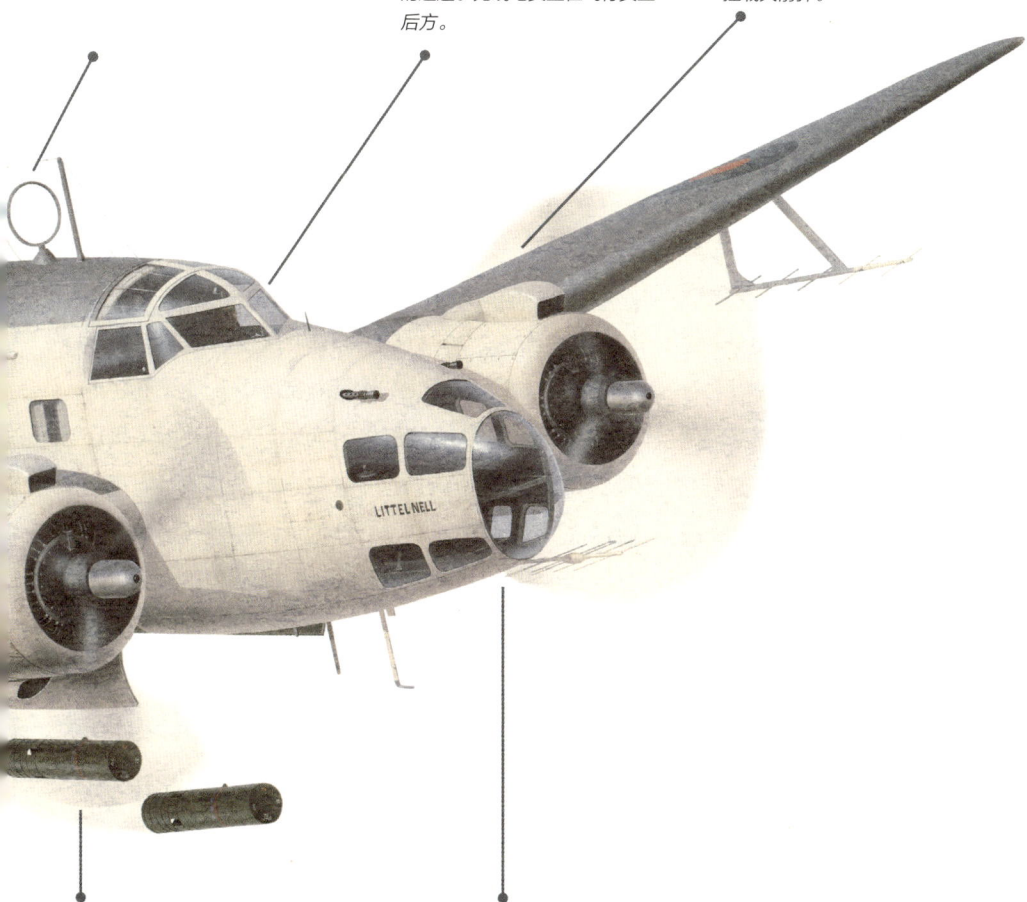

LITTEL NELL

Mk VI 型能在弹舱内挂载 454 千克（1000 磅）重的炸弹或其他物品。反潜炸弹是最常挂载的武器，但其他诸如用于标记 U 型潜艇位置的浮标（如图所示）等装备也会挂载。

玻璃机鼻内设有导航员的战位，除了有座椅，还有用来铺开航海图的桌子。导航员座位下方是一块用于轰炸瞄准的平面玻璃窗。

1944 年，一架采用皇家空军海防司令部涂色的洛克希德"哈德逊"Mk Ⅵ。这架飞机安装了 ASV 雷达，挂载八枚火箭弹。此时，"哈德逊"已不再在大西洋作战，但在地中海一直活跃到战争结束。

"哈德逊"是洛克希德公司 20 世纪 30 年代末的杰作——Model 14 型双发商用客机的军用版。由于皇家空军海防司令部的阿弗罗"安森"侦察机在航程和载荷上的不足，这使其只能进行短距离的沿岸作战。1938 年，英国希望以新的海上侦察机替代"安森"。为满足这一需求，洛克希德公司在短时间内完成了"哈德逊"的研发。皇家空军向洛克希德公司下达了 200 架"哈德逊"的初始订单，首批飞机于 1939 年 5 月交付给位于苏格兰卢赫斯的第 224 中队。这批"哈德逊"是通过海运运抵英国的（第二次世界大战爆发后，盟军控制了冰岛，后续的"哈德逊"则由美国飞到冰岛后再飞往英国），并在抵达后安装了带有两挺 7.7 毫米（0.303 英寸）机枪的博尔顿·保罗机背炮塔。1939 年 10 月 8 日，一架第 224 中队的"哈德逊"Mk Ⅰ在日德兰外海击落了一架道尼尔 Do 18 侦察机。这也是第二次世界大战中第一架被来自英国本土的皇家空军击落的德军飞机。此时，皇家空军海防司令部已经获得了 78 架"哈德逊"并组建了四个中队。

洛克希德公司在交付了 350 架"哈德逊"Ⅰ型和 20 架"哈德逊"Ⅱ型（与Ⅰ型仅有螺旋桨不同）后，推出了在 Mk Ⅰ型基础上换装莱特 GR-1820-G205A"旋风"发动机的、增加腹部和侧面机枪口的 Mk Ⅲ型。皇家空军通过直接采购接收了 428 架 Mk Ⅲ型，之后开始通过租借法案获得这一型号的飞机，而直接采购获得的只有 390 架使用 895 千瓦（1200 马力）普拉特·惠特尼双黄蜂发动机的 Mk Ⅴ型。英国通过租借法案获得的"哈德逊"，包括 382 架使用"旋风"发动机的 Mk Ⅲ A 型和 450 架使用双黄蜂发动机的 Mk Ⅵ型。

机型：海上侦察机（Mk Ⅰ）

机组：六人

动力单元：两台 820 千瓦（1100 马力）莱特 GR-1820-G102A "旋风" 星形发动机

最高速度：357 千米 / 小时（222 英里 / 小时）

爬升速度：10 分钟至 3050 米（10006 英尺）

实用升限：6400 米（21000 英尺）

最远航程：3154 千米（1960 英里）

翼展：19.96 米（65 英尺 5 英寸）

机翼面积：51.19 平方米（551 平方英尺）

长度：13.50 米（44 英尺 3 英寸）

高度：3.32 米（10 英尺 9 英寸）

重量：空重 5484 千克（12090 磅）；最大满载重量为 8845 千克（19500 磅）

武装：前机身上方两挺 7.7 毫米（0.303 英寸）固定前射机枪；机背炮塔两挺 7.7 毫米（0.303 英寸）机枪，腰部两挺 7.7 毫米（0.303 英寸）机枪，腹部另有一挺；机内最大载弹量为 612 千克（1350 磅）

　　1940 年，在 4 月份德国入侵挪威之后，皇家空军的"哈德逊"主要用于挪威海岸上空的侦察；在 5 月份英国从法国撤回英国远征军时，这些"哈德逊"负责在英吉利海峡上空巡逻；在德军夺取法国大西洋沿岸港口后，它们还对这些港口进行了侦察。1941 年 1 月，首批 14 架"哈德逊"安装了 ASV（空对水面船只）Mk Ⅰ型雷达。此后，"哈德逊"越来越多地被用于反潜行动。在远东，"哈德逊"由皇家澳大利亚空军在马来亚的第 1 中队和第 8 中队运作。1941 年 12 月，在日军入侵马来亚后，这些飞机对在马来亚哥打巴鲁海岸登陆的日军部队发起了猛烈攻击。在这样的坚决打击下，后来的数据显示有 1500 多名日军被打死在滩头，而日军的运输船"淡路山"丸被"哈德逊"击沉时也拉上了更多日军陪葬。第 1 中队在攻击中损失了八架飞机，剩余的五架随后撤往南面 240 千米（150 英里）处的关丹。1942 年 2 月，澳大利亚的"哈德逊"攻击了入侵苏门答腊和爪哇的日军船队。在这些行动中，有报告坚称日军使用了缴获的"哈德逊"空投伞兵。实际上，日军使用的是川崎一式运输机，因为这种飞机也是由洛克希德 Model 14 研发而来，所以与"哈德逊"很像。川崎一式运输机被盟军称为"塔利亚"，在苏门答腊首次参战。

　　在北大西洋，"哈德逊"打过的最为著名的一仗发生在 1941 年 8 月 27 日，德国 U-570 号潜艇遭到一架从冰岛出击的第 269 中队（中队长 J. 汤普森）的"哈德逊"的攻击并受损。"哈德逊"因无法俯冲而不断绕着 U 型潜艇盘旋，直到潜艇员发出信号表示愿意投降。之后，一架"卡特琳娜"前来接替"哈德逊"，而 U 型潜艇被一艘武装拖网渔船拖往冰岛。

在美国陆军航空兵团和美国陆军航空队服役过的"哈德逊",被称为"A-28"(使用双黄蜂发动机)和"A-29"(使用旋风发动机)。美国陆军航空兵团在1941年到1942年期间空获得了82架A-28和418架A-29。其中,20架A-28后来被转交给美国海军,并被称为"PBO-1"。1942年3月1日,美国海军第82巡逻中队(中队长为海军预备役少尉威廉·特普尼)的一架PBO-1"哈德逊",在纽芬兰西南击沉了一艘U-656号潜艇。这是美军在第二次世界大战中首次击沉德国U型潜艇。1942年7月,该中队的另一架"哈德逊"在美国东岸外海击沉了U-701。在1942年到1943年大

西洋战役的高潮阶段，皇家海军的"哈德逊"至少击沉了五艘 U 型潜艇。

　　"哈德逊"也被用于秘密行动，曾将特工运往法国并再次带回。第 161（特别任务）中队在战时一直使用多架"哈德逊"执行此类行动，不过到战争结束前主要将其用于向德国境内的特工空投补给。1945 年 3 月 20 日晚至 21 日凌晨，三架"哈德逊"疑似遭到盟军夜间战斗机误伤而被击落。在缅甸，第 357（特别任务）中队也使用"哈德逊"执行类似任务，该中队以相对较少的损失成功完成多次任务。这些飞机主要是从印度的杜姆杜姆基地出击的。

1941 年，一架美国陆军航空兵团的洛克希德 A-28。尽管 A-28/29 能够成为出色的轻型轰炸机，但在作为海上巡逻机时，它才能将作用发挥到最大。

马丁 B-26 "掠夺者"（Martin B-26 Marauder）

两名飞行员并肩坐在驾驶舱内，但有时为了减轻重量，副驾驶的位置会被去掉。驾驶舱下方的涂鸦显示，这架飞机至少已经执行了 80 次战斗任务。

无线电室位于驾驶舱后方。这里被认为是整架飞机上最为坚固的地方，因此机组人员在紧急时刻会聚集在这里。

投弹手 / 机枪手占据机鼻最前面的位置，这里与驾驶舱通过一小条通道相连。投弹手控制着弹舱舱门和武器选择面板。

B-26 的机身上有四挺 M4 固定前射 12.7 毫米（0.5 英寸）机枪，每挺备弹 200 发。这些机枪的发射按钮在飞行员的驾驶盘上。

B-26 是第一架拥有全电投放系统的飞机，其载弹量一般是 1360—1815 千 克（3000—4000 磅）。

B-26 的机背炮塔是带两挺
12.7 毫米（0.5 英寸）机枪的
马丁 250CE 炮塔。腰部位置两
侧各有一挺机枪。

该标识表明，这架 B-26B 来自
1944 年驻扎意大利的第 12 航
空队的第 42 轰炸机联队第 320
大队第 441 中队。

贝尔机尾炮塔安装两挺 12.7 毫
米（0.5 英寸）机枪，每挺备弹
400 发。

B-26B 使用两台普拉特·惠特
尼 R-2800-43 星形发动机。
发动机整流罩顶部的进气口为化
油器提供制冷空气，下方的进气
口则用于冷却机油。

马丁 B-26 "掠夺者" 是第二次世界大战中重要的战术轰炸机之一。在太平洋战场上，由于能够对日军岛屿基地发动低空快速突袭，B-26 一直被日军视为眼中钉。

　　B-26 是第二次世界大战中盟军最受争议的中型轰炸机，起码在其服役的初期确实如此。1939 年，格伦·L. 马丁 179 型参加了美国陆军轻型及中型飞机的竞标。其设计者佩顿·M. 马格鲁德将重点放在了速度上面，设计出了这架拥有鱼雷形机体、两台庞大的星形发动机、三轮车式起落架和粗短机翼的飞机。这些前卫的设计给人留下了深刻印象，该飞机立马获得了 201 架的订单，即使此时它还停留在绘图板上，连一架原型机也没有。然而，这架飞机的布局导致了高得出奇的事故率。这主要是因为这架快速、陌生而又异乎沉重的飞机在缺乏经验的飞行员手里时翼载高得要命，在单发飞行时具有十分糟糕的飞行特性。

　　首架 B-26 在 1940 年 11 月 25 日首飞，用的是两台普拉特·惠特尼 R-2800-5 发动机。此时，马丁公司已经接到了 1131 架 B-26A 和 B-26B 的订单。1941 年 2 月，兰利空军

机型：中型轰炸机

机组：七人
动力单元：两台1491千瓦（2000马力）普拉特·惠特尼R-2800-41星形发动机
最高速度：510千米/小时（317英里/小时）
爬升速度：12分钟至4750米（15584英尺）
实用升限：7165米（23507英尺）
最远航程：1850千米（1150英里）
翼展：19.81米（65英尺）
机翼面积：55.93平方米（602平方英尺）

长度：17.75米（58英尺3英寸）
高度：6.04米（19英尺8英寸）
重量：空重10152千克（22380磅）；最大满载重量为15513千克（34200磅）
武装：两挺7.7毫米（0.303英寸）机枪（机鼻与腹部射击口各一挺），或以两挺12.7毫米（0.5英寸）腰部机枪代替腹部机枪；机背与机尾炮塔各两挺12.7毫米（0.5英寸）机枪；最大载弹量为2359千克（5200磅）

基地的第22轰炸大队成为首个同时接装B-26A和B-26B的单位。到太平洋战争爆发时，第22大队依然是唯一装备B-26的部队。该大队在1941年12月到1942年1月之间陆续转移到加利福尼亚的穆罗克，以执行沿美国西海岸的反潜巡逻任务。之后，他们又转移至澳大利亚，成为美国第5航空队的一部分，开始攻击日军在新几内亚和新不列颠群岛的船只、机场和军事设施。第22轰炸大队的首次出击是1942年4月5日对拉包尔的突袭。在中途岛战役期间，四架来自第22和第38轰炸大队的B-26A向日军舰队发动了鱼雷攻击。直到1943年10月补充了部分B-25，第22大队才结束了只有B-26可用的状态。1944年2月，该大队成为重型轰炸大队，换装了B-24。

B-26的第二个型号B-26B，升级了发动机，增强了武装。在总产量为1883架的B-26B中，只有前面641架安装了新式的加大翼展机翼和加高尾翼。1943年3月，B-26B在欧洲战区首次参战，装备该型飞机的第322轰炸大队被部署到英国埃塞克斯郡大萨林，开始进行低空突袭训练。1943年5月14日，该大队首次出击，攻击了荷兰艾默伊登的一座发电站。这次攻击不甚成功，因为飞机投下的定时炸弹要么失灵，要么被德国人及时拆除引信，所以该大队于5月17日再次对这一目标进行了低空突袭。这次行动堪称灾难，在出击的11架"掠夺者"中，有10架被战斗机和高射炮击落。因此，盟军认定B-26不适合对防守严密的目标发动低空攻击。经过额外训练后，欧洲战区的所有B-26单位被重新派去执行中空轰炸任务，他们在欧洲西北部和意大利都出色地完成了这类任务，直到第二次世界大战结束。

B-26C基本上与B-26B的后期型类似，其总产量为1210架。之后是B-26F型（产量为 300 架），这一型号增大了机翼的上反角（机翼安装在机身上的角度）以改善起飞性能并降低事故率，但其事故率仍然高得令人无法接受。B-26 的最后一个型号是 B-26G，它与 F 型仅在某些微小的细节上有所差别，产量为 950 架。

B-26 在 1942 年参加了阿留申之战。皇家空军中东司令部在西部沙漠也使用了各种型号的 B-26，分别将其称作"'掠夺者' Mk Ⅰ"（B-26A）、"'掠夺者' Mk Ⅰ A"（B-26B）、"'掠夺者' Mk Ⅱ"（B-26F）和"'掠夺者' Mk Ⅲ"（B-26G）。皇家空军只有第 14 中队和第 39 中队使用了"掠夺者"；第 14 中队在 1942 年 8 月交出"布伦海姆"，换装"掠夺者"Mk Ⅰ，并使用了各型"掠夺者"，直到 1944 年 9 月。皇家空军获得的"掠夺者"总共包括 52 架 Mk Ⅰ、250 架 Mk Ⅱ 和 150 架 Mk Ⅲ。自由法国空军和南非空军也大量使用了 B-26。自由法国的 B-26 在 1944 年 8 月盟军登陆法国南部的行动中发挥了突出作用，之后又在美国第 7 集团军向德国推进的路上，为该集团军的法国部队提供了战术支援。"掠夺者"因其高速性和高机动性而非常

多架马丁 B-26 在从英国一处机场出击之前排成了一列。B-26 在早期攻击低地国家时采取低空轰炸战术而被敌军地面火力大量击落。

适合用来穿透敌军的严密防守,尽管在其整个服役生涯中获得了一个不受欢迎的"寡妇制造者"的称号,它的战损率还不到 1%。

许多"掠夺者"被制造成或改装成美国陆军航空队的 AT-23 或 TB-26 教练机和美国海军的 JM-1 教练机,还有一些被用来拖曳靶标。B-26 的总产量为 4708 架。

1944 年夏,一架来自驻撒丁岛代奇莫曼努基地的第 320 轰炸大队的马丁 B-26B-40。"掠夺者"被广泛用于意大利战场,由于具备高速和高机动性能,它很适合中空突袭。

北美 B-25 "米切尔" (North American B-25 Mitchell)

B-25 由两名机组成员驾驶, 而副驾驶还兼任导航员。后期加装了机身机枪的 B-25 还在驾驶舱内安装了反射式瞄准具。

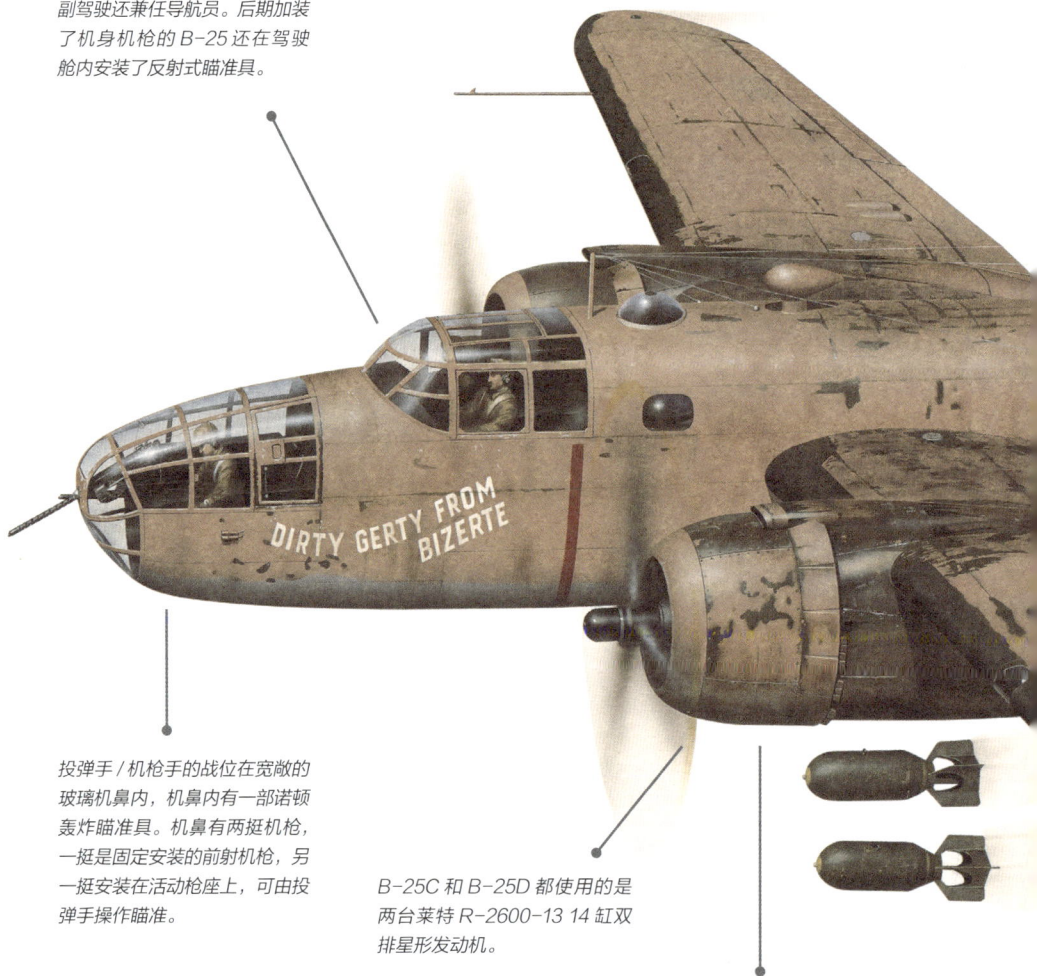

投弹手 / 机枪手的战位在宽敞的玻璃机鼻内, 机身内有一部诺顿轰炸瞄准具。机鼻有两挺机枪, 一挺是固定安装的前射机枪, 另一挺安装在活动枪座上, 可由投弹手操作瞄准。

B-25C 和 B-25D 都使用的是两台莱特 R-2600-13 14 缸双排星形发动机。

B-25 的弹舱又短又窄, 但是其高度几乎与整个机身的高度相同。炸弹被并排放置在垂直挂架上。

B-25 的后方由一座安装了两挺 12.7 毫米（0.5 英寸）机枪的本迪克斯炮塔提供保护。后期的 B-25J 把机背炮塔前移，并增加了一个单独的机尾炮塔。

在沙漠地区作战的"米切尔"使用了沙色迷彩，以融入周围环境。

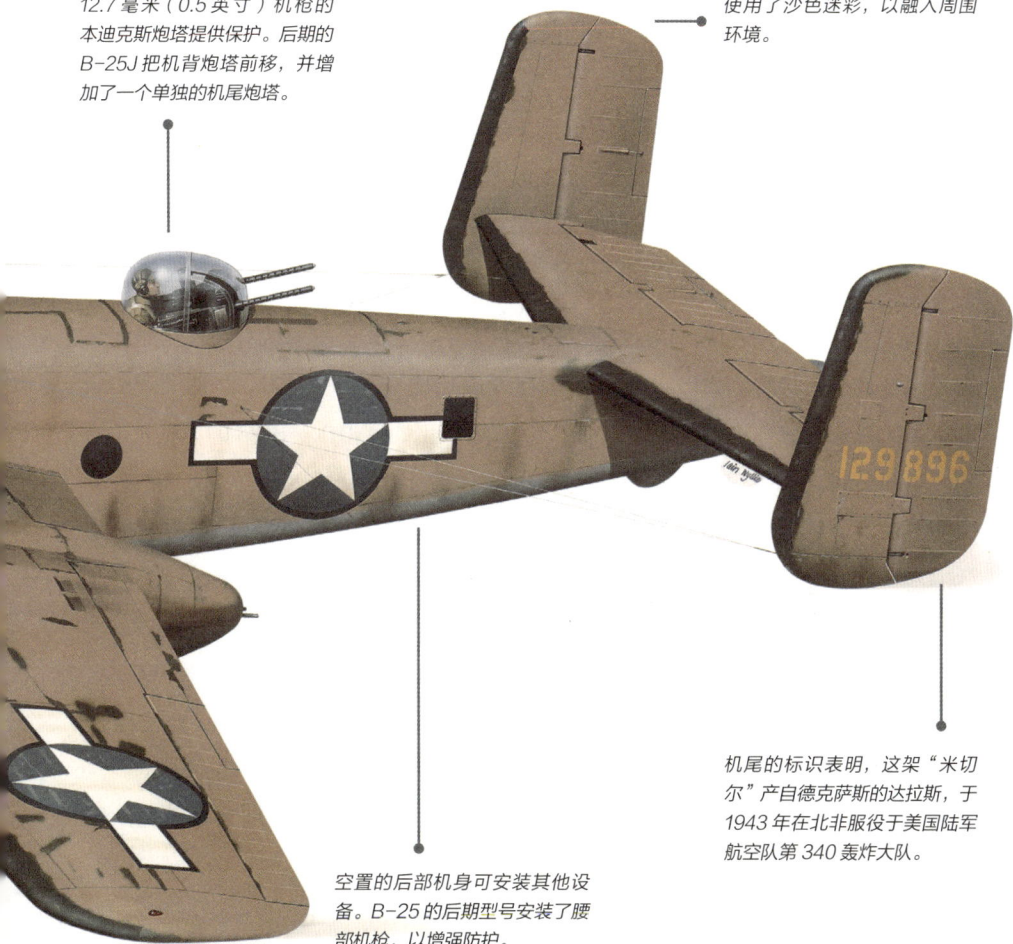

129896

空置的后部机身可安装其他设备。B-25 的后期型号安装了腰部机枪，以增强防护。

机尾的标识表明，这架"米切尔"产自德克萨斯的达拉斯，于 1943 年在北非服役于美国陆军航空队第 340 轰炸大队。

一架打扮奇特、带有多个标识的北美 B-25"米切尔"。这架飞机在方向舵上有皇家空军的徽章，但同时保留了美国陆军航空队的徽章。它由皇家空军和美国陆军航空队共同使用。

北美公司的 B-25 是美国第二次世界大战时几款最为重要的战术飞机之一。B-25 原先被设计为一种战术轰炸机，后来在太平洋战场上被发现其在攻击水面目标方面具有很高的价值。1938 年，B-25 一开始只是一个自研项目，当时北美公司推断美国陆军航空兵团不久需要一种全新的、现代化的攻击机。B-25 的原型机（原先使用的是北美公司的内部命名——"NA-40"），于 1939 年 1 月首飞。当月，美国陆军航空兵团发布了一个明确的要求。据此，经过修改的原型机 Na-40B 被生产出来，并进一步发展为 NA-62。美军订购了这一型号，并将其命名为"B-25"。NA-62 在 1940 年 8 月 19 日首飞，其首批 24 架初期生产型于 1941 年 2 月交付。此后，又有 40 架 B-25A（安装了自封油箱）和 120 架 B-25B（安装了机背和机腹炮塔，但没有尾部机枪射口）交付。早期型号因在降落时难以操控而引发了飞行员的担忧，但这一问题很快就被解决，B-25 开始在空中战场中建立起自己的声誉。

1942 年 4 月 16 日，"米切尔"登上了报纸头条。当天，美国陆军航空队第 17 轰炸大队的 16 架 B-25B 从距离东京 1075 千米（668 英里）的美国海军航空母舰"大黄蜂"号上出发，在吉米·杜立特中校带领下，首次攻击了日本本土。所有的"米切尔"都向各自位于东京、横须贺和阪神地区的目标了投掷了炸弹，然后转头飞向计划中的降落目的地中国，但由于天气恶劣，大多数机组人员最后选择了跳伞。在参加本次行动的 80 名机组人员中，10 人死于事故或在中国的日军之手，15 人受伤。轰炸东京产生了深远的影响，而最直接的后果是，日本联合舰队司令长官山本五十六大将为了向东拓展日本太平洋占领区的边界，并迫使

机型：中型轰炸机（B-25D）

机组：五人

动力单元：两台 1268 千瓦（1700 马力）莱特 R-2600-13 18 缸双排星形发动机

最高速度：457 千米 / 小时（284 英里 / 小时）

爬升速度：16 分钟 30 秒至 4570 米（14993 英尺）

实用升限：6460 米（21200 英尺）

最远航程：载弹 1452 千克（3200 磅）时，2454 千米（1525 英里）

翼展：20.60 米（67 英尺 6 英寸）

机翼面积：56.67 平方米（610 平方英尺）

长度：16.12 米（52 英尺 9 英寸）

高度：4.82 米（15 英尺 10 英寸）

重量：空重 9208 千克（20300 磅）

武装：机鼻两挺 12.7 毫米（0.5 英寸）可手动操控的前射机枪；机背和机尾炮塔中各两挺 12.7 毫米（0.5 英寸）机枪；内部炸弹 / 外部炸弹 / 鱼雷的挂载重量为 1361 千克（3000 磅）

美国太平洋舰队应战，启动了一项很有野心的计划。数周之后，在当年 6 月的中途岛之战中，这一计划给日本带来了灭顶之灾。在新几内亚，美国陆军航空队的"米切尔"有效地打击了当地日军，而盟军在轰炸行动之后发动了低空扫射攻击。

在 B-25B 之后投入服役的是与其基本相似的 B-25C——由北美公司的英格尔伍德工厂生产了 1619 架。其后的 B-25D 型，使用了升级过的发动机，安装了自动驾驶装置，加装了可挂载 907 千克（2000 磅）鱼雷或者八枚 113 千克（250 磅）炸弹的外部硬挂点，在前部机身侧面加装了多挺前射机枪，而后期生产的该型飞机还增大了油箱容积。北美公司的堪萨斯城工厂生产了 2209 架 B-25D。这两个型号的 B-25 几乎在第二次世界大战的所有战场上都出现过。533 架被称为"'米切尔'Mk Ⅱ"的 B-25C 和 B-25D 提供给了皇家空军，以补充早期提供的 23 架"米切尔"Mk Ⅰ（B-25B）。皇家空军第 2 大队的八个中队（包括两个荷兰中队和一个自由法国中队），都使用了"米切尔"。皇家空军的"米切尔"首次参战是在 1943 年 2 月 22 日，第 90 中队和第 108 中队攻击了位于荷兰泰尔讷曾的石油设施。

"米切尔"专门用于攻击船只的版本是 B-25G，总计生产了 405 架（包括五架 B-25C 的改进型）。专为太平洋战场开发的 B-25G 采用了四人机组，并在机鼻处安装了一门 75 毫米（2.95 英寸）M4 加农炮。后续的 B-25H 型（产量 1000 架）安装了一门更轻的 75 毫米（2.95 英寸）加农炮、八挺 12.7 毫米 (0.5 英寸) 固定前射机枪、六挺 12.7 毫米（0.5 英寸）机枪（机背和机尾炮塔各两挺，新设立的腰部射击口两侧各一挺），并且可在翼下挂载八枚 127 毫米（5 英寸）火箭弹。B-25

的下一个量产型 B-25J，产量为 4318 架，采用了透明机鼻或后期生产的、里面安装八挺 12.7 毫米（0.5 英寸）机枪的"实心"机鼻。皇家空军接收了 313 架 B-25J，并称其为"米切尔Ⅲ"。从 1943 年开始，美国海军获得了 358 架 B-25J，并将其重新命名为"PBJ-1H"。这型飞机主要被美国海军陆战队使用，并多次参与攻击日军的顽固目标，比如一直坚守到第二次世界大战结束的拉包尔。美国海军陆战队的"米切尔"首次参战是在 1944 年 3 月 15 日，最后一次参加战斗是在 1945 年 8 月 9 日。

苏联通过租借法案也获得了 862 架"米切尔"，另有八架在飞往苏联的途中被损毁。各型号"米切尔"的总产量为 9816 架。第二次世界大战后，剩余的 B-25 被出口到世界各国，并继续服役了很多年，这些国家包括巴西（29 架）、中国（131 架）和荷兰（249 架）。美国空军将改装过的"米切尔"用作人员运输机，最后一架直到 1960 年 5 月才退役。

B-25"米切尔"在轰炸意大利的一个目标。作为战术轰炸机，B-25 是十分出色的，而 B-25H 在大幅增强机鼻火力并挂载火箭弹后，证明了自己在对付船只方面同样十分高效。

北美 P-51"野马"（North American P-51 Mustang）

这架 P-51B 隶属于第 4 战斗机大队第 334 中队。

"野马"起初使用的是艾利逊 V-1710 发动机，但从 P-51B 开始改用帕卡德 V-1650-3 发动机，即著名的罗尔斯 - 罗伊斯"梅林"发动机的美国授权生产版，这显著提高了飞机的性能。

P-51B 有一个框架式驾驶舱，采用了铰接式座舱盖。从 D 型往后的所有型号都采用了泪滴形座舱盖，这极大地改善了飞行员的视野。

机翼上安装了四挺 12.7 毫米（0.5 英寸）机枪，并可在外部挂载 907 千克（2000 磅）重的炸弹。D 系列"野马"增加了一对机翼机枪。

散热器进气口是"野马"的一个显著特征。这个进气口为紧挨着机翼后缘的一套大型散热装置及油冷却器提供冷却空气。在进气口整流罩的后面有一块用来排出多余空气的挡板。

由于较小的燃油消耗量和整洁的气动外形，P-51 具有非常好的燃油经济性，能够行驶较远航程。可抛式副油箱也可用于延长"野马"的航程，使其能护送轰炸机一路直达柏林。

一架第 15 航空队第 325 战斗机大队的 P–51B "野马"。第 325 战斗机大队，绰号为 "Checkertail Clan"，以意大利为作战基地，负责掩护 B–17 执行深入德国的任务。

北美公司的 P-51 "野马"，原先是按照皇家空军在 1940 年提出的一款快速、火力强大、能在 6100 米（20000 英尺）以上高空有效作战的战斗机的需求设计的。北美公司在 117 天内制造出了原型机，这架当时被命名为 "NA-73X" 的飞机在 1940 年 10 月 26 日首飞。320 架量产型 "野马Ⅰ" 的首架在 1941 年 5 月 1 日首飞，使用的是 820 千瓦（1100 马力）艾利逊 V-1710-39 发动机。皇家空军试飞员很快发现使用这一动力单元的飞机在高空中表现不佳，但在低空时性能出色。因此，这一型号的飞机被用作高速对地攻击机和战术侦察战斗机，并在 1942 年 7 月进入皇家空军陆军合作司令部服役。由于续航能力强，皇家空军还将 "野马" 当作夜间入侵者使用。一段时间之后，美国陆军航空队才意识到 "野马" 的潜力，并以 "P-51" 的名字开始评估两架早期型 "野马Ⅰ"。皇家空军建议，如果能换装罗尔斯 - 罗伊斯 "梅林" 发动机，P-51 在高空中的性能会更加出色。但这一建议一开始被忽视了，美国陆军航空队的两架 "野马" 改进型在为对地攻击进行优化后，安装了艾利逊发动机，并被命名为 "A-36A" 和 "P-51A"。美国陆军航空队继续订购的 A-36A，在 1942 年 9 月到 1943 年 3 月间完成交付，而订购的另外 310 架 P-51A，从 1943 年春开始交付。在换用了帕卡德制造的罗尔斯 - 罗伊斯 "梅林" 61 发动机后，"野马" 的性能在测试中显示出令人激动的提升，其最高速度从 627 千米 / 小时（390 英里 / 小时）提升到了 710 千米 / 小时（441 英里 / 小时）。因此，使用罗尔斯 - 罗伊斯 "梅林" 发动机的 P-51B 从 1942 年秋开始生产。北美公司的英格尔伍德工厂生产了 1988 架 P-51B；新达拉斯工厂生产了 1750 架 "野马"，并称之为 "P-51C"。如果能提早六个月就决定在高空截击版的 P-51 上安装"梅林"发动机，美国的昼间轰炸机就能从对德轰炸的初期就获得实质上的远程护航。正如历史上那样，直到 1943 年 12 月，第 354 战斗机大队的 P-51B 才首次从英格兰出击，执行护航任务，掩护 B-17 往返基尔——全程 1600 千米（1000 英里）。

英国皇家空军订购了 1000 架称为"'野马'Mk Ⅲ"的 P-51B，并在 1944 年年初开始接装，不过把前 36 架转给了急需护航战斗机的美国第 8 航空队。皇家空军对"野马"座舱的视野不是很满意，于是用马尔科姆飞机公司设计的无框式气泡座舱盖替换了这些"野马"原来的座舱盖。美国陆军航空队的一些 P-51C 也进行了同样的改装。在测试了两架 P-51B 的整体式滑动舱盖和切直后机身后，北美公司才发现了解决问题的真正办法。P-51B/C 安装了四挺机枪（共备弹 1260 发）；在其基础上的改进型 XP-51D-NA，在加固后的机翼内安装了六挺 12.7 毫米（0.5 英寸）勃朗宁风冷式机枪（备弹 1800 发）。这一型号后来还加装了背鳍，以补偿后部机身上半部被切直后造成的龙骨效应损失。在生产过程中引入的其他改进，

这架换装了性能优异的帕卡德授权生产的罗尔斯－罗伊斯"梅林"发动机的 P-51D"野马"，是美国第 8 航空队渴望已久的护航战斗机。P-51D 在昼间轰炸机前面开路，逼迫德国空军战斗机前来应战。

包括在翼下增加两组火箭发射架，以携带 12.7 厘米（5 英寸）火箭弹。1944 年春季末，首批量产型 P-51D 开始抵达英格兰，并迅速成为美国陆军航空队第 8 战斗机司令部的标准装备。

毫无疑问，"野马"赢得了德国上空的空战。以英国和意大利为基地，它不仅从两个方向护送轰炸机深入打击第三帝国，还在德国战斗机的基地上空猎杀德国空军。在太平洋战场上，"野马"从 1945 年开始以美军占领的冲绳岛和硫磺岛为基地，执行类似的任务，护送 B-29 前往目标，并成功消灭了地面上的日军作战飞机。P-51D 总共生产了 7956 架，与其基本相似的 P-51K（用航空产品公司的螺旋桨替换了标准的汉密尔顿螺旋桨）生产了 1337 架。在这些飞机中，有 876 架成为皇家空军的"野马Ⅳ"，有 299 架成为侦察型 F-6D 或 F-6K。

1943 年，两架正在缅甸上空执行任务的 P-51C "野马"。尽管保留了不受欢迎的艾利逊发动机，P-51C 仍能胜任中低空作战，缅甸上空的空战也大多发生在这一高度。

"野马"中速度最快的型号是 P-51H，它在第二次世界大战即将结束时被投入太平洋战场，其最高速度可达 784 千米 / 小时（487 英里 / 小时）。P-51H 的技术来自 XP-51F、XP-51G 和 XP-51J，而这些全部都是试验型轻量化"野马"，并且都使用了英国人要求的层流翼。P-51H 是量产型的轻量化"野马"，总共生产了 555 架。

第二次世界大战结束后，"野马"继续在大约 20 支空军中服役多年。在朝鲜战争初期，美国、南非和韩国的空中单位仍有"野马"的身影。

机型：远程战斗机

机组：一人
动力单元：一台 1111 千瓦（1490 马力）帕卡德罗尔斯 - 罗伊斯"梅林"V-1650-7 发动机
最高速度：在 7620 米（25000 英尺）高度上，704 千米 / 小时（437 英里 / 小时）
爬升速度：13 分钟至 9145 米（30000 英尺）
实用升限：12770 米（41900 英尺）
最远航程：3347 千米（2080 英里）

翼展：11.28 米（37 英尺）
机翼面积：21.65 平方米（233.2 平方英尺）
长度：9.85 米（32 英尺 3 英寸）
高度：3.71 米（12 英尺 2 英寸）
重量：空重 3232 千克（7125 磅）
武装：机翼六挺 12.7 毫米（0.5 英寸）机枪；最多可挂载两枚 454 千克（1000 磅）重的炸弹或六枚 12.7 厘米（5 英寸）火箭弹

诺斯罗普 P-61（Northrop P-61）

雷达操作员坐在飞机前上部的位置。座舱内有一个 SCR-720 雷达的示波器。雷达操作员还负责操纵机背炮塔，其座椅可 360 度旋转。

机背炮塔安装四挺 12.7 毫米（0.5 英寸）柯尔特 – 勃朗宁机枪，每挺备弹 560 发。机背炮塔可旋转 360 度，机枪可抬高，但是炮塔通常会被锁定在向前发射的位置上。

P-61 的 SCR-720 雷达碟形天线置于飞机的绝缘体鼻锥内。该雷达用于在夜间搜寻目标。

飞行员坐在飞机的前部座舱内。他使用一部反射式瞄准具来操作机身腹部下方凸出部内的 20 毫米（0.79 英寸）机炮。飞行员座舱的另一侧是雷达回波的接收器。

P-61 使用两台普拉特·惠特尼 R-2800-65 双黄蜂 18 缸双排发动机。发动机两旁的进气口，内侧的是为加热器提供空气的，外侧的是为中冷器和增压器提供空气的。

152

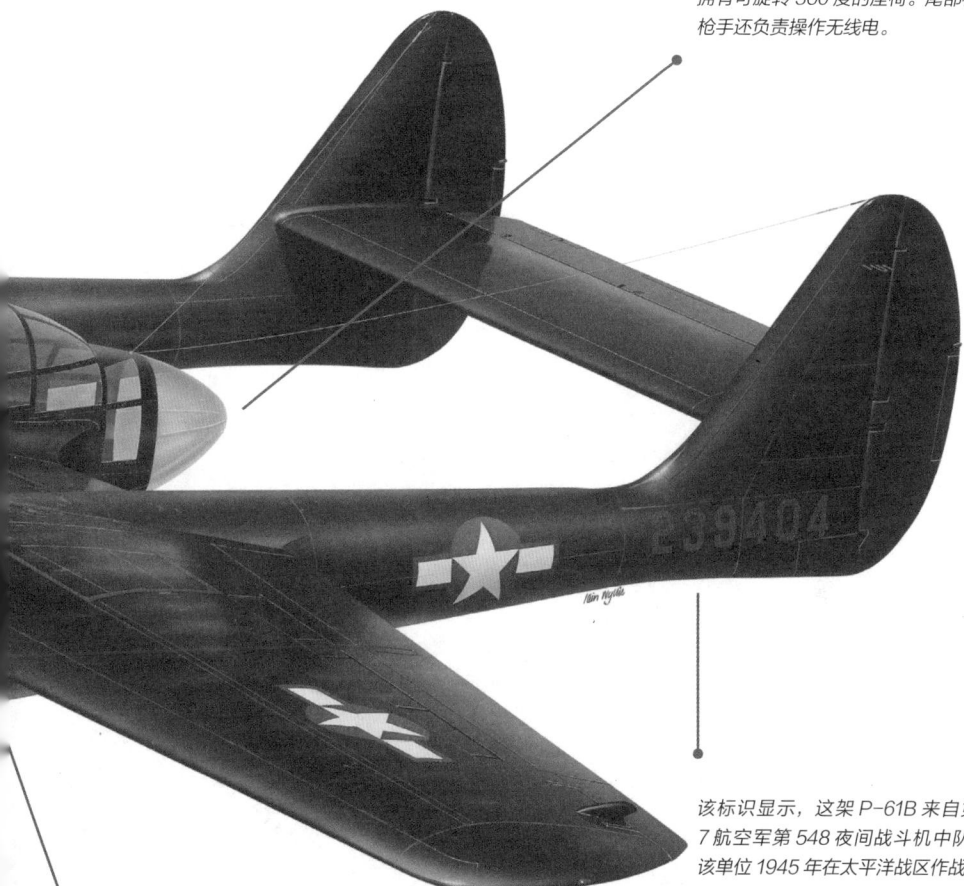

尾部机枪手位于机背炮塔后面一个全透明的隔间中。他负责保护飞机的后半球，并且像雷达操作员一样拥有可旋转 360 度的座椅。尾部机枪手还负责操作无线电。

239404

该标识显示，这架 P-61B 来自第7 航空军第 548 夜间战斗机中队，该单位 1945 年在太平洋战区作战。

"黑寡妇"在机身腹部的一个凸出部内，有四门向前发射的 20 毫米（0.79 英寸）机炮，每门机炮备弹200 发。P-61 在机翼的四个硬挂点上还可挂载 2904 千克（6400 磅）的物品。

尽管在性能和火力上都不及德国的 He-219 "夜枭"，但 P-61 "黑寡妇" 仍是一架强大而出色的夜间战斗机。在执行夜间入侵任务时，它也表现得很出色。

在原先的任务之外，太平洋战场上的 P-61 还被广泛用于对敌军船只发动的夜间攻击。第二次世界大战后，P-61 "黑寡妇" 被 F-82 "双野马" 取代。

在 1941 年日军偷袭珍珠港时，美国陆军航空兵团还没有专门的夜间战斗机。实际上，在 1940 年夏末之前，几乎没人重视夜间战斗，直到美国陆军总司令部航空兵司令官迪洛斯·埃蒙斯中将在访问英国时，亲眼见识了夜间轰炸机的威胁。在他的建议下，美国陆军航空兵团起草了关于夜间战斗机的初步参数，并将其交给诺斯罗普公司。当时，该公司正代表英国驻美采购委员会设计一款夜间战斗机，而这款正在设计的长航时战斗机已初步成形。它配备有雷达，拥有两名机组人员和强大的武装，这使它可将来袭轰炸机尽可能拦截在远离目标的地方。在与英国人开始谈判原型机的制造之前，美国陆军航空兵团就已介入并最终主导了这一项目，但英国人也从未退出。直到英国的布里斯托 "英俊战士" 战斗机可以承担夜间防卫任务后，英国人才对美国飞机失去了兴趣。

1941 年 1 月，诺斯罗普公司获得了建造两架名为 "XP-61" 的原型机的合同，又在接下来 13 个月内获得了总计 573 架的生产合同。首架原型机于 1942 年 5 月 21 日首飞，但是第一架量产型 P-61A "黑寡妇" 直到 18 个月后才造出。首批 37 架飞机均安装了一个内装四挺 12.7 毫米（0.5 英寸）机枪的遥控机背炮塔，还在机腹安装了四挺 20 毫米（0.79 英寸）固定机炮，但这造成了气流不稳，从第 38 架飞机开始，这些机炮又被去掉了。P-61 安装一台威斯汀豪斯 SCR-270AI 雷达，雷达内装有一根英国的磁控管。驻扎新几内亚默克莫的第 421 夜间战斗机中队（第 18 大队），是首个换装 P-61 的单位。1944 年 7 月 7 日，他们的一架 P-61 在日占岛屿上空击落一架三菱百式司侦，这是 P-61 在西南太平洋斩获的首个战果。因早期的 P-61A 受制于勤务性差的普拉特·惠特尼 R-2800-65 发动机，在生产了 200

架 P-61A 后，诺斯罗普公司开始生产 P-61B（总共生产了 450 架）。这一型号后来被改装，以用于夜间入侵行动，它最多可携带四枚 726 千克（1600 磅）重的炸弹，或在翼下挂载四个 1136 升（300 美国加仑）可抛式副油箱。一些使用部队就地改装的飞机，可挂载八枚 12.7 厘米（5 英寸）火箭弹，用于在夜间攻击日本船只。

1944 年 10 月 25 日，第 421 中队转移至莱特岛的塔克洛班，第 418 和 547 夜间战斗机中队随后也来到此地。11 月 29 日，"黑寡妇"接到攻击莱特湾的日军船队的命令。这支携带增援部队和补给的日军船队（包括两艘护航驱逐舰和一些小型船只），正朝着奥尔莫克进发。P-61 袭扰了这支船队一整夜，使其无法卸载部队。天亮后，美军地面部队击沉了其中一艘驱逐舰。在中太平洋地区，美军第 7 航空队拥有三个"黑寡妇"中队，即第 6、第 548 和第 549 中队。后两者分别在 1945年 3 月 7 日和 24 日进驻硫磺岛。不久后，第 548 中队转移至冲绳岛①，承担前进空防任务，也在九州岛执行夜间入侵作战任务，并在这些任务中击落五架日军飞机。第 549 中队一直留在硫磺岛，并按要求向塞班岛和关岛派出分遣队。

中缅印战区有两个"黑寡妇"中队。第一个是第 426 夜间战斗机中队，该中队于 1944 年 1 月 1 日在加利福尼亚汉默机场成立，然后于 1944 年 11 月 5 日转移至中国成都，受第 14 航空军指挥。之后，该中队又辗转多个基地，主要执行夜间对地攻击任务，因为日军飞机已从夜空中消失。另一支部队是第 427 夜间战斗机中队，该中队于 1944 年 2 月 1 日成立，在当年 12 月途经意大利、印度转至缅甸密支那。在接下来的数月中，在第 10 和第 14 航空军的指挥下，第 427 夜间战斗中队执行了73 次防卫巡逻任务，未碰到一次敌机，因此他们对飞机进行了改装，通过给飞机挂载炸弹和火箭弹以攻击日军部队的集结地和物资补给站。另一支位于昆明的分遣队也对飞机进行了类似改装。

1944 年 5 月，在欧洲战区，驻约克郡的第 422 夜间战斗机中队接收了一些 P-61A，之后在查米唐的第 425 中队也换装了 P-61A。他们的任务是在 1944 年 6 月 6 日，为美军在诺曼底的登陆区提供夜间防卫。在转移到欧洲大陆之前，两支中队还执行过一些拦截 V-1 导弹的任务，击落了九架无人飞机。在西北欧上空的夜间行动中，

---

① 译者注：原文的"硫磺岛"有误。

第 422 中队有三名机组人员因击落五架敌机而获得"王牌"称号。在意大利，受第 12 航空队指挥的第 414、第 415、第 416 和第 417 夜间战斗机中队装备了 P-61，尽管第 414 中队宣称其在夜间击落了五架敌机，但因为缺乏备件，这些部队的出击次数受到了影响。

"黑寡妇"的最后一个生产型号——安装了 2088 千瓦（2800 马力）R-2800-73 发动机的 P-61C，仅生产了 43 架。在第二次世界大战结束后的几年内，P-61 被北美公司的 P-82"双野马"取代。

机型：夜间战斗机

机组：三人
动力单元：两台 1491 千瓦（2000 马力）普拉特·惠特尼 R-2800-65 18 缸星形发动机
最高速度：在 6095 米高度（20000 英尺）上，589 千米 / 小时（366 英里 / 小时）
爬升速度：12 分钟至 6095 米（20000 英尺）
实用升限：10090 米（33100 英尺）
最远航程：4506 千米（2800 英里）
翼展：20.12 米（66 英尺）

机翼面积：61.69 平方米（664 平方英尺）
长度：15.11 米（49 英尺 6 英寸）
高度：4.46 米（14 英尺 6 英寸）
重量：空重 9979 千克（22000 磅）；最大满载重量为 13472 千克（29700）磅
武装：机身腹部四门 20 毫米（0.79 英寸）固定前射机炮；机翼下方可挂载四枚 726 千克（1600 磅）重的炸弹；最后 250 架则在机背遥控炮塔内安装了四挺 12.7 毫米（0.5 英寸）机枪

共和 P-47"雷电"（Republic P-47 Thunderbolt）

P-47C 和 P-47D 都加长了机身，以便在发动机后方安装一个 114 升（30 美国加仑）的水箱。水箱用来存储向发动机注水用的水。

"雷电"因其硕大的发动机而需要匹配大尺寸的螺旋桨。P-47 是第一架安装四叶螺旋桨的战斗机。螺旋桨的直径达 3.71 米（12.2 英尺），为了给其提供足够的离地空间，P-47 安装了伸缩式起落架。

P-47D 使用了和 P-47C 一样的、配备了注水系统的普拉特·惠特尼 R-2800-21 或者 R-2800-59 发动机。

与多数的美国战斗机一样，P-47 也有可操控的散热鳃片，安装在发动机整流罩后方，可以在低速状态或发动机过热时让更多空气进入发动机。

飞行员坐在框架式座舱之中，前后各由一块防弹风挡和一块装甲板提供保护。后期的"雷电"改用了泪滴形座舱盖，以改善视野。

这是一架由共和公司纽约州法明代尔工厂生产的早期型 P-47D，它在 1943 年隶属于驻英格兰德布登的第 8 航空队第 4 战斗机大队第 334 中队。

27945

P-47 的增压器安装在机身后方，这让飞机看起来十分臃肿。气体从增压器后方排出。

P-47 的每侧机翼安装四挺 12.7 毫米（0.5 英寸）机枪。后期的"雷电"为了在机翼下安装挂架，移除了两挺机枪和部分弹药。

作为有史以来名副其实的伟大战斗机之一，共和P-47"雷电"是一系列飞机发展的集大成者，其源头可追溯至1936年的两款设计，即塞维尔斯基P-35和P-43。在启动P-43项目后，共和航空公司（在亚历山大·P.塞维尔斯基1939年被迫辞职后，公司改名为"共和"）的首席设计师亚历山大·卡特维利，开始设计由这架飞机衍生出的另外两款飞机——AP-40和AP-10。前者安装了一台十分强劲的星形发动机。后者则是围绕V-12液冷艾利逊发动机设计的，它原被设计为一款轻型战斗机。但有意思的是，后者最后反而演变成当时最大、最重的单座战斗机P-47"雷电"。

1939年8月1日，卡特维利向美国陆军航空兵团的技术部门提交了AP-10项目，但随后就被驳回了——技术部门要求开发一款更大更强的飞机。因此，卡特维利提

虽被飞行员戏称为"水罐"，共和P-47"雷电"在欧洲上空的护航任务中为自己赢得了声誉，也在对地攻击任务中获得了殊荣。

交了两个重新设计的原型机草案，即 XP-47 和 XP-47A——两者都将使用艾利逊发动机。然而，对第二次世界大战初期西欧空战的深入研究令美国军方重新评估了需求，他们需要一款在性能、防护和火力上都更优秀的现代化战斗机。为了提高性能，卡特维利认为高空性能平庸的艾利逊发动机不适合新飞机。因此，他开始围绕当时最强大的 1491 千瓦（2000 马力）普拉特·惠特尼双黄蜂星形发动机设计另一款飞机。1940 年 6 月，这个名为"XP-47B"的新方案被提交给美国陆军航空兵团，并被立即接受。9 月，共和公司接到了生产 171 架 P-47B 和 602 架 P-47C 的订单。两种飞机基本上相似，但 P-47C 稍微加长了机身，以改善稳定性。

因此，XP-47B 成了"雷电"的原型机，并在 1941 年 5 月 6 日首飞。在试飞中，

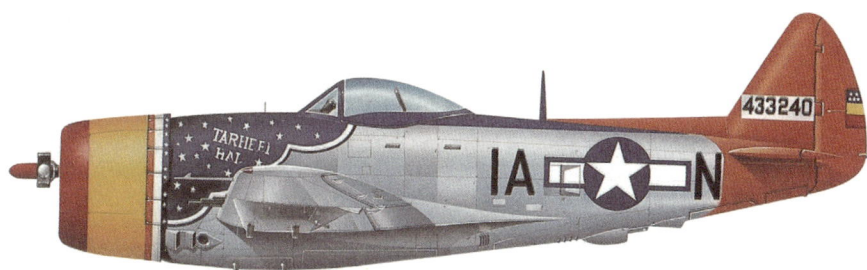

从 1943 年 4 月首次在欧洲参战到太平洋战争结束，"雷电"的出击架次达到了令人吃惊的 546000 架次。在这些战斗中，"雷电"投掷了 134118 吨炸弹。

机型：战斗机／战斗轰炸机（P-47D）

机组：一人

动力单元：一台 1715 千瓦（2300 马力）普拉特·惠特尼 R-2800-59 星形发动机

最高速度：在 9145 米高度（30000 英尺）上，689 千米／小时（428 英里／小时）

爬升速度：9 分钟至 6095 米（20000 英尺）

实用升限：12800 米（42000 英尺）

最远航程：2028 千米（1260 英里）

翼展：12.43 米（40 英尺 8 英寸）

机翼面积：27.87 平方米（300 平方英尺）

长度：11.01 米（36 英尺 1 英寸）

高度：4.32 米（14 英尺 2 英寸）

重量：空重 4536 千克（10000 磅）；最大满载重量为 8800 千克（19400 磅）

武装：六或八挺 12.7 毫米（0.5 英寸）机枪于两翼；两枚 454 千克（1000 磅）炸弹或十枚火箭弹

飞机暴露了不计其数的问题。例如，在9150米（30000英尺）以上高度，副翼会被"卡住并冻结"，同时高空控制的负载会加大，致使座舱盖卡住。不过，这些问题都逐步得到了解决。1942年3月，首架量产型P-47B下线，使用的是量产型R-2800-21发动机。与原型机相比，量产型用金属控制面取代了表面覆盖织物的控制面，又把铰接式舱盖改为滑动式，还对另外几处做了改进。

1942年6月，第56战斗机大队开始换装P-47。该单位在1942年12月到1943年1月期间部署于英格兰，并于1943年4月13日执行了第一次战斗任务——在法国圣奥梅尔上空进行战斗扫荡。在接下来两年里，第56大队在击落、击毁的敌军飞机数量上超过了第8航空队的任何其他战斗机大队。由此看来，第56大队的座右铭"Cave Tonitrum"（拉丁语，意为"小心雷电"）不是没有道理的。

从开始在欧洲参战到1945年8月太平洋战场结束，"雷电"执行战斗任务546000架次，投掷炸弹134118吨，发射火箭弹60000枚，消耗子弹1.35亿发。单单在欧洲战区，从D日（1944年6月6日）到VE日（1945年5月8日），"雷电"取得的战绩就包括了9000个火车头、86000节火车车厢和6000辆装甲车。在全部战区中，"雷电"飞行员报告称在空中击落了敌军飞机3752架，在地面摧毁了3315架。当第56战斗机大队[①]于1943年春首次驾驶"雷电"出击时，美军已采购了大量P-47D。P-47D在外观上起初与P-47C一样，但随着时间推移，并通过不断改进，最后已经与早期的D型以及原型机XP-47B大不一样。

共和公司总计生产了四批次12602架P-47D，寇蒂斯-莱特公司生产了另外354架，但将其命名为"P-47G"。皇家空军获得了354架称为"雷电I"的早期型P-47D，后又获得590架后期型P-47D，并称之为"雷电II"。皇家空军的所有"雷电"都分配给了东南亚司令部（印度和缅甸）的战斗机中队，用于接替"飓风"，以执行对地攻击任务。

D型后的下一个量产型P-47M共生产了130架，其使用的是2088千瓦（2800马力）的R-2800-57发动机。这一型号是专为防备V-1导弹攻击伦敦而设计的。P-47的最后一个改进型为N型，这是一种超远程护航和战斗轰炸机，由共和公司生产了

---

① 译者注：原文误写为"Wing"，即联队。

1816 架。到 1945 年 12 月停产时，P-47 的总产量为 15660 架。其中，大约三分之二的 P-47 几乎全是 D 型，它们在战争中幸存下来，然后在巴西、智利、哥伦比亚、多米尼克、厄瓜多尔、墨西哥、秘鲁、土耳其和南斯拉夫等国的空军中继续服役。

法国在 20 世纪 50 年代曾使用 P-47D 对付阿尔及利亚的不同政见者，因为法国空军发现喷气式飞机不适合在那种环境中提供近距离支援。第二次世界大战期间，美国向苏联提供了 203 架 P-47，扣除在运输途中损失的飞机后，有 195 架加入苏军参战。

这张照片清楚地展示了 P-47 短粗的外形。由于机身较重，所以 P-47 在俯冲时能产生惊人的加速度——这在进行空中格斗时十分有用。

沃特"海盗"（Vought Corsair）

飞行员坐在凸出座舱内的高座椅上，视野清晰。早期型"海盗"的视野有限，因为发动机阻挡了机鼻上方的视线。F-4U 的发动机因此向下偏转了 2.5 度以改善飞行员的前向视野。

该标识显示，这架 F4U-5N 来自朝鲜战争时期的美国海军陆战队第513（夜间）战斗机中队。后来，该飞机的午夜蓝涂装换为亚光黑色涂装，代号颜色换为红色，以降低可视度。

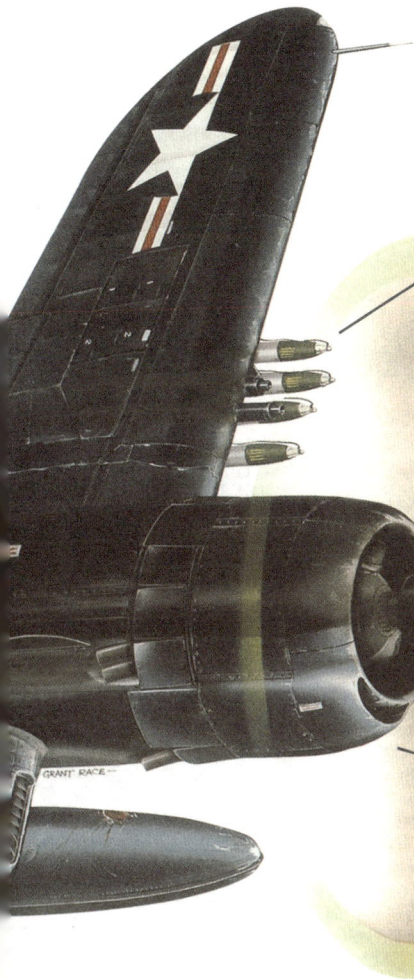

这架飞机携带了八枚用于标记地面敌人动向的 HVAR 空对地火箭。沃特"海盗"在朝鲜战场上使用了凝固汽油弹。

相比第二次世界大战时的"海盗"，F4U-5 和 F4U-5N 均安装了一台普拉特·惠特尼 R-2800 双黄蜂双排 18 缸星形发动机，因此它们在性能上获得了极大提升。

"海盗"的发动机整流罩两侧各有一个进气口，可以为两级增压器提供空气。

F4U 的武装为安装于机翼的四门 20 毫米（0.79 英寸）机炮，这些机炮能给对手致命一击。

F4U-5N 的右侧机翼前缘安装了一台 APS-19A 雷达，它能够对 130 千米（80 英里）范围内的地面进行测绘，但只能探测到五千米（三英里）以内的飞机。

机型：海军战斗机（F4U-1）

机组：一人
动力单元：一台 1491 千瓦（2000 马力）普拉特
•惠特尼 R-2800-8 星形发动机
最高速度：在 6066 米高度（19900 英尺）上，
671 千米 / 小时（417 英里 / 小时）
爬升速度：每分钟 1180 米（3870 英尺）
实用升限：11247 米（36900 英尺）
最远航程：1633 千米（1015 英里）

翼展：12.50 米（41 英尺）
机翼面积：29.17 平方米（314 平方英尺）
长度：10.17 米（33 英尺 4 英寸）
高度：4.90 米（16 英尺 1 英寸）
重量：空重 4074 千克（8982 磅）；最大满载重
量为 6350 千克（14000 磅）
武装：机翼六挺 12.7 毫米（0.5 英寸）机枪

F4U"海盗"的飞行员正在提升强劲的普拉特·惠特尼星形发动机的转速,准备起飞。在设计阶段经历了异乎寻常的困难后,F4U"海盗"最终成为了一款优秀的战机。

1936年2月,美国海军邀请联合公司的钱斯·沃特分部参加一次设计竞赛,竞赛内容为设计一款单座单发航母舰载机。在雷克斯·拜伦·拜索的带领下,沃特设计团队提交了两个方案:一是围绕当时能获得的最强的发动机普拉特·惠特尼R-1830双黄蜂发动机设计的V-166A,一是使用仍在试验中的普拉特·惠特尼XR-2800-2双黄蜂发动机的V-166B。在提交两个方案的两个月后,美国海军下单订购了一架V-166B原型机,并将其命名为"XF4U-1"。

双黄蜂发动机因配备一台两级增压器而能输出1342千瓦(1800马力)功率。

为了最大限度地利用这一优势，汉密尔顿标准公司设计了当时战斗机用的最大的螺旋桨。这带来了一些问题，因为 XF4U-1 的机翼位置低，需要安装非常长的起落架，才能给螺旋桨留出 45 厘米（18 英寸）的离地高度。沃特采用倒海鸥翼解决了这一问题，而这也成了 F4U 系列的主要识别特征。这样就让飞机可以使用常规尺寸的起落架，同时也使前方巨大发动机阻挡飞行员视野的情况得到改善。向后方收起的主起落架，在旋转 90 度后会紧贴于机翼下方。

原型机 XF4U-1 于 1940 年 5 月 29 日首飞。这架飞机在每侧机翼上都安装了一挺 12.7 毫米（0.5 英寸）机枪，还在前机身上方安装了一挺 12.7 毫米（0.5 英寸）机枪和一挺 7.62 毫米（0.3 英寸）机枪。这一武装组合经过评估后被认为火力不足，于是在其机身上的两挺机枪被移除后，其机翼又加装了另外两挺 12.7 毫米（0.5 英寸）机枪。这导致机翼中间段的内部油箱和外翼段前缘内的油箱必须被移除，所有的燃料将被储存在机身内的一个自封油箱内。为了在燃料逐渐消耗后保持飞机的重心不变，油箱的位置需要尽可能地靠近飞机的重心。因此，沃特设计团队别无选择，只能把座舱向后移了 91 厘米（3 英尺），这就让飞行员的视野更加糟糕。结果，F4U 在其大半服役生涯中只能在陆地机场起降，因为视野问题使它们在舰上起降变得十分危险。其他的修改还包括为飞行员和油箱提供额外装甲；在飞行员的头枕后方安装透明面板以改善后方视野；增加副翼翼展以提高滚转率；加装敌我识别设备，以及换装 1491 千瓦（2000 马力）R-2800-8 发动机。在生产阶段早期，其火力又升级为六挺 12.7 毫米（0.5 英寸）机枪。

尽管"海盗"被设计为舰载战斗机，但它主要以陆地为基地作战。它不仅因机鼻过长而阻挡了飞行员的前向视野，而且在航母上起降也十分困难。

在服役生涯中，"海盗"扮演了多种角色。第二次世界大战后，"海盗"的发展型包括 F4U-5 战斗轰炸机、F4U-5N 夜间战斗机和 F4U-5P 照相侦察机，这些飞机在朝鲜战争时都十分活跃。

1941 年 4 月 2 日，沃特收到一份制造 584 架 F4U 的订单，而该型飞机在美国海军中服役后被称为"海盗"。不过，由于要完成全部的改装，第一架量产型"海盗"直到 1942 年 6 月 25 日才首飞，此时布鲁斯特公司和固特异公司已被指定为"海盗"的联合承包商。前者（该公司的合同在 1944 年因公司工作作风差和其他不检点行为被取消）之后制造了 735 架"海盗"，并将其命名为"F3A-1"；后者生产的 3808 架被命名为"FG-1"。首架由沃特生产的 F4U-1 在 1942 年 7 月 31 日交付美国海军，并于当年 9 月开始舰上测试。首个装备"海盗"的单位——海军陆战队第 213 战斗机中队，在 1942 年 12 月形成战斗力，并在 1943 年 2 月转移至瓜达卡纳尔岛。在海军第 12 战斗机中队完成测试后，"海盗"于 1943 年 4 月在海军第 17 战斗机中队服役，于 9 月被部署到新几内亚的一个岛屿基地。

"海盗"的战斗生涯以一个不太好的开局开始，但随着飞行员逐渐熟悉这种强大的新型战斗轰炸机，它就变成了令人生畏的战争机器。有一位飞行员通过驾驶"海盗"取得了突出的战绩，那就是海军陆战队第 215 战斗机中队的鲍勃·汉森上尉，他在拉包尔上空的激烈厮杀中打出了名声。1944 年 1 月 14 日，汉森迎来了他一系列战斗中载入史册的第一仗——击落了 70 架试图拦截美军轰炸机的"零"式中的五架。在取得下一次单次五杀之前，汉森又陆续击落过一架、四架、三架和四架"零"式。期间他击毁了 20 多架敌机，而这一连串惊人的战果是在短短的 17 天内获得的。

在第二次世界大战时期生产的 12681 架"海盗"中，皇家海军获得了 2012 架，将其装备了海军航空兵的 19 个中队。这些飞机中的一部分后来被转给皇家新西兰空军，并装备三个中队，用于在所罗门群岛作战。第一个装备"海盗"（F4U-1）的皇家海军单位是第 1830 中队。1944 年，皇家海军的"海盗"中队掩护海军航空兵，攻击了德国"提尔比茨"号战列舰，之后在 1945 年随英国航母特遣队前往太平洋，参加了对日本的最后攻势。皇家海军使用的"海盗"型号包括"海盗 II"（F4U-1A）、"海盗 III"（F3A-1）和"海盗 IV"（FG-1）。

"海盗"的衍生型还包括 F4U-1C 机炮战斗机、F4U-1D 战斗轰炸机、F4U-2 夜间战斗机、F4U-3 高空研究机和 F4U-4 战斗机。战后的发展型包括 F4U-5 战斗轰炸机、F4U-5N 夜间战斗机和 F4U-5P 照相侦察机，这些型号均在 1950—1953 年的朝鲜战争中参加了大量战斗。F4U-6（后改为"A-1"）攻击机和 F4U-7 也被供给了法国海军。法军的"海盗"在 1956 年参加了英法苏伊士行动。

第三章

英国

阿弗罗 683 式"兰开斯特"（Avro 683 Lancaster）

"兰开斯特"的标准机组有七人：飞行员、飞行工程师、导航员、无线电员、投弹手、中上部机枪手和尾部机枪手。轰炸机空勤人员总是供不应求，因为"兰开斯特"的机组人员在战斗中损失了 47000 名。

这是由位于考文垂的阿姆斯特朗－惠特沃斯公司制造的"兰开斯特 B Mk Ⅰ"第三生产批次中的一架。从 1944 年 6 月开始到第二次世界大战结束，它一直在第 9 中队服役。它参加过轰炸"提尔比茨"号战列舰和往返苏联的"穿梭轰炸"行动，在 1946 年 11 月退役。

为了能够承载"高脚柜"炸弹的重量，同时也为了执行超远程任务，图中这架飞机去掉了中上部的机枪塔。

投弹手趴在带内衬的紧急逃生舱门上面，透过机鼻的光学平板玻璃向下观察，使用带机械计算机的、能自动修正偏差的 Mk ⅩⅣ 瞄准具瞄准。在不需要瞄准时，他负责操作前部炮塔。

"高脚柜"炸弹由巴恩斯·沃利斯设计，他也是"水坝破坏者"中队所使用的"弹跳"炸弹的发明人。"高脚柜"重 5443 千克（12000 磅），能在下落过程中自转以保证精度。这种炸弹能在穿透地面很深后才爆炸，可用于攻击 U 型潜艇的钢筋混凝土掩体。

皇家空军使用字母代码用于识别飞机及其所属中队。每个中队拥有一个两个字母（如图中的"WS"）组成的代码，单架飞机则用一个字母作为标识，如图中的"Y"。

"兰开斯特"原先使用的弗雷泽－纳什尾炮塔内有四挺7.7毫米（0.303英寸）机枪，备弹1000发。图中所示的罗斯炮塔安装的是12.7毫米（0.5英寸）机枪，该机枪增大了射程但降低了射速。"兰开斯特"的后期型安装了厘米波雷达自动瞄准装置。

"兰开斯特Ⅰ"使用了罗尔斯－罗伊斯"梅林"20直列液冷V12发动机。"兰开斯特Ⅱ"安装14缸布里斯托大力神Ⅵ或ⅩⅥ星形发动机，以减轻"梅林"发动机的生产压力。"兰开斯特Ⅲ"使用的是美国帕卡德公司受权生产的"梅林"20/22发动机，称为"'梅林'28"。

阿弗罗"兰开斯特"是有史以来几款著名的轰炸机之一，它源于阿弗罗"曼彻斯特"轰炸机，后者因使用的两台罗尔斯 - 罗伊斯"鹰"发动机的可靠性不佳而受拖累。在"曼彻斯特"逐渐投产时，其中一架序列号为"BT308"、名为"四发曼彻斯特"的飞机安装了四台罗尔斯 - 罗伊斯ⅩⅩ发动机。这就是第一架"兰开斯特"的原型机，它在1941年1月9日首飞，安装有三个垂直尾翼，但没有机腹炮塔（机腹炮塔曾是"兰开斯特"的识别特征，但为了扩大弹舱空间而被去掉）或机背炮塔。在启动全部测试项目前，这架飞机在翼展达10米（33英尺）的水平尾翼上配备了两个垂直尾翼，这在很大程度上改善了飞行特性。所有"曼彻斯特"都经过了类似改装，然后被命名为"曼彻斯特 Mk 1A"。"曼彻斯特 Mk 3"这一名字原本是留给四发改进型的，但该改进型最后采用的是"兰开斯特"这一名字。另一架序列号为"L7527"的"曼彻斯特"也被用于"兰开斯特"的开发项目，后来成为阿弗罗683式"兰开斯特Ⅰ"的首架生产型。此时，该型飞机在起飞重量上已增至29445千克（65000磅），在4575米高度上的最高速度为443千米/小时（275英里/小时），初始爬升率为每分钟76米（250英尺），在携带3170千克（6988磅）重的炸弹时的最远航程为4070千米（2530英里）。新的飞机将由阿弗罗、奥斯汀汽车、维克斯 - 阿姆斯特朗、大都会 - 维克斯和阿姆斯特朗 - 惠特沃斯等多家公司联合为皇家空军生产。

第一架"兰开斯特"，即"BT308"，于1941年9月被送往驻林肯郡沃丁顿的第44（罗德西亚）中队，供皇家空军人员熟悉。到1942年1月时，第44中队开始用"兰开斯特"替换原先的汉德利·佩吉"汉普登"轰炸机。1942年3月3日，"兰开斯特"首次出击，四架该型飞机前往黑尔戈兰湾布雷。第二个装备"兰开斯特"

一架来自第467中队的兰开斯特 Mk Ⅲ，昵称"S for Sugar"。该中队是受皇家空军轰炸机司令部指挥的澳大利亚部队。注意机身下方的H2S雷达的雷达罩，以及机鼻处的出击任务次数标志。

1943年4月17日，第44（罗德西亚）中队的"兰开斯特"Mk Ⅰ曾与第97中队一起，对位于巴伐利亚奥格斯堡的曼柴油发动机工厂发动了昼间低空突袭。

的单位是第97中队，该中队与第44中队一起对当时正在制造U型潜艇柴油发动机的、位于巴伐利亚奥格斯堡的曼工厂发动了一次昼间低空突袭。12架参加本次行动的"兰开斯特"损失了七架。第44中队中队长约翰·德林·内特尔顿为此获得了维多利亚十字勋章。

为了防备"梅林"发动机供应可能中断的情况，一些"兰开斯特"安装了四台1230千瓦（1650马力）布里斯托火力神6（或16）星形发动机以代替"梅林"ⅩⅩ，并被称为"兰开斯特 Mk Ⅱ"。这型"兰开斯特"的首架原型机序列号为"DT810"。这款飞机的所有型号都交由阿姆斯特朗-惠特沃斯公司生产，该公司共生产了300架 Mk Ⅱ型。少数几架 Mk Ⅰ和 Mk Ⅱ被留作试验之用，尤其是用于测试发动机。其中一架代号为"ED817"的 Mk Ⅰ试验机对机身下部进行了改装，以安装特殊的圆形水雷，而这就是第617中队在1943年对鲁尔大坝发动的著名突袭中所用的水雷。"兰开斯特"在服役过程中很少改动机体，这表明其足够坚固与可靠，而且从 Mk Ⅰ转向生产使用帕卡德造"梅林"发动机的 Mk Ⅲ时也无须太多额外的工作。此时，新型的导航和雷达辅助设备已成为标配，常见的 H2S 雷达罩开始出现在"兰开斯特"的机体下方。"兰开斯特Ⅲ"的到来，使得轰炸机司令部首次能够投掷 3624 千克（8000 磅）重的炸弹，之后是 5436 千克（12000 磅）重的"高脚柜"，最后是 9966 千克（22000 磅）重的"大满贯"炸弹，不过这些炸弹只能以半埋的方式放入去掉了舱门的弹舱。"兰开斯特"在第二次世界大战时期的最后一战是在 1945 年 4 月 25 日，那时它轰炸了一处位于贝希特斯加登的党卫军兵营。第二次世界大战期间，"兰开斯特"共飞行 156192 架次，投弹 618380 吨，而其在作战中损失 3431 架，另有 246 架因事故损毁。1944 年 8 月，"兰开斯特"在其巅峰时期被不少于 42 个皇家空军轰炸机司令部的中队所装备。

　　第二次世界大战结束时，皇家空军曾计划大规模使用"兰开斯特"和"林肯"空袭日本。其中的一些"兰开斯特"将被改装成加油机。空中加油公司为此进行了大量测试，并且在第二次世界大战结束和该项目终止时，已经生产了大量相关设备。

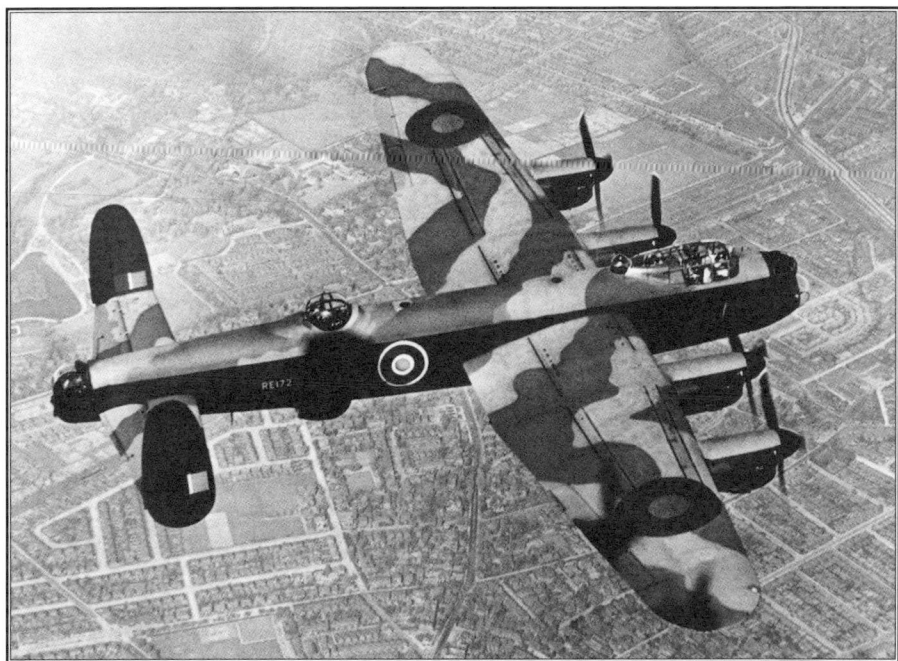

一张飞行中的"兰开斯特"的精美照片。"兰开斯特"总产量为 7374 架。在第二次世界大战结束后的很长一段时间内，其中的一些飞机继续执行着海上空中救援任务和海上侦察任务。

经过大幅度修改的"兰开斯特"Ⅳ型和Ⅴ型，成了"林肯"Mk Ⅰ和Mk Ⅱ。九架由Mk Ⅰ和Mk Ⅲ改装而来的"兰开斯特"Mk Ⅵ，都安装了电子对抗设备。"兰开斯特"最后的量产型号Mk Ⅶ，由奥斯汀汽车公司生产了180架。Mk Ⅷ和Mk Ⅸ型从未被生产，而MK Ⅹ型是由加拿大维克斯飞机公司许可生产的Mk Ⅲ型，共生产了422架。一些"兰开斯特"安装了流线型炮塔，被改装成皇家空军及之后的英国海外航空公司的运输机。

第二次世界大战后，皇家空军轰炸机司令部的"兰开斯特"一直服役到被阿弗罗"林肯"轰炸机取代，皇家空军海防司令部的海上巡逻版GR.3一直服役到被阿弗罗"谢克顿"轰炸机取代。阿弗罗公司翻修了54架Mk Ⅰ和Mk Ⅶ型，并将其改装成海上巡逻机并交给了法国海军航空兵。"兰开斯特"及其所有衍生型的总生产量为7374架。

机型：重型轰炸机（Mk Ⅲ）

机组： 七人
动力单元： 四台1223千瓦（1640马力）罗尔斯-罗伊斯"梅林"28或38 12缸Ⅴ型发动机
最高速度： 462千米/小时（287英里/小时）
爬升速度： 每分钟76米（250英尺）
实用升限： 5790米（19000英尺）
最远航程： 携带5443千克（12000磅）炸弹时2784千米（1730英里）
翼展： 31.09米（102英尺）

机翼面积： 120.49平方米（1297平方英尺）
长度： 21.18米（69英尺5英寸）
高度： 6.25米（20英尺5英寸）
重量： 空重16783千克（37000磅）；最大满载重量为29484千克（65000）磅
武装： 机鼻炮塔两挺7.7毫米（0.303英寸）机枪；机背炮塔两挺7.7毫米（0.303英寸）机枪；尾部炮塔四挺7.7毫米（0.303英寸）机枪；最大内部载弹量为8165千克（18000磅）

布里斯托"布伦海姆"（Bristol Blenheim）

在驾驶舱中，飞行员的位置位于左侧，其右方的座椅是供导航员在机鼻内无事可做时坐的。飞行员在操作飞机唯一的前射机枪时使用一具基础的环珠瞄准具。

尾部机枪手身后的机身顶部有一个紧急逃生舱口。飞行员和导航员可滑动头顶上的舱盖，也可使用机鼻地板上的舱口逃生。

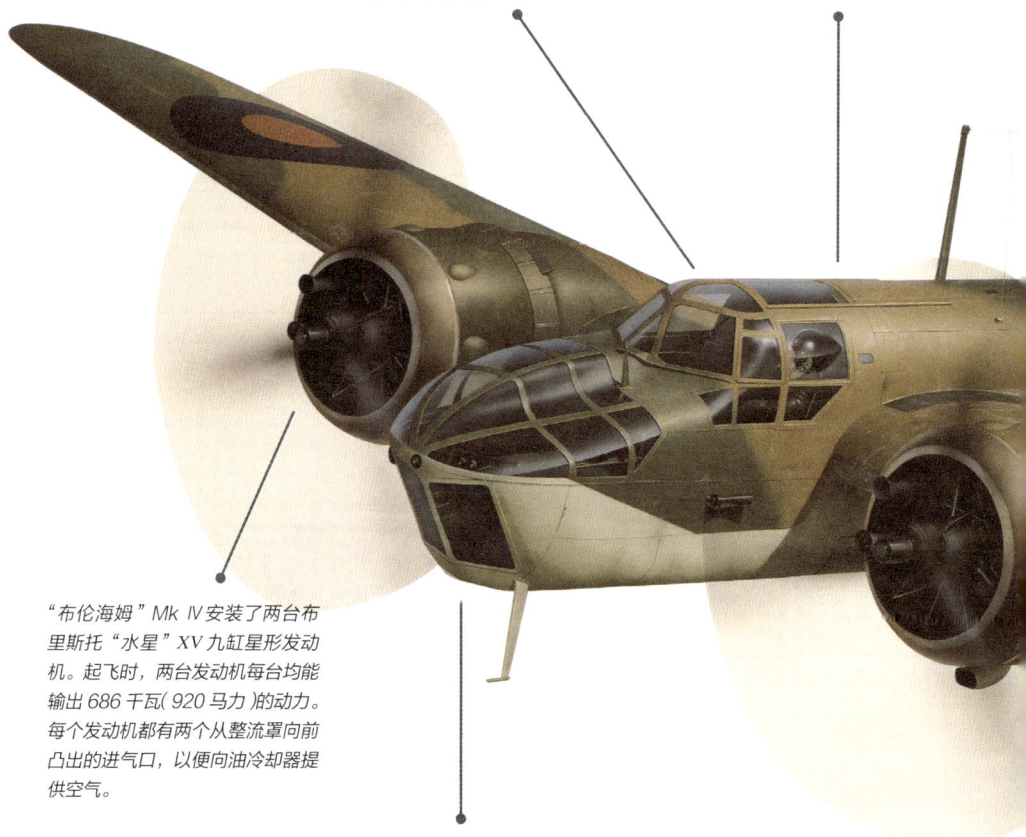

"布伦海姆"Mk Ⅳ 安装了两台布里斯托"水星"XV 九缸星形发动机。起飞时，两台发动机每台均能输出 686 千瓦（920 马力）的动力。每个发动机都有两个从整流罩向前凸出的进气口，以便向油冷却器提供空气。

在玻璃机鼻内，导航员有一张海图桌，他的左侧是仪表面板。海图桌下方是两扇平板玻璃窗，用于投弹瞄准，导航员也身兼投弹手。

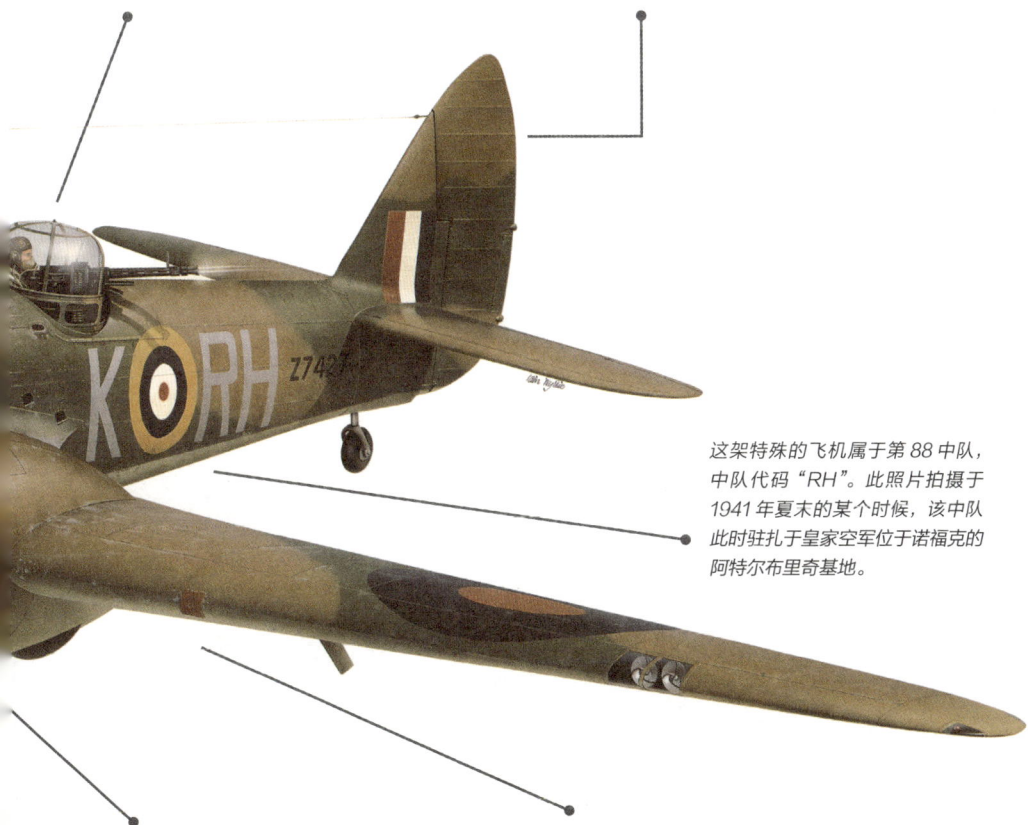

后部炮塔内装有两挺 7.7 毫米（0.303 英寸）勃朗宁机枪。后部机枪手还负责操作其下方吊舱内的机腹机枪。

"布伦海姆"只有一小部分尾翼是固定的，它有一个大型的全高度方向舵。该方向舵由从驾驶舱穿过机身到尾翼的线缆控制。

这架特殊的飞机属于第 88 中队，中队代码"RH"。此照片拍摄于 1941 年夏末的某个时候，该中队此时驻扎于皇家空军位于诺福克的阿特尔布里奇基地。

鉴于 1940 年在法国的教训，"布伦海姆"在机腹吊舱处加装了一挺 7.7 毫米（0.303 英寸）机枪，以对抗敌机。

左侧机翼单独安装了一挺 7.7 毫米（0.303 英寸）机枪，机枪的弹药存放于机翼内的一个弹药盒里。两侧机翼的发动机舱内还存放了燃料。

1933 年，布里斯托飞机公司的首席设计师弗兰克·巴恩维尔，宣布要设计一款名为"布里斯托 135 式"的轻型高速客机。该飞机将最多搭载八名乘客于其全金属应力结构的蒙皮机身内，使用两台 373 千瓦（500 马力）九缸布里斯托"天鹰座 I"星形发动机。这一设计得到了英国《每日邮报》的所有者罗特美爵士的支持，他认为"135 式"是在欧洲大城市之间执行快速商业飞行的理想工具。唯一不足的是，"135式"的航程满足不了罗特美爵士的需求。因此，布里斯托公司重新设计了飞机，将其换上了 477 千瓦（640 马力）布里斯托"水星"VI 星形发动机。新设计的飞机被称为"布里斯托 142 式"，具体设计工作从 1934 年 4 月开始，并且得到了罗特美爵士的资助，首架飞机于 1935 年 4 月 12 日首飞。

　　该原型机在试飞中的表现大大超过了预期，这促使皇家空军向布里斯托公司询问能否借一架来用于评估。在 1935 年 6 月，一架名为"不列颠优先"的"142 式"被正式送抵马特夏荒地的飞机与军械研究院，并且在 7 月获得了皇家空军的序列号"K7557"。这架飞机虽也获得过民用注册号"G-ADCZ"，但从未使用过。在飞行测试中，"142 式"在满载时达到了 458 千米 / 小时（285 英里 / 小时）的速度，最高到达过 494

千米／小时（307英里／小时）。由于表现亮眼，1935年8月，英国空军部发布了"B28/35规范"，提出将这架飞机改装成轰炸机，并命名为"142M式"。为此，"142式"需要进行大的改动，包括将机翼安装位置从下方提高到机身中部以设置内部弹舱，加宽机鼻段以容纳飞行员和观察员／投弹手。"142式"的防卫武器包括一挺安装于机背动力炮塔内的7.7毫米（0.303英寸）刘易斯机枪。英国人认为这架飞机的速度足以超过任何同时期的战斗机。左侧机翼前缘也安装了一挺由飞行员操作的勃朗宁7.7毫米（0.303）机枪。这款经过修改后的飞机被称为"布里斯托142M式"。

1939年5月，英国空军部下达了150架的初始订单。这些飞机在进入服役时被命名为"'布伦海姆'Mk Ⅰ"，使用的是626千瓦（840马力）"水星"Ⅷ星形发动机。这批飞机的头一架（英军序列号为"K7033"）作为开发原型机在1936年6月送抵马特夏荒地。当1936年12月测试项目结束时，皇家空军要求全力生产"布伦海姆"Mk Ⅰ，并与布里斯托公司签署了生产另外434架飞机的合同。1937年3月，首架"布伦海姆"交付第114中队。Mk Ⅰ型总计生产了1280架，其中的1007架在第二次世界大战爆发时归皇家空军所有。这其中，有147架被制造成Mk Ⅰ F

编队飞行的布里斯托"布伦海姆"。刚服役时还算堪用的"布伦海姆"，在第二次世界大战爆发后作为昼间轰炸机就迅速过时了，并且在法国战役中损失惨重。

1941年，第84中队的布里斯托"布伦海姆"MK I。该中队参加了希腊战役，之后被部署到中东及印度。该中队一直使用"布伦海姆"到1942年6月，然后换装伏尔蒂公司的"复仇者"俯冲轰炸机。

战斗机，安装了一个内有四挺勃朗宁机枪的机腹炮塔；另外一些之后安装了AI雷达，在1940年秋被用作临时夜间战斗机。不过当第二次世界大战爆发时，大多数Mk I型轰炸机在中东和远东服役，英国本土的"布伦海姆"中队已换装改进过的Mk IV型。英国向芬兰提供了12架"布伦海姆"（芬兰在1941—1944年制造了另外55架），向罗马尼亚提供了13架，向南斯拉夫提供了22架，而伊卡洛斯公司按许可证生产了另外48架。

"布伦海姆"Mk IV由"布里斯托149式"发展而来。"149式"是布里斯托公司按照英国空军部"11/36规范"为皇家空军海防司令部开发的一款临时侦察轰炸机，被用于填补阿弗罗"安森"轰炸机到布里斯托"波佛特"鱼雷轰炸机之间的空白。但实际上，后来填补这一空白的是洛克希德的"哈德逊"，因此序列号为"K7072"的"149式"原型机被交给了皇家空军。这架飞机基本上采用了Mk I型的机体，用两台724千瓦（995马力）"水星"X V星形发动机驱动德哈维兰公司的三叶可变螺距螺旋桨，安装了额外油箱和一个经过大幅修改的加长机鼻。到1939年3月时，皇家空军已有197架"布伦海姆"Mk IV在役，而且在第二次世界大战爆发的第二天，来自诺福克郡马勒姆的第107中队和第110中队的"布伦海姆"，执行了皇家空军的首次进攻任务，攻击了易北河河口的德国海军。这次任务没能成功，因为投下的炸弹很多没能爆炸，并且参战的10架飞机有一半被击落。

在挪威和法国之战中，"布伦海姆"明显表现出了自卫火力贫弱的缺点，无论

机型：轻型昼间轰炸机

机组：三人

动力单元：两台 686 千瓦（920 马力）布里斯托"水星"ⅩⅤ星形发动机

最高速度：在 3595 米高度（11795 英尺）上，428 千米 / 小时（266 英里 / 小时）

爬升速度：每分钟 457 米（1500 英尺）

实用升限：6705 米（22000 英尺）

最远航程：2340 千米（1460 英里）

翼展：17.70 米（58 英尺）

机翼面积：43.57 平方米（469 平方英尺）

长度：12.98 米（42 英尺 6 英寸）

高度：2.99 米（9 英尺 8 英寸）

重量：空重 4445 千克（9799 磅）；最大满载重量为 6537 千克（14411 磅）

武装：左侧机翼前缘安装一挺勃朗宁 7.7 毫米（0.303 英寸）机枪；机背炮塔两挺 7.7 毫米（0.303 英寸）机枪；机鼻下方舱底位置两挺向后方开火的 7.7 毫米（0.303 英寸）机枪；最大内部载弹量为 454 千克（1000 磅）

是以英国本土为基地攻击北海水面船只的"布伦海姆"中队，还是部署在法国的"布伦海姆"中队，都损失惨重。因此，"布伦海姆"的火力后来被增加到五挺机枪。1941 年，英国本土的大多数"布伦海姆"Mk Ⅳ已归驻扎东盎格鲁的第 2 联队，继续执行反船运巡逻任务（海峡封锁行动），并攻击法国和低地国家的目标。海峡封锁行动让"布伦海姆"中队付出了巨大代价，出击的所有飞机中有四分之一未能返航。尽管如此，"布伦海姆"还是出色地执行了一些低空袭击任务，尤其是对科隆附近的一处发电站发起的攻击。后来，道格拉斯"波士顿"和德哈维兰"蚊"式最终替代了第 2 联队的"布伦海姆"。"布伦海姆"Mk Ⅳ总共生产了 1930 架。从第 81架开始，它们都被命名为"布伦海姆 MK Ⅳ L"，其中"L"代表飞机使用了额外油箱后航程更远。

按照"B.6/40 规范"，布里斯托公司在英国制造了最后一个"布伦海姆"型号MK Ⅴ。罗茨证券有限公司生产的 942 架"布伦海姆"，大多是 VD 热带型。由于战损率极高，该型飞机不久被美国的"巴尔的摩"和"文图拉"取代。加拿大的费尔柴尔德公司为皇家加拿大空军生产了 676 架"布伦海姆"，将其依次命名为"博林布鲁克 Mk Ⅰ"至"博林布鲁克 Mk Ⅳ"。

布里斯托"英俊战士"（Bristol Beaufighter）

英国的"英俊战士"在机翼上安装了六挺7.7毫米（0.303英寸）机枪，但澳大利亚的 Mk XXI 型则是在每侧机翼安装两挺12.7毫米（0.5英寸）机枪，枪管稍微凸出。

飞行员坐在飞机的单座驾驶舱内，其面前是一具大型反射式瞄准具。驾驶舱前部的突出部内安装的是斯佩里公司的自动驾驶仪。飞行员身后的机身顶部的透明天线罩里有定向设备的环形天线。

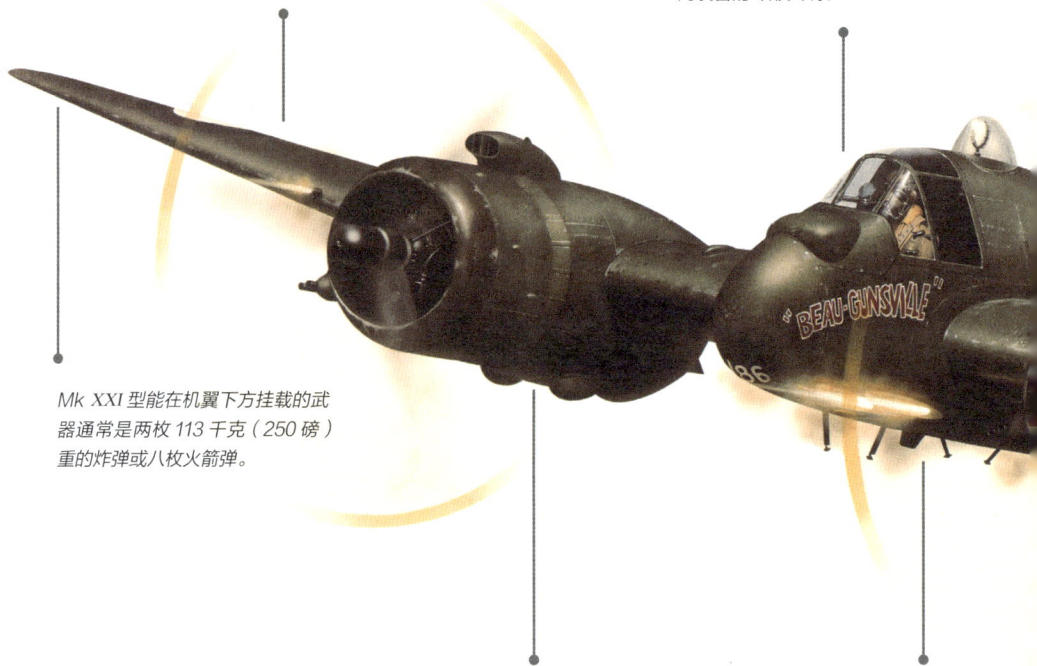

Mk XXI 型能在机翼下方挂载的武器通常是两枚113千克（250磅）重的炸弹或八枚火箭弹。

澳大利亚的 Mk XXI "英俊战士"使用两台布里斯托大力神 Mk XVII 14 缸星形发动机，每台可输出1295千瓦（1735马力）功率。该飞机的发动机锥套在飞行中会发出一种口哨声。日本人给"英俊战士"起了个外号叫"悄声死神"。

"英俊战士"的主要武器是安装在机身下部的四门20毫米（0.79英寸）机炮。该机炮从驾驶舱下面、飞行员的后方进行射击。

观察员 / 无线电员面朝后方，坐在机身后部的气泡座舱内。有些"英俊战士"会给观察员配备一挺机枪，以增强对付敌军飞机的火力。

该中队标识显示，这架飞机属于皇家澳大利亚空军第 22 中队。这一序列号表明，这架"英俊战士"Mk XXI 是由澳大利亚渔人湾工厂生产的。

早期的"英俊战士"安装的是一个平直的尾翼，但这引起了纵向稳定性的问题，后期型号的尾翼带有一个 12 度的上反角，从而解决了这一问题。

机翼上的大型进气口为油冷却器提供冷却空气。机身后部内的一条小艇，供飞机在水面上迫降后使用。

"英俊战士"只在左侧机翼上安装了大型着陆灯。大片的襟翼使"英俊战士"在低速时仍具有很好的操控性，也能使它在茂密的丛林地带作战。

1938 年 10 月，布里斯托飞机公司向皇家空军参谋处提交了一份双发夜间战斗机的草案，这种战斗机拥有强大的火力，同时装备机枪和机炮，还配有 AI 雷达。该飞机是基于刚刚首飞的"波佛特"鱼雷轰炸机设计的，起初也被称为"波佛特战士"。空军参谋处的反应是积极且迅速的，他们根据布里斯托公司的草案编写了"F.17/39 规范"，并订购了 300 架"英俊战士"，这是这架飞机后来的名字。1939年 7 月 17 日，首批四架原型机中的第一架（R2052）首飞，使用了两台布里斯托大力神 Ⅰ -SM（大力神Ⅲ的前身）发动机。到 1940 年年中，布里斯托公司拿到第二份生产 918 架"英俊战士"的合同。由于大力神发动机供应不足，所以当时生产了两个型号——使用大力神Ⅲ发动机的 Mk Ⅰ、使用罗尔斯 - 罗伊斯"梅林"发动机的 Mk Ⅱ。1940 年 7 月 26 日，"英俊战士Ⅰ"获准交付皇家空军，从 9 月份开始交付作战中队。由于 AI Mk Ⅳ雷达设备交付延迟，这导致了五个"英俊战士"中队（第 25、第 29、第 219、第 600 和第 604 中队）直到 1941 年春才投入作战。尽管初期存在这些问题，那些参战的"英俊战士"还是取得了一些战果。第一个在 AI 雷达协助下取得的战果是第 604 中队的约翰·坎宁安上尉与菲利普森中士在 1940 年 11 月 19 日晚至 20 日凌晨取得的，他们击落了一架容克斯 Ju-88。当五个"英俊战士"中队具备完整战斗力时，英格兰南部和东部海岸的六个 GCI（地面控制拦截）雷达站也投入使用，这极大地提升了这些中队的战斗效率。这些雷达站监视的范围很广，并且其控制人员能够引导战斗机进入离敌机 4.8 千米（3 英里）的范围内，此后飞机上的 AI Mk Ⅳ雷达将接替搜索。第一次地面控制拦截是由约翰·坎宁安在 1941 年 1 月 12 日执行的，但是没有成功，因为"英俊战士"的枪炮卡壳了。之后，在 1941 年 5 月 10 日德国空军最后一次大规模空袭伦敦时，GCI 引导"英俊战士"击落了 14 架德国轰炸机，这是自"闪电战"开始以来，德国空军单个夜晚损失最多的一次。1941 年到 1942 年，还有 13 个"英俊战士"中队承担了夜间保卫不列颠的任务，而且许多皇家空军夜间战斗飞行员是在驾驶双发重型战斗机时早早地取得了战果。Mk Ⅰ型总产量为 914 架，Mk Ⅱ总产量为 450 架。

1941 年 12 月，第 89 中队携带"英俊战士"Mk Ⅰ进驻埃及阿布苏耶基地。1941 年 5 月，第 46 中队开始在埃及伊德库改组为夜间战斗机单位，并在改组初期使用了一些第 89 中队的飞机。整个 1942 年，这两支部队担负起了夜间保护苏伊士运河区与沿海船运的任务，偶尔也向马耳他派出分遣队，并于 1943 年在希

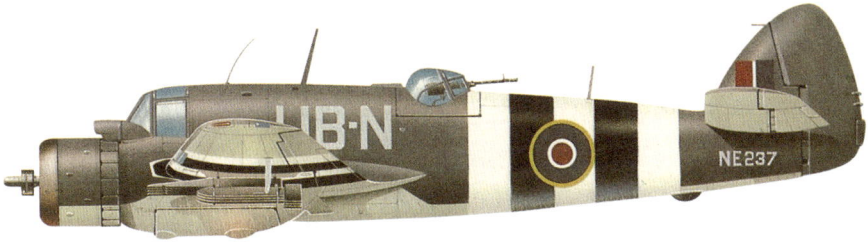

一架皇家澳大利亚空军第455中队的"英俊战士"TF MK X。该中队在成立时原先是作为第5轰炸机大队的一部分，后转隶皇家空军海防司令部，开始执行水面船只攻击任务。

机型：夜间战斗机（Mk Ⅰ、Ⅱ和Ⅵ型）；反舰攻击机（TF Mk Ⅹ）

机组： 两人（Mk Ⅰ、Ⅱ和Ⅵ型）；二至三人（TF Mk Ⅹ）

动力单元： 两台1220千瓦（1636马力）布里斯托大力神Ⅵ 14缸星形发动机（Mk Ⅵ）；两台1320千瓦（1770马力）大力神ⅩⅦ 14缸星形发动机（TF Mk Ⅹ）

最高速度： Mk Ⅵ，536千米/小时（333英里/小时）；TF Mk Ⅹ，512千米/小时（318英里/小时）

爬升速度： Mk Ⅵ，7分48秒至4570米（14996英尺）；TF Mk Ⅹ，3分30秒至1524米（5000英尺）

实用升限： Mk Ⅵ，8075米（26493英尺）；TF Mk Ⅹ，4572米（15000英尺）

一般航程： Mk Ⅴ，2382千米（1480英里）；TF Mk Ⅹ，2366千米（1470英里）

翼展： 17.63米（57英尺8英寸）

机翼面积： 46.73平方米（503平方英尺）

长度： 12.70米（41英尺6英寸）

高度： 4.82米（15英尺8英寸）

重量： Mk Ⅵ，空重6623千克（14600磅），最大满载重量为9798千克（21600磅）；TF Mk Ⅹ，空重7076千克（15600磅），最大满载重量为11431千克（25200磅）

武装： Mk Ⅵ，机身前部下方四门固定20毫米（0.79英寸）机炮，机翼前缘六挺7.7毫米（0.303英寸）机枪（左侧机翼两挺，右侧机翼四挺）；TF Mk Ⅹ，机身前部下方四门固定20毫米（0.79英寸）机炮，机背一挺向后方开火的可转动7.7毫米（0.303英寸）机枪，挂载一枚748千克（1649磅）或965千克（2127磅）鱼雷、两枚227千克（500磅）重的炸弹、八枚76.2毫米（3英寸）火箭

腊和西西里岛上空执行夜间入侵任务。1943年10月，第89中队离开埃及前往斯里兰卡，而第46中队继续在地中海东部执行防空任务。与此同时，在1942年12月，皇家空军的另一个"英俊战士"中队——第153中队抵达北非。该中队驻扎于阿尔及利亚的"白宫"机场，任务是在1942年11月盟军登陆北非（"火炬"行动）后保护北非港口。1943年3月，此前已在北非多地执行过夜间轰炸任务的第108中队，在埃及申杜尔改组为夜间战斗机单位，使用"英俊战士"Mk Ⅵ（安装

大力神Ⅵ发动机）。在6月转移至马耳他之前，该中队负责在埃及和利比亚上空执行夜间巡逻。1943年年初，四个美国陆军航空队夜间战斗机单位，即第414、第415、第416和第417战斗机中队抵达北非。这些单位的空勤人员已在英国皇家空军中接受过训练。这四个中队是美国第12航空队仅有的夜间战斗机单位，他们全部装备了"英俊战士"ⅥF，随后转移至西西里和意大利本土。

一架"英俊战士"TF Mk X 及其机组。从1944年到第二次世界大战结束前，"英俊战士"是英国最重要的反舰飞机，在此期间它沉重打击了敌军船队。

"英俊战士"Mk Ⅰ C 是为皇家空军海防司令部设计的一款远程战斗机，共生产了 300 架。起初，这些飞机只被位于马耳他和北非的第 252 中队和第 272 中队使用，它们在攻击敌军船只方面十分成功，并经过使用单位改装，可在机身下方挂载两枚 113 千克（250 磅）或 227 千克（500 磅）重的炸弹。在西部沙漠地区的对地攻击任务中，这些飞机也同样出色。这些飞机之后被 MK Ⅵ型取代（Mk Ⅲ型、Ⅳ型和Ⅴ型都是试验型飞机），皇家空军战斗机司令部的 Mk Ⅵ被命名为 "MkⅥ F"（共 879 架），海防司令部的则被称为 "Mk Ⅵ C"（693 架）。生产线上的 Mk Ⅵ有 60 架被改装成临时鱼雷战斗机，但海防司令部的两个新型号不久后就出现了，即 TF Mk Ⅹ鱼雷轰炸机和 Mk ⅪC。两者都安装了 1320 千瓦（1770 马力）大力神ⅩⅦ发动机，以及一个安装一挺向后发射的 7.7 毫米（0.303 英寸）机枪的机背炮塔。TF Mk Ⅹ是英国从 1944 年到第二次世界大战结束前最重要的反舰飞机，总共生产了 2205 架，其中的 163 架是按照 Mk ⅪC 的标准建成的。澳大利亚同样生产了 "英俊战士"TF Mk Ⅹ，皇家澳大利亚空军在西南太平洋使用这些飞机时获得了很好的效果。英国生产的各型 "英俊战士"共计 5562 架。

德哈维兰"蚊"式（De Havilland Mosquito）

PR.34"蚊"式的座舱为并列双座式，飞行员的位置在左侧。两个座椅的后面都带有装甲，座舱两侧向外凸出以便观察后方。导航员的位置上方有个半圆形观测窗，以便导航员获得六分仪读数。

PR.34A 的有机玻璃机鼻保留了"蚊"式轰炸机型号的光学平板玻璃面板，而在机鼻内，摄像机瞄准具取代了轰炸瞄准具。

这架飞机安装了五台摄像机。机腹油箱前方安装了两台腹部 F.52 摄像机，它们身后有一台斜角 F.24 摄像机。另外两台垂直摄像机安装在飞机尾部的位置。

PR.34A 安装了两台罗尔斯－罗伊斯"梅林"两级涡轮增压活塞发动机。右翼上安装的是"梅林"113，左翼上的是"梅林"114。两台发动机下方的进气口都是冷却化油器的。油冷却器和散热器冷却液所需的空气则通过翼根处的进气口获得。

"蚊"式的木质机身能携带大量燃油，可支持 PR.34A 执行远程侦察任务。这架飞机涂上了第二次世界大战后的标准侦察配色方案，机身上部为中海灰，机身下方为天蓝色（或空中优势蓝）。

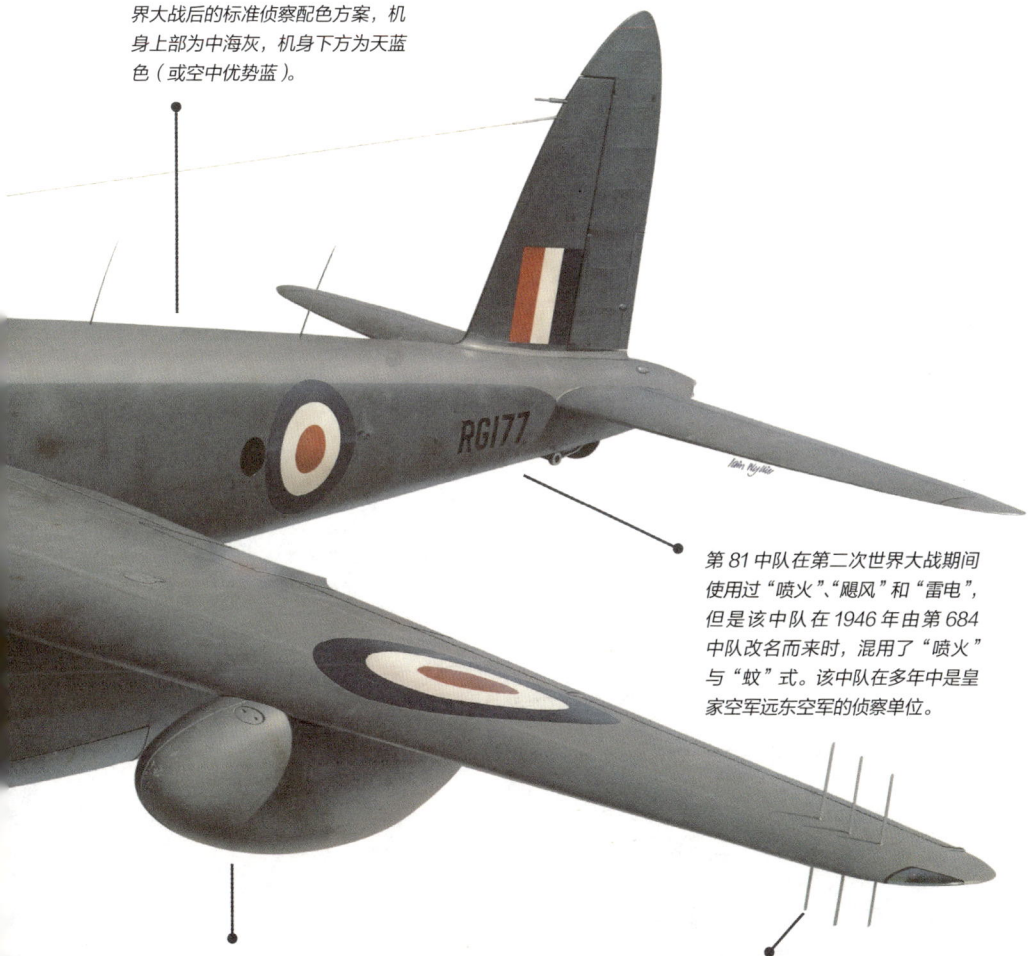

第 81 中队在第二次世界大战期间使用过"喷火"、"飓风"和"雷电"，但是该中队在 1946 年由第 684 中队改名而来时，混用了"喷火"与"蚊"式。该中队在多年中是皇家空军远东空军的侦察单位。

PR.34A 安装了两个容积为 1820 升（400 加仑）的大型副油箱，但是副油箱大幅增加了阻力，因此极少在作战中使用。

翼尖的天线是 IFF（敌我识别器）的发射器/接收器。早期型的"蚊"式在相同的翼尖位置处安装的是对空拦截雷达的天线。

德哈维兰 DH.98"蚊"式毫无疑问是第二次世界大战几款用途最多与最成功的战机之一。在全球各个角落，它扮演了昼间和夜间战斗机、战斗轰炸机、高空轰炸机、领航机、反舰攻击机、侦察机和教练机等多种角色。一开始，它只是德哈维兰公司在1938年启动的一个自研项目，其设计者采用了全木质结构的方案，这不仅可以以相对轻的重量制造一架高速飞机，还能在战时缓解战略金属短缺的压力。这一飞机还使用了两台"梅林"发动机。英国官方一开始对"蚊"式并没有兴趣，直到1940年3月英国空军部发布了"B.1/40规范"，要求制造三架原型机和初始生产批次为50架的飞机。第一架原型机仍使用制造商的序列号"E0234"（在两次飞行后改为"W4050"），按照轰炸机的布局制造完成；序列号为"W4051"的第二架原型

第13作战训练单位的"蚊"式在白天起飞之前排成整齐的队形。第二次世界大战后，第13作战训练单位依然保留了"蚊"式，直到1947年5月被并入第54作战训练单位。

第571中队的一架"蚊 Mk ⅩⅥ"。该单位成立于1944年4月,属于轻型夜间打击部队的一部分,一直使用"蚊"式直到1945年9月部队解散。大部分时间,该部队的"蚊"式携带一枚1812千克(4000磅)重的炸弹。

机则制造成一架照相侦察机,并在1941年6月10日首飞;第三架原型机"W4052"是一架夜间战斗机,于1941年5月15日首飞,比第二架的首飞时间早了几个星期。

初期生产批次的50架"蚊"式,包含了九架PR Mk Ⅰ和10架B Mk Ⅳ。后者是最终的轻型轰炸机版本。PR"蚊"式是首个投入服役的型号,于1941年9月配发给驻皇家空军牛津郡本森基地的第1照相侦察中队,并在当月20日首次执行任务。1942年5月,第一批"蚊"B Ⅳ轰炸机被配属给驻诺福克郡马勒姆的第105中队,并在当月31日首次出击。五架"蚊"式对前一天晚上遭受了千机大轰炸的科隆拍了照,还扔了几颗炸弹。其中的一架"蚊"式被高射炮击中并坠毁在北海。"蚊"B Ⅳ型最终装备了12个中队,总产量273架。

"蚊"式夜间战斗机原型机在"实心"机鼻里安装了AI Mk Ⅵ雷达,拥有强大的火力,安装了四门20毫米(0.79英寸)机炮和四挺机枪。1941年12月13日,首个"蚊"式夜间战斗中队第157中队在埃塞克斯郡德布登基地成立。1942年1月26日,该中队首架带有两套操控系统的"蚊"式Mk Ⅱ飞机,抵达德布登基地位于坎普堡的卫星机场。17架Mk Ⅱ型被交给第157中队机务部门以加装AI Mk Ⅴ雷达。到1942年4月中旬时,第157中队已有19架夜间战斗机Mk Ⅱ,其中的三架没有雷达。同时期,驻威特灵的第151中队也开始换装夜间战斗机Mk Ⅱ,到4月底已有16架。"蚊"式夜间战斗机Mk Ⅱ型最终装备了17个中队,总产量466架。后来,总共有97架Mk Ⅱ型被改装为夜间战斗机Mk ⅩⅡ标准型，并安装了AI Mk Ⅷ雷达及厘米波雷达，之后是皇家空军获得的270架夜间战斗机Mk ⅩⅢ型，这是与Mk ⅩⅡ型对应的型号。这些及之后的夜间战斗机型"蚊"式只保留了20毫米（0.79英寸）机炮。其他的夜间战斗机专用型"蚊"式包括Mk ⅩⅤ、ⅩⅦ和Mk ⅩⅨ型，其中的100架由Mk Ⅱ型改装而来。另外，Mk ⅩⅨ型和Mk ⅩⅦ型都装备了美国制造的AI Mk Ⅹ雷达。

"蚊"式夜间战斗机Mk Ⅱ型为研发"蚊"式的主要型号FB.Mk Ⅵ战斗轰炸机型奠定了基础，后者在第二次世界大战期间及之后共生产了2718架。第一架Mk Ⅵ是由一架Mk Ⅱ（序列号"HJ662"）改装而来，于1943年2月首飞。Mk Ⅵ保留了夜间战斗机Mk Ⅱ型的枪炮配置，能够在弹舱后部挂载两枚113千克或227千克（250磅或500磅）重的炸弹，并可在机翼外侧下方挂载额外的炸弹或副油箱。1943年春末，序列号为"HJ719"的Mk Ⅵ型进行了火箭弹发射试验，并取得了圆满成功。因此，皇家空军海防司令部为其打击大队装备了可在每侧机翼挂载八枚27千克（60磅）火箭弹的"蚊"式Mk Ⅵ型。

机型：战斗－轰炸机（FB. Mk Ⅵ）

机组：两人
动力单元：两台1104千瓦（1480马力）罗尔斯-罗伊斯"梅林"21或23 12缸Ⅴ型发动机
最高速度：595千米/小时（370英里/小时）
爬升速度：6分钟45秒至4570米（15000英尺）
实用升限：10515米（34500英尺）
最远航程：2744千米（1705英里）
翼展：16.51米（54英尺2英寸）
机翼面积：40.41平方米（435平方英尺）

长度：13.08米（42英尺9英寸）
高度：5.31米（17英尺4英寸）
重量：空重6429千克（14173磅）；最大满载重量为9072千克（20000磅）
武装：四门20毫米（0.79英寸）固定前射机炮；机鼻四挺7.7毫米（0.303英寸）固定前射机枪；内部及外部最多可挂载907千克（2000磅）重的炸弹、火箭弹或可抛式副油箱

"蚊"式MK Ⅵ型于1943年春开始在第418中队服役，之后被陆续装备到第2联队的多个中队，取代了原先的洛克希德"复仇者"等飞机。在第二次世界大战的最后一年，这些中队实施了一些低空精确轰炸，包括1944年2月突袭亚眠监狱、轰炸"盖世太保"在挪威和低地国家的总部。

"蚊"式FB.Mk ⅩⅧ型（总产量27架）能携带八枚火箭弹和两枚227千克（500

在出击德国之前，军械官正在为一架"蚊"式装载炸弹。"蚊"式是有史以来人类生产的几款用途最广的飞机之一，尽管部署在远东地区时，高温潮湿的气候导致其木制结构出现过一些问题。

磅）重的炸弹，并在机鼻处安装了一门57毫米（2.2英寸）机炮。这一型号又被叫作"采采蝇"，只装备了第248中队和第254中队。"蚊"式第一个高空轰炸机型号是B IX型，其后是387架带有加压座舱的B X VI型。这之后是直到战争结束也未能投入实战的B35型。

"蚊"式对应的照相侦察机的型号包括PR IX型、X VI型和34型。最后一个夜间战斗机型是NF30型，该型安装了改进后的"梅林"发动机。加拿大生产的1134架"蚊"式，其中包括Mk X X型和25型轰炸机，Mk 26型战斗轰炸机，以及Mk 22型和Mk 27型教练机，使用的是帕卡德许可生产的"梅林"发动机。"蚊"式的总产量为7781架，其中有6710架是在第二次世界大战期间生产的。

费尔利"剑鱼"（Fairey Swordfish）

"剑鱼"Mk Ⅱ，使用的是一台布里斯托"飞马30"星形活塞式发动机。

"剑鱼"的飞行员和其余的机组成员一样，都是在开放式座舱里作业。一根表尺安装在机翼下方，用于飞机在攻击船只时对鱼雷进行校准。

这架 Mk Ⅱ 型携带了一枚标准的457毫米（18英寸）鱼雷，但水雷、火箭或炸弹也是皇家海军航空兵可选的武器。

"剑鱼"的固定式起落架是其相对较早的服役时间的证明。首架"剑鱼"在1936年服役。尽管看起来丑陋笨拙，绰号"网兜"的"剑鱼"在总产量上却超过了原定的继任者费尔利"长鳍金枪鱼"。

尽管这架飞机没有中队标识，使用的却是1940—1941年的配色方案。在此期间，"剑鱼"参加了著名的突袭塔兰托之战。

图中，尾部机枪手配备的一挺 7.7
毫米（0.303 英寸）刘易斯机枪
处于收纳位置。飞行员可使用一
挺固定安装于座舱右侧的维克斯
机枪。

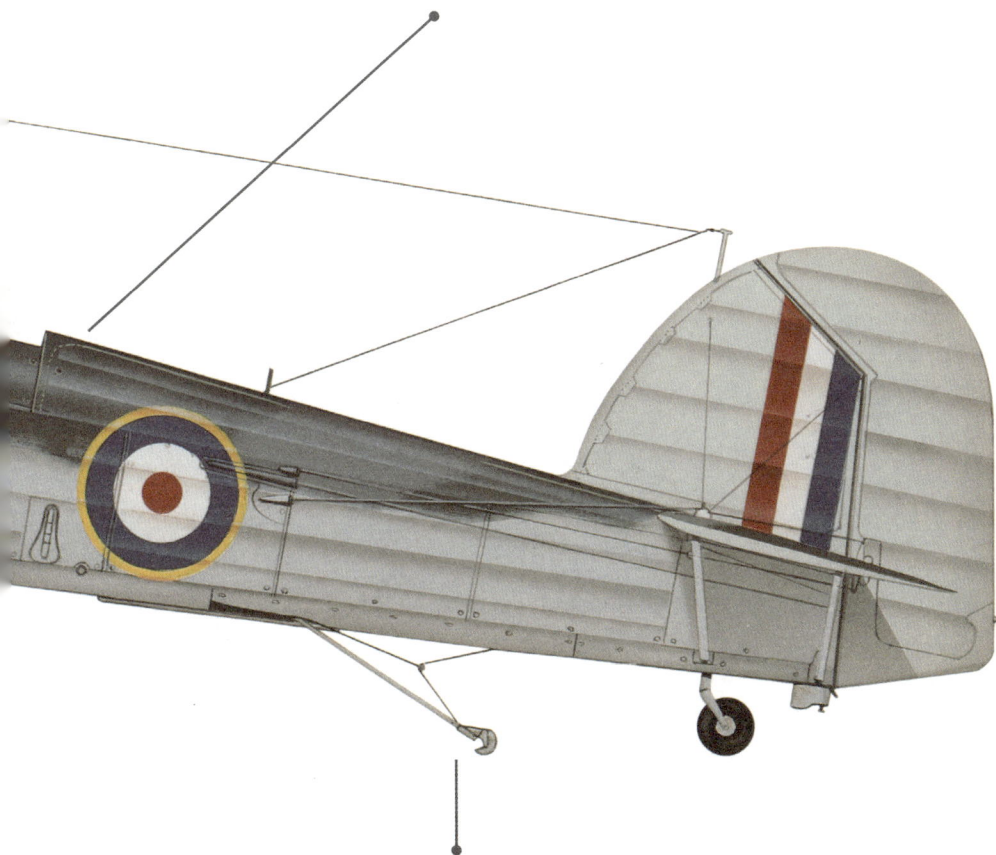

对于舰载机来说，着舰钩是一个重
要的部件。"剑鱼"的机翼为铰接
式的，可向后折回机身，以便在航
母上减小单架飞机占用的空间。

197

　　费尔利"剑鱼",绰号"网兜"。打从它的设计理念一出现,它就一直在彰显不合时宜——对于自 20 世纪 30 年代起就流行流线型的航空界来说,一架缓慢的、笨拙的双翼飞机似已无一席之地。实际上,"剑鱼"对于其预定任务来说是设计合理的,其粗壮的结构使之适合在航母上作业。第二次世界大战期间,从北大西洋到印度洋,"剑鱼"都发挥了极重要的作用,并作为皇家海军航空兵的"拳头"成为一代传奇。

　　"剑鱼"发端于费尔利航空公司的自研项目 TSR Ⅰ,但其原型机已在 1933 年 9 月的一次事故中损失。费尔利航空公司的设计团队并未气馁,又设计了一架更大

尽管外形看起来有点过时，费尔利"剑鱼"却出色地完成了其接到的各种任务，从一般侦察到鱼雷攻击都能应付。值得一提的是，其后期型号还能携带 ASV 雷达。

型的 TSR Ⅱ [意为：鱼雷（T）- 观测（S）- 侦察（R）Ⅱ型]。其首架原型机 K4190 在 1934 年 4 月 17 日首飞，并在 1935 年 4 月被正式命名为"'剑鱼'Mk Ⅰ型"。该型飞机获得了生产 86 架的订单。"剑鱼"在 1936 年 7 月服役，装备于皇家海军航空兵第 825 中队。"剑鱼"的生产型是按照"S.38/34 规范"制造的，该型飞机具有稍微后掠的上机翼，采用全金属结构加织物蒙皮，使用一台布里斯托"飞马Ⅲ"M3 发动机。"剑鱼"Mk Ⅰ型被设计为可在机身下方携带一枚 730 千克（1610 磅）鱼雷，但也可在同样位置携带一颗水雷，或者在机身和下机翼下方挂载同等重量的炸弹。

到第二次世界大战爆发时，皇家海军航空兵获得或订购的"剑鱼"已有689架。13个中队装备了"剑鱼"，并且在第二次世界大战期间，另外12个"剑鱼"中队也组建了起来。"剑鱼"的早期作战任务包括舰队护航和保护商船队，其第一次进攻任务发生在1940年4月至6月的挪威战役期间。不过，"剑鱼"是在地中海战区中才真正证明了自己的价值。1940年7月3—4日，在对凯比尔港中的法国舰队发动的悲剧但又必需的攻击中，来自"皇家橡树"号航空母舰的"剑鱼"重创了法国旗舰"敦刻尔克"号。第二天，从埃及陆地基地起飞的"剑鱼"攻击了托布鲁克港中的六艘轴心国船只，击沉了一艘意大利驱逐舰，重创另一艘意大利驱逐舰，还击沉了一艘大型货轮，并重创运兵船"利古里亚"号。

在接下来的数月中，"剑鱼"对意大利船只发动了猛烈攻击，这场战斗于1940年11月11日夜间达到高潮。这天，21架来自皇家海军"光辉"号航空母舰上的第815中队和第819中队的"剑鱼"，攻击了塔兰托港中的意大利舰队。在参战的"剑鱼"中，12架携带了鱼雷，其余的携带了用于点亮目标的照明弹和用于攻击岸上燃油设施的炸弹。这次攻击取得的战果空前——意大利战列舰"加富尔伯爵号"严重受损，再也无法对盟军造成威胁；其姊妹舰"盖乌斯·杜利乌斯"号被迫冲滩，失去战斗力六个月；而"利托里奥"号也瘫痪了四个月。在地中海之战的关键时期，意大利战列舰舰队仅因一次袭击就从六艘减少到三艘，而英国人仅损失了两架"剑鱼"。航空母舰在此战中第一次真正证明了自己是一种灵活机动的海上力量，而日本海军上将山本五十六也受此启发，在一年多之后策划用航空母舰袭击珍珠港。

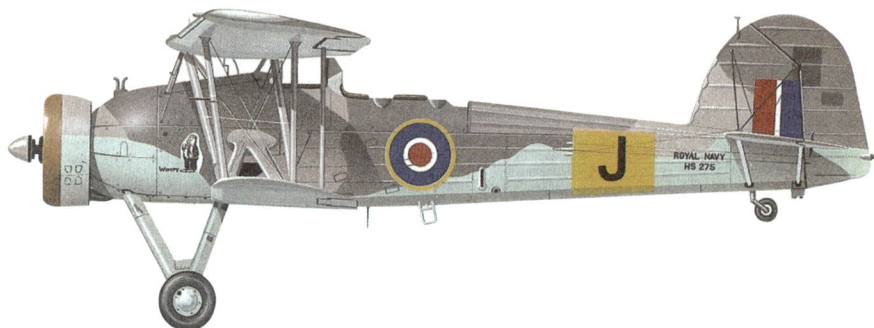

图中所示为"剑鱼"Mk Ⅱ，由布莱克本公司生产。这架飞机的下机翼经过加强，用金属蒙皮替换了织物蒙皮，这一特性使得飞机最多可以携带八枚空对面火箭。

"剑鱼"还参加了其他著名战斗，例如参加了 1941 年 3 月的马塔潘角战役，接着在 5 月瘫痪了德国的"俾斯麦"号战列舰，还在 1942 年 2 月的"海峡冲刺"行动中大胆地攻击了德国的"沙恩霍斯特"号、"格奈森瑙"号和"欧根亲王"号。在"海峡冲刺"行动中，第 825 中队参战的六架"剑鱼"被全部击落，其指挥官尤金·埃斯蒙德少校被追授维多利亚十字勋章。

　　1943 年，"剑鱼"MK Ⅱ 型问世，其下机翼采用了金属蒙皮，因此可携带火箭弹。在第二次世界大战即将结束前，携带火箭弹的"剑鱼"对北海的德国小型船只发动了多次攻击。"剑鱼"在攻击德国潜艇时也获得了一些战绩，例如：1942 年 11 月 21 日，从航母起飞的"剑鱼"在北大西洋进攻并击沉了 U-517 号潜艇；1943 年 5 月 23 日，来自护航航母"弓箭手"号的第 819 中队的"剑鱼"，用火箭弹进攻并击沉了 U-752 号潜艇。

　　"剑鱼"Mk Ⅱ 的后期型换装了 611 千瓦（820 马力）"飞马 X X X"发动机。Mk Ⅲ 型也使用了同一发动机，这一型号飞机在主起落架腿间安装了一部 ASV 雷达。"剑鱼"的这三个型号后来都被改装成 Mk Ⅳ 型，在皇家加拿大空军服役。许多 Mk Ⅰ 型被改装成双浮筒海上飞机，装备在带弹射器的军舰上。1944 年 8 月 18 日，"剑鱼"停产，此时其总产量已达 2391 架。其中，692 架由费尔利航空公司生产，另外 1699 架则由布莱克本公司生产。

　　直到第二次世界大战在欧洲战场结束的当天，"剑鱼"仍参加了战斗，但也是从这时候开始，它就迅速退役了。1945 年 5 月 21 日，最后一个"剑鱼"中队解散，此时距离德国投降刚过去两个星期。

机型：鱼雷／反潜／侦察机

机组：三人
动力单元：一台 611 千瓦（820 马力）"飞马 X X X"星形发动机
最高速度：222 千米／小时（138 英里／小时）
爬升速度：每分钟 372 米（1220 英尺）
实用升限：5867 米（19248 英尺）
最远航程：879 千米（546 英里）
翼展：12.97 米（42 英尺 5 英寸）
机翼面积：56.39 平方米（607 平方英尺）

长度：10.87 米（35 英尺 7 英寸）
高度：3.76 米（12 英尺 3 英寸）
重量：空重 2132 千克（4700 磅）；最大满载重量为 3406 千克（7508 磅）
武装：一挺固定前射 7.7 毫米（0.303 英寸）机枪；尾部座舱一挺可转动 7.7 毫米（0.303 英寸）机枪；攻势挂载为一枚 457 毫米（18 英寸）鱼雷或八枚 27.2 千克（60 磅）火箭弹。

汉德利·佩吉"哈利法克斯"（Handley Page Halifax）

"哈利法克斯"拥有七名机组成员。飞行员和其身后的飞行工程师位于驾驶舱内。投弹手／机枪手位于机鼻处，身后是导航员／无线电员。机身中上部炮塔和尾部炮塔各有一名机枪手。

机鼻机枪手仅有一挺备弹 300 发的维克斯 7.7 毫米（0.303 英寸）机枪来保护自己。由于这是一架加拿大"哈利法克斯"，其机鼻上有涂鸦，每个机组成员的"外号"也涂在各自位置对应的机身上。从机鼻上还可以看到飞机的出击次数统计。

"哈利法克斯 B" Mk Ⅶ型与 B Mk Ⅲ型一样使用了布里斯托大力神 X Ⅵ 14 缸星形发动机。它们驱动飞机的恒速螺旋桨，在飞机起飞时，每台发动机可输出 1204 千瓦（1615 马力）的功率。

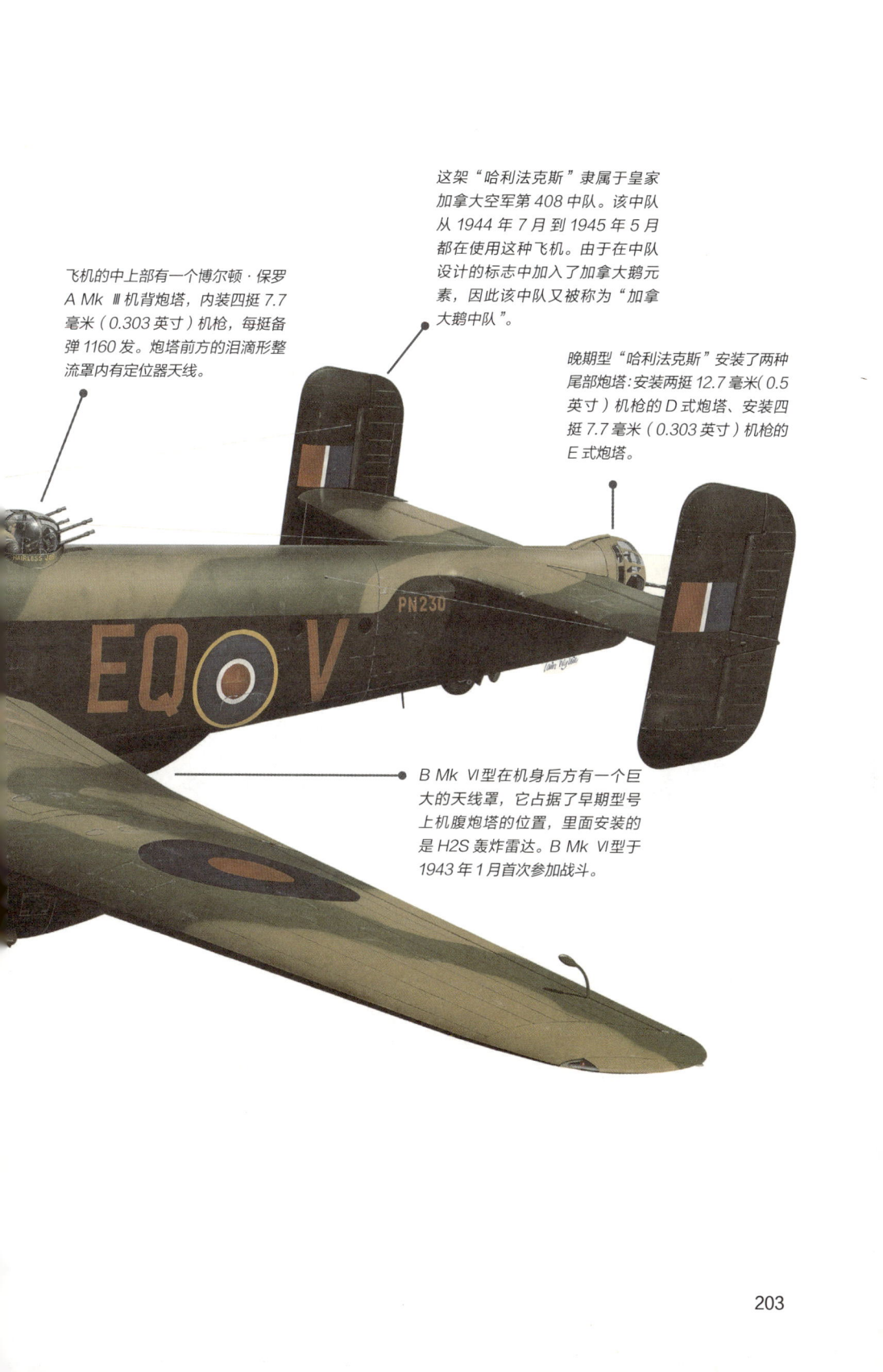

飞机的中上部有一个博尔顿·保罗 A Mk Ⅲ机背炮塔，内装四挺 7.7 毫米（0.303 英寸）机枪，每挺备弹 1160 发。炮塔前方的泪滴形整流罩内有定位器天线。

这架"哈利法克斯"隶属于皇家加拿大空军第 408 中队。该中队从 1944 年 7 月到 1945 年 5 月都在使用这种飞机。由于在中队设计的标志中加入了加拿大鹅元素，因此该中队又被称为"加拿大鹅中队"。

晚期型"哈利法克斯"安装了两种尾部炮塔：安装两挺 12.7 毫米（0.5 英寸）机枪的 D 式炮塔、安装四挺 7.7 毫米（0.303 英寸）机枪的 E 式炮塔。

B Mk Ⅵ型在机身后方有一个巨大的天线罩，它占据了早期型号上机腹炮塔的位置，里面安装的是 H2S 轰炸雷达。B Mk Ⅵ型于 1943 年 1 月首次参加战斗。

作为第二次世界大战中著名的轰炸机之一，"哈利法克斯"源于英国空军部发布的"P.13/36规范"，该规范要求设计一款全金属、中单翼、使用两台尚在研发中的24缸罗尔斯-罗伊斯"秃鹰"发动机的轰炸机。此前，英国空军部否决了一项按照"B.1/35规范"使用两台罗尔斯-罗伊斯"梅林"发动机的飞机设计，但是此时一个模型已经制造完成。1937年4月，英国空军部订购了两架使用"秃鹰"发动机的原型机，之后将其命名为"P.56"。然而，"秃鹰"发动机在皇家空军紧迫的军备重整计划中十分重要，英国空军部担心无法获得足够的发动机，于是在1937年9月改为订购两架使用"梅林"发动机的原型机。该原型机被更名为"HP.57"，其基本设计并未改变，只是稍微加长了机身，加大了翼展，最大起飞重量也从11914千克（26265磅）增加到18120千克（39947磅）。实际上，尽管24915千克（54927磅）的满载重量大大超过了预期，但相对于飞机的体型和动力来说，这还不算太重。

HP.57的原型机L7244（直到1940年9月12日才获得"哈利法克斯"的名字）于1939年10月25日首飞，第二架原型机在当年8月份完成制造。1940年11月，

一架皇家加拿大空军第466中队的汉德利·佩吉"哈利法克斯"Mk III型。图中机尾上的标志表示，这架飞机携带了G H设备，能够担任领队轰炸机，负责对目标进行标记。

机型：重型轰炸机／运输机／海上巡逻机（"哈利法克斯"III）

机组： 七人

动力单元： 四台1204千瓦（1615马力）布里斯托大力神VI或XVI 14缸双排星形发动机

最高速度： 454千米／小时（282英里／小时）

爬升速度： 37分钟30秒至6095米（20000英尺）

实用升限： 7315米（24000英尺）

最远航程： 载弹3175千克（7000磅）时，3194千米（1985英里）

翼展： 30.07米（98英尺6英寸）

机翼面积： 118.45平方米（1275平方英尺）

长度： 21.82米（71英尺6英寸）

高度： 6.32米（20英尺7英寸）

重量： 空重17690千克（39000磅）；最大满载重量为30845千克（68000磅）

武装： 机鼻一挺7.7毫米（0.303英寸）机枪；机背及尾部炮塔各四挺7.7毫米（0.303英寸）机枪；内部最大载弹量为6577千克（14500磅）

皇家空军从飞机制造部借来的L7244,飞往约克郡的利明基地,用于第35中队的训练,该中队后来成了轰炸机司令部的首个"哈利法克斯"Mk Ⅰ型中队。12月,第35中队转移到约克郡附近的林顿基地。1941年10日晚至11日凌晨,六架"哈利法克斯"从该基地出发,进行了首次实战。行动中,一架"哈利法克斯"被击落,另一架在返航途中被皇家空军的夜间战斗机误击坠落。

"哈利法克斯"的早期生产型被称为"Mk Ⅰ系列Ⅰ",之后是总重量有所增加的"Mk Ⅰ系列Ⅱ",然后是增大油箱容量的"Mk Ⅰ系列Ⅲ"。"哈利法克斯"的第一个主要量产型号"Mk Ⅱ系列Ⅰ",加装了一个有两挺机枪的机背炮塔,换用动力更强的1037千瓦(1390马力)"梅林"ⅩⅩ发动机。"Mk Ⅱ系列Ⅰ(特别型)"在机鼻炮塔上加装了整流罩,去掉了发动机排气管消音器。"Mk Ⅱ系列ⅠA"是首个引入有机玻璃减阻机鼻——这成了后续所有型号的特征——的型号,该型飞机还改用了有四挺机枪的机背炮塔和"梅林"22发动机。由于原先的尾翼布局导致操纵困难,"Mk Ⅱ系列ⅠA"还把垂直尾翼换成大型长方形垂直翼面。用道蒂起落架取代梅西埃起落架的"Mk Ⅱ系列Ⅰ(特别型)"和"Mk Ⅱ系列ⅠA",其各自的衍生型分别被称为"Mk Ⅴ系列Ⅰ(特别型)"和"Mk Ⅴ系列ⅠA"。在整个1941年中,"哈利法克斯"的产量快速上升,除汉德利·佩吉公司外,参与生产的还包括英国电气公司(2145架)、罗茨公司(1070架)、费尔利航空公司(661架)和伦敦飞机制造集团(710架)。随着对基本设计的不断修改,"哈利法克斯"变得越来越重,其动力也开始不足。于是在1943年,Mk Ⅲ型用四台1204千瓦(1615马力)的布里斯托大力神ⅩⅥ星形发动机代替了"梅林"发动机。不过,皇家空军的特别任务中队的"哈利法克斯"仍然使用的是"梅林"发动机,因为这些飞机主要在欧洲的德占区上空向抵抗组织空投特工与补给,它们要比Mk Ⅲ型行驶得更远。不过,Mk Ⅲ型在经过改进后极大提升了飞行特性,并因此一直在一线作战,直到第二次世界大战结束。

"哈利法克斯"Mk Ⅳ型只是一个项目,没有投产。其后投入作战的发展型包括Mk Ⅵ和Mk Ⅶ,前者使用的是1249千瓦(1675马力)大力神100发动机,后者沿用了Mk Ⅲ的大力神ⅩⅥ发动机。这两款飞机都是"哈利法克斯"最终的轰炸机型号,产量相对较低。一些"哈利法克斯"Ⅲ型、Ⅴ型和Ⅶ型被改装为伞兵运输机和滑翔机牵引机。实际上,"哈利法克斯"是唯一能拖曳大型的、运载重型车辆的"哈米尔卡"滑翔机的飞机。"哈利法克斯"Mk Ⅷ是一款第二次世界大战已近尾声时投入服役的运输机，它去掉了武装并在原来机枪的位置上安装了整流罩，并可在机身下方安装一个可拆卸的、可装载 3624 千克（8000 磅）货物的货筐。"哈利法克斯"的最后一个型号 Mk Ⅸ，是在战后生产的另一型运输机。皇家空军海防司令部也使用了多个型号的"哈利法克斯"，例如远程海上巡逻机，作为"解放者"和"空中堡垒"等超远程巡逻机的补充。

尽管风头不如"兰开斯特","哈利法克斯"被证明是一种用途更广的飞机,它能胜任多种角色,包括作为电子战飞机。"哈利法克斯"的总产量为6176架,包括2050架Mk Ⅰ型和Mk Ⅱ型、2060架Mk Ⅲ型、916架Mk Ⅴ型、480架Mk Ⅵ型、395架Mk Ⅶ型、100架Mk Ⅷ型,以及余下的Mk Ⅸ型。第二次世界大战期间,"哈利法克斯"总共飞行了75532架次,共投下231263吨炸弹。

一架第35中队的"哈利法克斯"Mk Ⅰ。该中队起初驻扎在约克郡的利明基地,是首个装备"哈利法克斯"的单位,其早期任务是攻击位于法国大西洋沿岸港口的德国主力舰只。

霍克"飓风"（Hawker Hurricane）

"飓风"Mk Ⅱ型使用一台带两级增压的罗尔斯－罗伊斯"梅林"ⅩⅩ发动机，因此其机鼻比 Mk Ⅰ型的稍长。发动机向后布置的排气管也能增加一点推力。

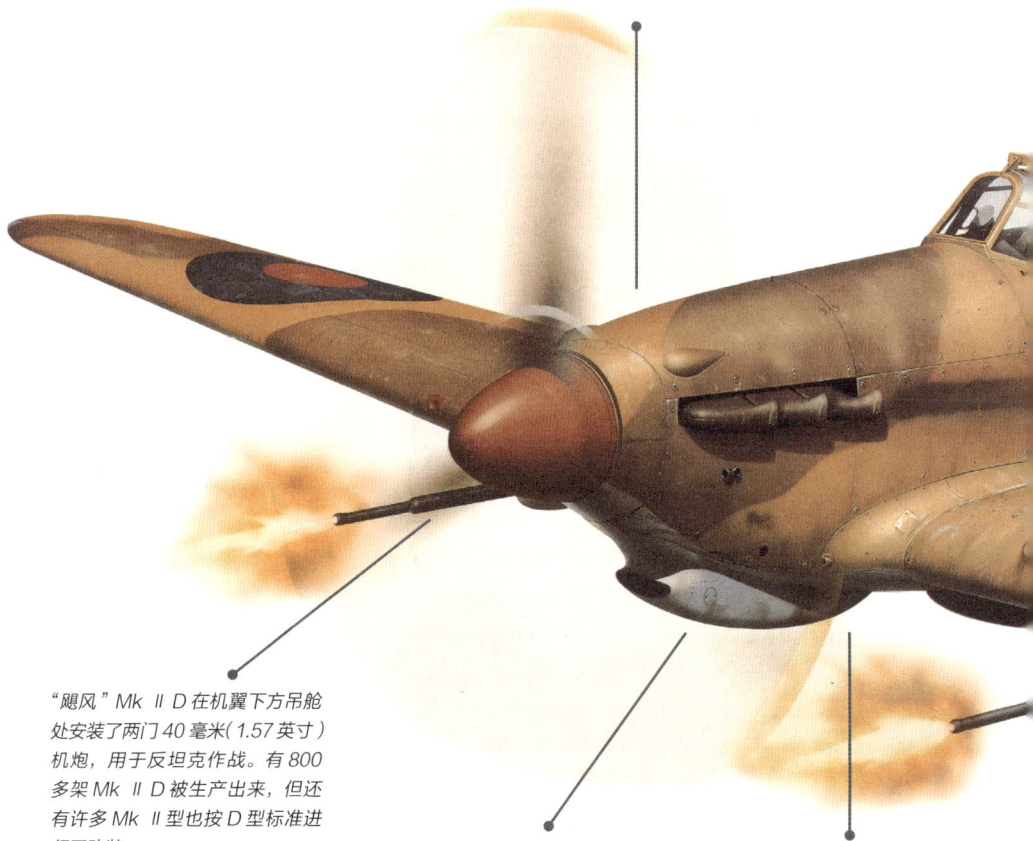

"飓风"Mk ⅡD 在机翼下方吊舱处安装了两门40毫米（1.57英寸）机炮，用于反坦克作战。有800多架 Mk ⅡD 被生产出来，但还有许多 Mk Ⅱ型也按 D 型标准进行了改装。

在沙漠地区飞行，飞机需要一定程度的改装，如图中飞机颚部突出的进气口就是改装后的结果。一具沃克斯空气过滤器将为发动机提供干净的空气，但是即便如此，发动机的性能也下降了近8%。

飞机机身中段下方的大型散热器是为发动机的机油和冷却液提供散热的。

飞行员由一块其身后全覆盖的装甲板提供保护。平板式风挡同样具有防弹功能。驾驶舱框架顶部还有一面用于观察后方的镜子。

在早期的盘旋测试中，"飓风"出现轻微不稳，因此飞机尾轮的前后方各安装了一块腹鳍。

HV663

这架飞机属于 1942—1943 年部署在北非的第 6 中队。这是首个装备 MK Ⅱ D 的单位，他们参加了阿拉曼战役。

Mk Ⅱ D 型保留了机翼上的一对勃朗宁 7.7 毫米（0.303 英寸）机枪，每侧各一挺。图中，机枪枪口被胶带封上，以防在开火之前有异物进入枪管。

为了融入环境，这架"飓风"Mk Ⅱ D 型采用了沙漠涂装，一种双沙色加褐色的迷彩。

霍克"飓风"是英国第一架新一代单翼战斗机，使用罗尔斯-罗伊斯"梅林"发动机，配备八挺柯尔特-勃朗宁7.7毫米（0.303英寸）机枪。"飓风"的首架原型机（K5083）在1935年11月6日首飞，它源自霍克公司的"狂怒"双翼战斗机（因此"飓风"在早期被称为"狂怒"单翼机），是应英国空军部"F.36/34规范"的要求，由西德尼·卡姆领衔设计的。它使用一台738千瓦（990马力）"梅林C"发动机，并于1936年3月开始在马特夏荒地进行服役测试。霍克公司员工受测试成功的鼓舞，在空军部下达订单之前就已做好生产1000架的准备。1936年6月，霍克公司最终接到生产600架的订单。其中第一架——由于决定安装768千瓦（1030马力）的"梅林Ⅱ"发动机而造成了一些延迟——在1937年10月首飞，而第一批初期生产型在11月交付给位于诺索尔特的第111中队。稍后，"飓风"又改用了"梅林Ⅲ"发动机，以驱动罗托公司或德哈维兰公司的三叶螺旋桨，而螺旋桨的测试是在一架注册为民用、注册号为"G-AFKX"的"飓风"上完成的。另一架"飓风"MkⅠ曾被用来测试一种六叶对转螺旋桨。1938年，"飓风"首次被交付国外客户（葡萄牙、南斯拉夫、伊朗和比利时）。"飓风"还出口到了罗马尼亚和土耳其。

在1939—1940年的"静坐战"期间，"飓风"在战斗中首次遭遇德国飞机时，使用的是八挺机枪而不是原先设计的四挺。这迅速获得了好评，因为其理念是八挺机枪能投射出大范围的子弹，非常像霰弹枪射出的弹丸，普通的飞行员也能有一定机会击中敌机。但是经验表明，这也会造成火力浪费。于是，在对机枪进行协调后，其弹道在飞机前方229米（250码）处交汇，然后再在457米（500码）范围内进一步扩散到几米的宽度。在可击落或瘫痪敌机的几秒内，八挺机枪以每分钟发射8000发子弹[或者每三秒钟点射400发，这相当于投射了大约4.5千克（10磅）重的金属]的射击速度集中射击，这常常足以在敌机机翼、机身、尾部或发动机上开一个致命大口——假设关键的座舱没有被击中的话。

最终，英国的霍克公司和格洛斯特公司，以及蒙特利尔的加拿大汽车与铸造公司共生产了3954架"飓风"MkⅠ。1940年6月11日，P3269号"飓风"使用884千瓦（1185马力）增压"梅林"ⅩⅩ发动机首飞，并成为MkⅡ型的原型机。随着越来越多的MkⅡ型交付部队，许多MkⅠ型在加装了沃克斯沙尘过滤器后被派往中东。早期的MkⅡ型，保留了八挺机枪的被称为"MkⅡA型"，使用12挺机枪的被称为"MkⅡB型"，而MkⅡC型则在机翼处安装了四门20毫米西斯帕诺机炮。

图中的军械官正在为一架霍克"飓风"装填实弹。这架飞机没有中队代码，很可能是一架用于测试的教学飞机。

Mk Ⅱ D 型则是一种特别的反坦克攻击机，其机翼下方安装了两门 40 毫米（1.58 英寸）维克斯"S"机炮，机翼中安装了两挺 7.7 毫米（0.303 英寸）勃朗宁机枪。Mk Ⅱ B 型和 Mk Ⅱ C 型都加装过用于侦察的照相机，这种改动后的机型又被称为"Mk PR Ⅱ B 型"和"Mk PR Ⅱ C 型"。一些用于气象作业的 Mk Ⅱ C 的特殊型号，被称为"Met 2C"。1942 年，"飓风"Mk Ⅰ 和 Mk Ⅱ 参加了新加坡、荷属东印度、锡兰和缅甸等地的战斗，并在缅甸的战斗中成为一款真正的战术支援飞机，挂载两枚 226 千克（500 磅）重的炸弹。英国产的另一型战术支援型"飓风"Mk Ⅳ，安装一台 1208 千瓦（1620 马力）"梅林 24"或"梅林 27"型发动机，可挂载八枚 27 千克（60 磅）火箭弹，用于对地攻击。"飓风"Mk Ⅳ 的可选武器还包括两枚 113 千克（250 磅）或 226 千克（500 磅）重的炸弹，或两门维克斯"S"机炮。"飓风"Mk Ⅴ 设计安装动力更强的"梅林 27"或"梅林 32"发动机，但只制造了两架。

1941 年，皇家海军引进"飓风"，将其用于舰队护航任务，"海飓风"Mk Ⅰ A 型首次被部署在护航航母（1941 年由商船改装而来，被称为"弹射飞机商船"或"CAM

船")上执行护航任务。随着"飓风"从皇家空军一线中逐渐退出,它们被改装成海上用途的"海飓风"Mk Ⅰ B型、Mk Ⅱ C型和Mk Ⅻ A型。尽管一开始只是作为过渡飞机,"海飓风"于1942—1943年在北极和地中海的航线上表现优异。后来,"海飓风"被更加现代的飞机所取代。

"飓风"的另一大用户是苏联。首批交付苏联海军第72航空团的24架Mk Ⅱ B型来自皇家空军的第141联队,该联队在1941年夏末参加了俄国北部的战斗。交付苏联的"飓风"Mk Ⅱ B最终有1542架,包括一些由加拿大生产的、被重命名为"Mk Ⅱ B"的"飓风"X型。1943年到1944年,英国还向苏联提供了786架Mk Ⅱ C战斗轰炸机和223架Mk Ⅱ C战斗机,其中一些是从Mk Ⅱ B型改装到标准的Mk Ⅱ C型的,俄国人在其中一些飞机上安装了火箭滑轨,以挂载82毫米(3.2英寸)火箭弹。另一种提供给苏联的"飓风"是带有40毫米(1.58英寸)维克斯"S"机炮的Mk Ⅱ D型,其中的60架来自皇家空军在中东的库存,之后又提供的30架是配置类似火力的Mk Ⅳ型。在1943年的库班和库尔斯克战役中,反坦克攻

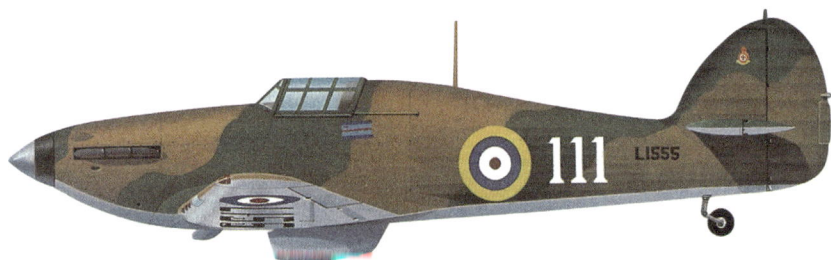

一架皇家空军战斗机司令部第111中队的霍克"飓风"Mk Ⅰ。该中队,绰号为"Treble One",是第一支装备"飓风"的部队。机身上的中队编号很快被弃用,并改为字母代码。

机型:反坦克攻击机(Mk Ⅱ D)

机组: 一人
动力单元: 一台884千瓦(1185马力)罗尔斯-罗伊斯"梅林"XX 12缸V型发动机
最高速度: 518千米/小时(322英里/小时)
爬升速度: 12分钟24秒至6095米(19997英尺)
实用升限: 9785米(32103英尺)
最远航程: 1448千米(900英里)
翼展: 12.19米(40英尺)

机翼面积: 23.93平方米(257.5平方英尺)
长度: 9.81米(32英尺2英寸)
高度: 3.98米(13英尺1英寸)
重量: 空重2596千克(5723磅);最大满载重量为3674千克(8100磅)
武装: 每侧机翼下方安装一门固定式40毫米(1.58英寸)维克斯"S"机炮;每侧机翼一挺勃朗宁7.7毫米(0.303英寸)机枪

击机型"飓风"得到了有效利用。一些在苏联服役的"飓风"经过了有意思的改装，有些用 12.7 毫米（0.5 英寸）机枪替换了更常见的 7.7 毫米（0.303 英寸）机枪。其他"飓风"被改装成双座教练机，而且其中至少有一架还安装了一挺后部机枪。总计有 2952 架"飓风"提供给了苏联，占到英国总产量的五分之一。

英国生产的"飓风"总计 13080 架，由霍克公司、格洛斯特公司和奥斯汀汽车公司等厂商生产。加拿大汽车与铸造公司生产了另外 1451 架使用各种火力配置和帕卡德许可生产的"梅林"发动机的"飓风"Mk X 型、Mk XI 型、Mk XII 型和 Mk XII A 型。

第 601 中队的"飓风"Mk II 正以梯形编队飞行。在第二次世界大战早期，英国皇家空军战斗机司令部的飞机经常组成这样的队形参加战斗，但这种队形在实战中被证明是没有战术价值的，并且让皇家空军损失惨重。

霍克 "海飓风"（Hawker Sea Hurricane）

和陆基版的 "飓风" 一样，"海飓风" 的飞行员受到身后一块全覆盖的装甲板的保护，其面前是一块平板防弹风挡。座舱框架顶部装有一面镜子，以便飞行员观察 "六点钟"（后方）方向。

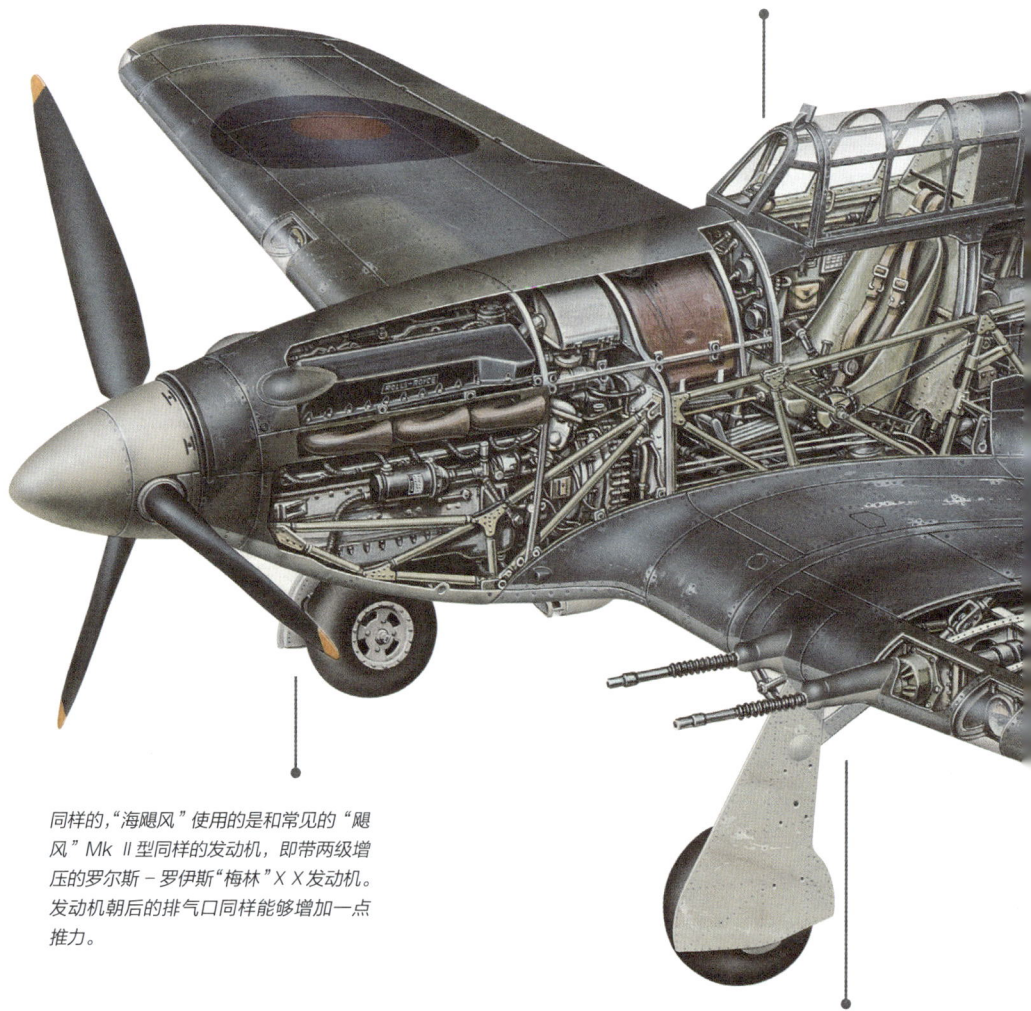

同样的，"海飓风" 使用的是和常见的 "飓风" Mk Ⅱ 型同样的发动机，即带两级增压的罗尔斯－罗伊斯 "梅林" ⅩⅩ 发动机。发动机朝后的排气口同样能够增加一点推力。

由于主起落架的间距较宽，"海飓风" 比竞争对手 "喷火" 更适合舰上操作。

这架飞机属于皇家海军舰队航空兵的训练单位第 766 中队。

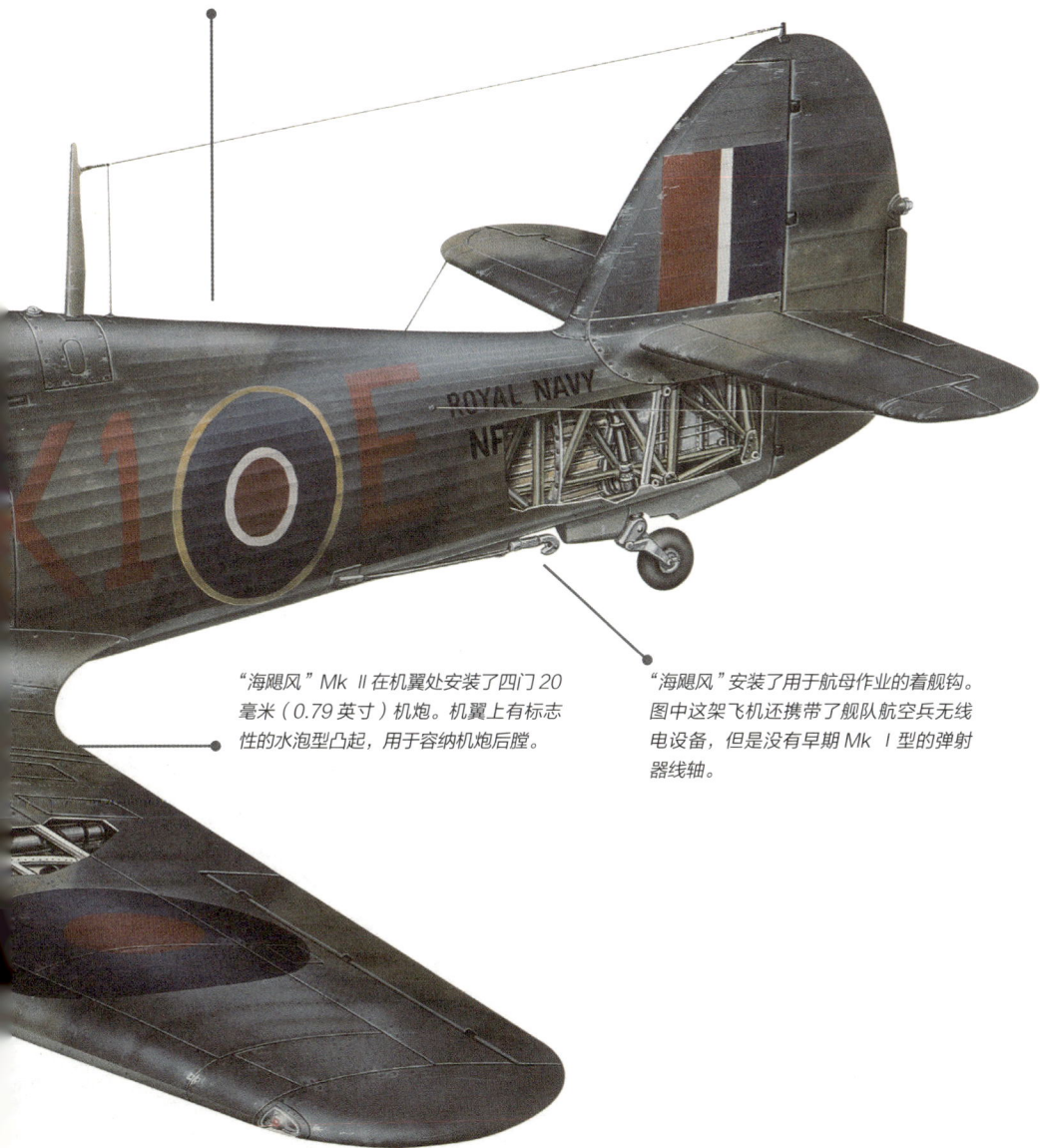

ROYAL NAVY

NF

"海飓风" Mk Ⅱ 在机翼处安装了四门 20 毫米（0.79 英寸）机炮。机翼上有标志性的水泡型凸起，用于容纳机炮后膛。

"海飓风"安装了用于航母作业的着舰钩。图中这架飞机还携带了舰队航空兵无线电设备，但是没有早期 Mk Ⅰ 型的弹射器线轴。

1941 年 11 月，英国海军部获得 25 架"飓风"Mk ⅡA 型用于改装"海飓风"。这些飞机都加装了"V"形着舰钩和弹射器线轴，因此可以从 CAM 商船（安装了弹射机构的商船，可以弹射一架"飓风"或者费尔利"海燕"）和正规的航空母舰上起飞。1941 年夏，四架仅仅安装了着舰钩的"飓风"被部署到正在挪威外海作战的皇家海军航母"暴怒"号上，并在实用测试中取得成功之后，英国人决定改装"飓风"用于海上。改装后的"飓风"被称为"'海飓风'Mk ⅠB"，之后是安装机炮的"海飓风"Mk ⅠC。在换装了罗尔斯 - 罗伊斯"梅林"ⅩⅩ发动机后，它们被重新命名为"'海飓风'Mk ⅡB 型"（安装机枪）和"'海飓风'Mk ⅡC 型"（安装机炮）。

　　到 1941 年年底，第 801 中队的两个小队已使用"海飓风"Mk ⅠB 参加实战，

进驻皇家海军的"百眼巨人"号和"鹰"号航母；第 806 中队进驻"可畏"号；第 880 中队进驻"复仇者"号；第 885 中队进驻"胜利"号。1942 年年初，第 880 中队转移到新入役的"不屈"号上，并在 5 月份参加了夺取维希法国马达加斯加岛的迭戈·苏亚雷斯海军基地的行动，以防该基地被日本海军用作印度洋上的潜艇基地。1942 年 6 月，"海飓风"积极为"鱼叉"行动提供掩护，这是一项从直布罗陀向马耳他岛运送重要补给的任务。当年 8 月 10 日，在"基座"行动中，五个"海飓风"中队伴随所配属的海军舰队，保护第二支包含 13 艘货船与一艘油轮的运送补给船队，拼死突入处于围困之中的马耳他岛。

在这场为期三天的奋战中，只有四艘货船与关键的油轮到达目的地，但是如果

已准备好从皇家海军护航航母上出击的霍克"海飓风"。"海飓风"大幅改变了皇家海军的面貌，加强了皇家海军突破"轰炸机小巷"前往马耳他的能力。

没有"海飓风"的话，情况可能会更糟，在一个中队的格鲁曼"岩燕"和另一个中队的"海燕"的协助下，"海飓风"击落了38架意大利和德国的轰炸机与鱼雷轰炸机，而英军损失了13架战斗机，其中一些是因燃料耗尽而坠海的。

在北极，于1942年9月前往俄国的PQ18船队得到了来自"复仇者"号护航航母上的"海飓风"的掩护。三个月前，PQ17在前往俄国的途中遭受了惨重损失，其中大部分损失是由德国空军造成的，但是这次，英国舰载机多次成功阻止亨克尔He-111鱼雷轰炸机和Ju-88俯冲轰炸机的攻击，并将它们赶进船队的防空网中，使其损失严重。"海飓风"和船上的高射炮（主要还是后者，因为战斗机主要负责把零散的飞机驱赶到一起）总计击落了41架德国轰炸机。英军损失了四架"海飓风"，讽刺的是其中三架是被己方的高射炮打下来的。

在1942年11月盟军登陆北非的"火炬"行动中，皇家海军"欺骗者"号航母上的第800中队、第891中队和"冲击者"号上的第855中队，使用"海飓风"参与了作战。在行动中，维希法国的五架德瓦蒂纳D.520战斗机被第800中队的"海飓风"击落。在奥兰，皇家海军航空兵主要直接攻击位于塞尼耶和塔弗拉维的机场，而在攻击前者时，"欺骗者"号航母的"海飓风"与费尔利"长鳍金枪鱼"一共摧毁了维希法军47架停在地面上的飞机。

到1943年，"海飓风"的服役生涯已到尽头，装备该型飞机的各中队开始换装

一艘弹射飞机商船（CAM），可见图中的"海飓风"已安放在弹射装置上。这是一种在绝望中对付福克－沃尔夫"秃鹰"海上侦察机的权宜之计。

更加现代化的海军战斗机，其中多数来自美国。不过，第 824 中队和第 835 中队的"海飓风"仍在护航航母"奈拉纳"号上服役，直到 1944 年，主要负责护送来往直布罗陀的船队。在当年年初的一次航行中，第 835 中队的"海飓风"在比斯开湾上空遭遇并击落了两架容克斯 Ju-290 四发海上侦察机。

1944 年 4 月，第 824 中队换装了格鲁曼"地狱猫"，这就使第 835 中队成为最后一个还部署在海上的"海飓风"中队。第 835 中队最后一次出击发生在 1944 年 9 月 26 日"奈拉纳"号护送一支直布罗陀船队的途中。分别驻扎在斯特雷顿、柴郡的第 895 中队和第 897 中队，以及成立于 1943 年 4 月的第 877 中队，则在陆地上继续使用"海飓风"。"海飓风"总计生产及改装了大约 800 架。

机型：舰载战斗机

机组：一人
动力单元：一台 955 千瓦（1280 马力）罗尔斯 - 罗伊斯"梅林"ＸＸ 12 缸 V 型发动机
最高速度：505 千米 / 小时（314 英里 / 小时）
爬升速度：12 分钟 24 秒至 6095 米（20000 英尺）
实用升限：10516 米（34500 英尺）
最远航程：1207 千米（750 英里）

翼展：12.19 米（40 英尺）
机翼面积：23.92 平方米（257.5 平方英尺）
长度：9.81 米（32 英尺 2 英寸）
高度：3.98 米（13 英尺）
重量：空重 2617 千克（5770 磅）；最大满载重量为 3511 千克（7740 磅）
武装：四门 20 毫米（0.79 英寸）西斯帕诺机炮

霍克"暴风"（Hawker Tempest）

"暴风"Mk Ⅱ使用一台布里斯托"半人马"Ⅴ 18 缸双排星形发动机。由于发动机研发的延迟，Mk Ⅱ型比 Mk Ⅴ型服役要晚些。

飞行员使用一具反射式瞄准具来瞄准机炮。风挡拥有足够的厚度来保护飞行员不受小口径弹药的伤害。

Mk Ⅱ型在机翼上安装了四门固定 20 毫米（0.79 英寸）机炮，在机翼下方可挂载其他武器。

这架"暴风"挂载了八枚火箭弹，其最大载弹量可达 907 千克（2000 磅）。

飞行员坐在整体式座舱盖下方的一个抬高的位置上，因此拥有极佳的全向视野。其身后有一块装甲板。

EG O X

PR733

FIRST AID

这架飞机有皇家空军第 16 中队的标志。1946—1947 年，该中队驻扎于德国北部的吕讷堡。他们在装备 Mk Ⅱ 型约两年后，换装德哈维兰"吸血鬼"。该中队的徽章被画在垂尾上。

　　1941 年年末，在皇家空军空战发展股（AFDU）和"台风"战斗机的试装单位第 56 中队越来越多地反映"台风"战斗机的缺陷后，霍克公司设计团队开始清楚地意识到，要让"台风"胜任在所有高度上进行截击这一主要任务，有必要对其基本设计进行大量而彻底的改进：第一，座舱的视野需要大幅提升；第二，机翼需要重新设计，以提升飞机在 6100 米（20013 英尺）高度上以及在高速俯冲时的性能；第三，增大油箱容量，以改善"台风"的续航能力（原先续航时间只有一个半小时）。

使用"半人马"发动机的"暴风"Mk II是这一系列飞机中首个服役的型号，但由于发动机研发滞后而未能参加第二次世界大战。该飞机原定将用于太平洋战场。

　　"台风"的机翼——其厚弦比翼根处为19.5%，翼尖处为12%，最大厚度处为30%——虽然在飞机的飞行包线内的各个速度上都表现良好，但在高速俯冲时却表现出糟糕的气动特性，会产生严重的抖动和副翼操纵反效倾向。霍克团队在初期就注意到了这一缺陷，并在1940年9月开始设计一种全新的机翼。新机翼在平面图上呈半椭圆形，其厚弦比得到大幅改善：翼尖处为10.5%，翼根为14.5%，最大厚度处为35%。相比"台风"的机翼，新设计实质上把翼根处的厚度减少了大约12.7厘米（5英寸）。新机翼的设计还引起了其他改变，包括：飞机加长了机身以安装已无法放在机翼内的油箱，起落架被重新设计，以及新的西斯帕诺 Mk Ⅴ机炮被研发。

修改后的设计被称为"霍克 P.1012"，并按照英国空军部"F.10/41 规范"投标。1941 年 11 月 18 日，霍克公司收到了制造两架该型原型机的合同，而该原型机被称为"'台风'Mk Ⅱ"。然而，这两架飞机与"台风"十分不同，尤其是在外观上，因此它们在首飞之前的 1942 年 8 月被重新命名为"暴风"。此时，F.10/41 原型机的订单数量为四架：两架（"暴风"Mk Ⅰ和 Mk Ⅴ）安装"纳皮尔军刀"发动机，另外两架（"暴风"Mk Ⅲ和 Mk Ⅳ）安装罗尔斯 - 罗伊斯"狮鹫"发动机。当布里斯托"半人马"星形发动机的研发获得进一步进展时，空军部有意再订购一架安装此种动力单元的飞机（"暴风"Mk Ⅱ）。

第 274 中队的霍克"暴风 V"。该中队在 1944 年 8 月获得了第一架"暴风"，随后将其用于防卫 V-1 导弹，之后随第 2 战术空军转移到欧洲大陆。

原型机"暴风Ⅰ"（序列号为"HM595"）于 1942 年 9 月 2 日首飞，但原先采购 400 架安装"纳皮尔军刀Ⅳ"发动机的"暴风Ⅰ"的订单被取消，并被改为采购使用"半人马"发动机的"暴风"Mk Ⅱ。可是由于"半人马"发动机生产滞后，且"暴风"Mk Ⅲ和 MK Ⅳ项目被取消，Mk Ⅴ型就成为首个投入生产的"暴风"改型，安装的是"纳皮尔军刀Ⅱ"发动机。这令"暴风"的生产难以置信地加快起来。首批 100 架量产型名为"Mk Ⅴ系列Ⅰ"，安装"军刀ⅡA"发动机和长身管英国造西斯帕诺 Mk Ⅱ型 20 毫米（0.79 英寸）机炮。后续生产的飞机安装了"军刀ⅡB"或"军刀ⅡC"发动机、完全缩入机翼前缘的短身管西斯帕诺 Mk

V 机炮和弹簧式补偿片副翼，并被称为"Mk V 系列 II"。

1944 年春，"暴风"在皇家空军第 3 中队和皇家新西兰空军第 486 中队（两支部队一起组成了第 150 大队）开始服役时，是当时世界上最快、最强大的战斗机。在 3000 米（10000 英尺）以下高度时，它能在俯冲中达到 869 千米 / 小时（540 英里 / 小时）的速度，这远超过其他活塞式战斗机的速度，而且它在水平和垂直方向上的最高速度，能达到 708 千米 / 小时（440 英里 / 小时）。"暴风"在携带副油箱时，其作战半径能达到 800 千米（500 英里），其 800 发 20 毫米（0.79 英寸）机炮炮弹足以开火 20 秒。在诺曼底登陆前和登陆期间，最初装备"暴风"的两个中队多次跨过海峡执行任务，并在 1944 年 6 月 8 日首次遭遇德国空军时，击落四架梅塞施密特 Bf-109，击伤另外两架，自己损失两架"暴风"。

但是不久之后，"暴风"中队被指派去保卫英国本土，防御攻击伦敦的 V-1 导弹。"暴风"凭借其高速的性能成为理想的截击机。第 3 中队击落了 258 枚 V-1 导弹，是最高战绩获得者；第 486 中队击落了 223 枚。不过在拦截 V-1 的行动中，"暴风"使用的"军刀"发动机暴露了一些问题。为了解决这些问题，"暴风"从前线撤出数个星期。之后，"暴风"随第 2 战术空军转移到欧洲大陆，在第二次世界大战结束前的几个月内成为盟军打击力量的倍增器。最终有 11 个中队装备了"暴风"Mk V，五个中队装备了安装 2013 千瓦（2700 马力）"军刀 VA"发动机的 Mk IV。英国总共生产了 805 架 Mk V、142 架"暴风 VI"和 472 架"暴风 II"——印度空军和巴基斯坦空军分别装备了 89 架和 24 架"暴风 II"。

机型：战斗轰炸机

机组： 一人
动力单元： 一台 1685 千瓦（2260 马力）"纳皮尔军刀" II A、II B 或 II C 24 缸 "H"形发动机
最高速度： 700 千米 / 小时（435 英里 / 小时）
爬升速度： 6 分钟 6 秒升至 6100 米（20000 英尺）
实用升限： 10975 米（36000 英尺）
最远航程： 2092 千米（1300 英里）

翼展： 12.50 米（41 英尺）
机翼面积： 28 平方米（302 平方英尺）
长度： 10.26 米（33 英尺 7 英寸）
高度： 4.90 米（16 英尺 1 英寸）
重量： 空重 4854 千克（10700 磅）；最大满载重量为 6187 千克（13640 磅）
武装： 四门 20 毫米（0.79 英寸）西斯帕诺 Mk V 机炮；最大外部挂载重量为 907 千克（2000 磅）

霍克"台风"（Hawker Typhoon）

"台风"使用"纳皮尔军刀ⅡA"发动机，这种发动机按四排气缸、每排六缸的"H"形布置。发动机由一个考夫曼点火器启动，实际上是通过"爆炸"来启动的，因为这种点火器使用一个装满爆炸性火药的大号药筒点火。

第175中队首次在1944年春使用"台风"战斗机发射火箭弹。一架"台风"可以挂载八枚火箭弹。每一枚火箭弹携带一颗直径76毫米（3英寸）的弹头，能够摧毁坦克或火车。

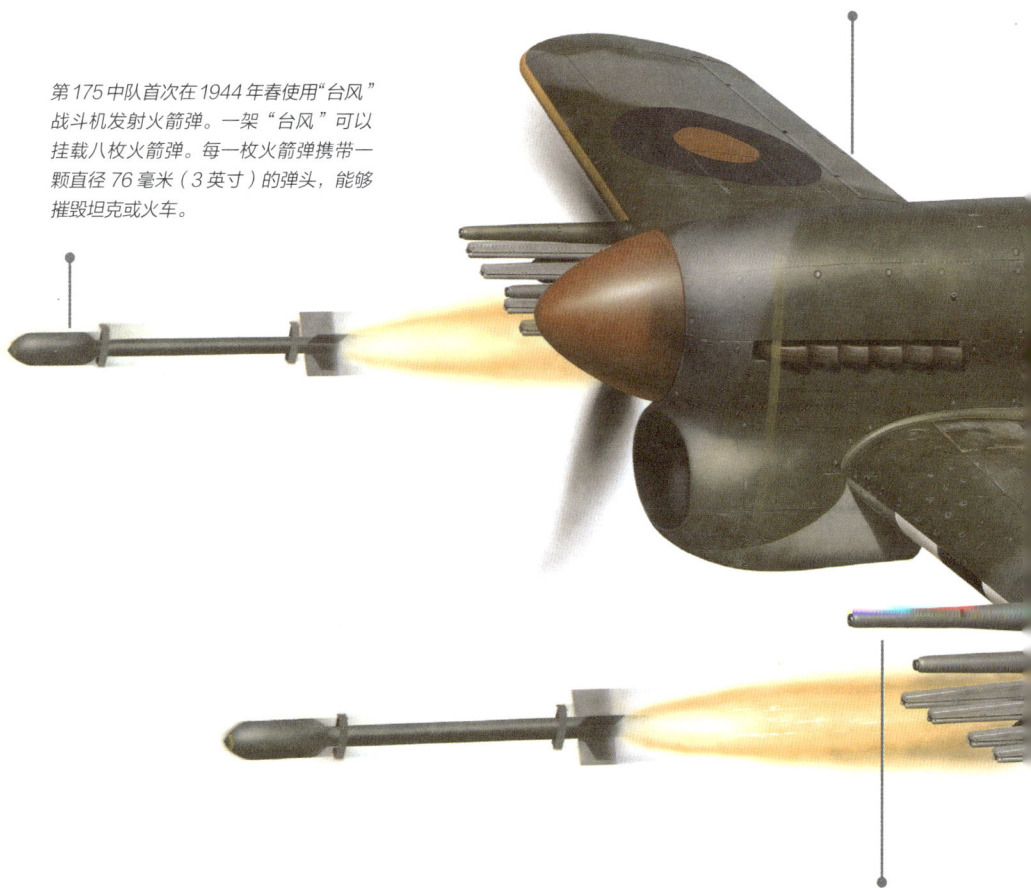

只有少数早期的"台风"在机翼上安装了四门20毫米（0.79英寸）西斯帕诺机炮，每门备弹140发。

早期型"台风"有一个框架式座舱，带一个"车门"式舱盖，但是后来换成图中所示的一体式泪滴形滑动式舱盖，以改善飞行员的视野。出于同样的目的，后部机身上的实心天线也换成了鞭状天线。

1943 年 4 月，第 175 中队开始换装"台风"。图中是一架用于支援诺曼底登陆的 Mk Ⅱ B 型，并在 1944 年 8 月进驻法国的勒夫雷斯恩卡米利。

早期的"台风"在飞行中发生多次因尾部脱落而导致的坠机事件。经过长期诊断后，这一问题通过加装固定鱼尾板得到了解决。

盟军用于支援诺曼底登陆的飞机涂有黑白条纹，这表示该飞机可支援地面部队，并可防止友军误伤。有些飞机也在机翼上涂了黑白条纹。

作为一款悬臂下单翼、使用全金属应力蒙皮、带可伸缩尾轮的飞机，"台风"是 1937 年霍克公司应空军参谋部要求，即后来的空军部"F.18/37 规范"，制造的一种带厚实装甲、拥有强大火力、类似于梅塞施密特 Bf-110 的护航战斗机。实际上，霍克公司提交了"R 式"和"N 式"两个设计。R 式使用一台罗尔斯 - 罗伊斯"秃鹫"发动机，其原型机被称为"龙卷风"，但是由于"秃鹫"发动机的生产受阻，该项目被放弃。N 式使用一台 1566 千瓦（2100 马力）"纳皮尔军刀"H 形直列发动机，其两架原型机中的第一架"P.5212"在 1940 年 2 月 24 日首飞，被命名为"台风"。但是第一批量产型"台风"要到 1941 年 5 月才首飞，生产的延迟主要是庞大的"军刀"发动机可靠性低造成的，另外还有其他一些原因，如后部机身的结构强度差。到 1941 年 9 月驻达克斯福德的第 56 中队接装"台风"时，这些问题仍未解决，并导致多名飞行员在事故中丧生。尽管"台风"在中低空时速度快、操纵性好，但在高空上，其性能却逊于福克 - 沃尔夫 Fw-190 和梅塞施密特 Bf-109，爬升率也很一般。"台风"的初期问题使得装备它的中队在 1942 年 5 月之前一直无法投入实战，甚至一度有过把"台风"项目全部取消的讨论。

后来，德国空军的战术变化给"台风"带来了复兴的希望。1942 年夏，驻英

第 609 中队的霍克"台风"Mk ⅠA，该中队是首个试验性列装"台风"的单位。"台风"在经历了一连串事故后，被霍克公司进行了大量修改，并最终成为世界上最高效的战斗轰炸机。

皇家加拿大空军第 440 中队的霍克"台风 I B"。第 440 中队成立于 1944 年 2 月，他们起初使用"飓风"，很快就改用"台风"。该中队负责向第 1（加拿大）集团军在进军时提供支援。

吉利海峡沿岸的德国空军第 2 联队和第 26 联队开始使用 Fw-190，对英格兰南部沿岸目标发动间歇性的"打了就跑"的袭击。德国飞行员最大程度地利用了英国南部的丘陵地形，采用当今被称为"贴地飞行"的战术，在目标后方突然拉起并发起攻击。只有"台风"能赶上这些难以察觉的德国战斗机，因为低空正是其大展身手的地方。于是，第 609 中队和第 266 中队也换装了"台风"，并和原来的第 56 中队一起组成了达克斯福德"台风"大队。在 1942 年夏季，尽管仍受到飞机技术问题的困扰，"台风"大队还是参与了防空任务，而第 609 中队在得到正式授权后开始执行一系列作战测试，以探索飞机的其他用途。这些测试包括夜间截击，和未来"台风"最为重要的昼间和夜间对地攻击任务。此时，装备 12 挺 7.7 毫米（0.303 英寸）机枪的"台风"Mk I A 型已经让位于 Mk II B 型，后者装备了四门在对地攻击时更高效的 20 毫米（0.79 英寸）机炮，安装了更可靠的 1626 千瓦（2180 马力）"军刀 II A"发动机。

达克斯福德"台风"大队装备机炮的"台风 II B"型在 1942 年 8 月首次参加实战，执行了一次从敦刻尔克到加莱的乏味的扫荡任务，这成了第二天演变成灾难的迪耶普登陆的前奏。36 架"台风"参与了行动，但是只获得两个"可能"的战果，击伤了三架敌机。一架"台风"因发动机故障而损失，一架被"喷火"误伤击落。这次行动唯一的意义是证明了 Mk I 型的座舱盖存在缺陷，争夺空中优势时的视野极差。这一问题在后期生产的"台风"换装上透明的气泡形滑动舱盖后得到明显改善。

尽管在 1943 年最终得到整改之前，"台风"一直存在问题，其前途也一直飘忽不定，但其在对抗德国空军低空入侵时的优异表现最终为它自己赢得了有利的筹码。

从 1942 年 6 月开始，战斗轰炸机袭击被德国空军认定将占更大比重，因此第 2 联队和第 26 联队开始获得更多的 Fw-190 战斗轰炸机。事实很快表明，英国的防空主力"喷火"无法对付德国战斗机联队当时装备的速度更快的 Fw-190A-4。但在 1943 年 1 月 20 日，"台风"展露了一下自己作为截击机的真本事。当天，德军 28 架战斗轰炸机在单发战斗机的护航下，对伦敦发动了一次昼间突袭，造成了很大破坏与大量伤亡。虽然袭击之前几乎没有预警，但英国雷达锁定了从伦敦撤离的德军飞机，并引导第 609 中队进行拦截。在接下来的战斗中，后来凭借 15 个战果成为头号"台风"王牌飞行员的 J. 鲍德温中尉击落了三架 Bf-109G，其他飞行员击落了四架 Fw-190。在接下来数周内，第 609 中队又在对付德军战斗轰炸机时取得多次胜利，并且在这段时间内，该中队还扩大了对欧洲大陆上的目标的攻势。从此，"台风"的低空战斗力不再被质疑，这也打消了战斗机司令部技术部门试图在 1943 年年初砍掉"台风"项目，引进美国 P-47"雷电"的想法。此后，越来越多中队装备了"台风"，这些飞机携带两颗 226 千克（500 磅）重的炸弹或者八枚火箭弹，加上自带的机炮，对敌军的通信设施、船只与机场发起了猛烈打击。"台风"此时正朝着盟军最强战斗轰炸机的历史地位迈进。在诺曼底登陆之后，装备火箭弹的"台风"成了"莫尔坦德军装甲反击的粉碎者"和"法莱斯撤退德军的毁灭者"的同义词。在第二次世界大战最后的日子里，在完成掩护加拿大第 1 集团军和英国第 2 集团军突破欧洲西北部后，"台风"最后的任务是打击敌军在波罗的海的船只。

机型：低空截击机与对地攻击机

机组： 一人

动力单元： 一台 1566 千瓦（2100 马力）"纳皮尔军刀 I"24 缸直列发动机（Mk Ⅰ A）；一台 1626 千瓦（2180 马力）"军刀 Ⅱ A"或 1640 千瓦（2200 马力）"军刀 Ⅱ B"或 1685 千瓦（2260 马力）"军刀 Ⅱ C"（Mk Ⅰ B）

最高速度： 663 千米 / 小时（412 英里 / 小时）

爬升速度： 5 分钟 50 秒至 4570 米（15000 英尺）

实用升限： 10730 米（35200 英尺）

最远航程： 带副油箱时，1577 千米（980 英里）

翼展： 12.67 米（41 英尺 6 英寸）

机翼面积： 25.92 平方米（257.5 平方英尺）

长度： 9.73 米（31 英尺 9 英寸）

高度： 4.67 米（15 英尺 3 英寸）

重量： 空重 4445 千克（9800 磅）；最大满载重量为 5171 千克（11400 磅）

武装： 机翼 12 挺 7.7 毫米（0.303 英寸）固定前射机枪，每挺备弹 500 发（Mk Ⅰ A）；机翼四门 20 毫米（0.79 英寸）固定机炮；外部最多可挂载 907 千克（2000 磅）重的炸弹或八枚 27 千克（60 磅）火箭弹

装备八枚27千克(60磅)火箭弹的霍克"台风"。一次齐射八枚这种火箭弹的效果相当于一艘装备15厘米(6英寸)口径主炮的巡洋舰的一轮炮击。因此，携带火箭的"台风"能够对敌军装甲部队造成可怕的破坏。

　　各型"台风"的总产量为3330架，除了两架原型机、五架 Mk Ⅰ A 和 10 架 Mk Ⅰ B，其余都是由格洛斯特公司生产的。Mk Ⅰ B 是主要的生产型号，产量超过3000架。其中大约60%的飞机用气泡式座舱盖取代了原先带"车门"式出入口的框架式座舱盖。

肖特"桑德兰"（Short Sunderland）

两名飞行员并肩坐在驾驶舱内，各自都可完全操控飞机。他们身后是导航员和无线电员，再后面是飞行工程师。风挡及座舱盖分成了三层，以优化视野。

由于装备众多机枪，"桑德兰"获得了"飞行豪猪"的绰号。Mk Ⅱ型的前部炮塔最初只有一挺机枪，但之后被换成两挺机枪，并加装了一挺由飞行员控制的固定前射机枪。

"桑德兰"的船体内有一艘救生艇、一个投弹手隔舱、一间带有桌子和折叠铺位的军官起居室、一个小个车间，以及一条走廊。

在机身上部偏右侧的地方安装了一个纳什 F.N.7 中上部炮塔，内有两挺 7.7 毫米（0.303 英寸）机枪。

大部分"桑德兰"Mk Ⅱ 装备了 ASV Mk Ⅱ 雷达，图中的四根偶极天线是该雷达的一部分。后来，由于德国掌握了如何探测该雷达发射的电波，该雷达被 ASV Mk Ⅲ 型取代。

早期"桑德兰"Mk Ⅱ 型有一个 F.N.13 炮塔，内装四挺 7.7 毫米（0.303）机枪，每挺备弹 500 发。

"桑德兰"早期使用的 45 千克（100 磅）重的深水炸弹由于威力不够，被 114 千克（250 磅）重的铝末混合炸药炸弹取代。炸弹通常存放在机身的炸弹间里，要使用时就用电力传送到机翼下方。

这是由布莱克本公司制造的 20 架"桑德兰 Ⅱ"之一。它隶属于第 201 中队，1941 年 9 月至 1944 年 3 月驻北爱尔兰厄恩湖。

作为皇家空军历史上服役时间最长的飞机，肖特"桑德兰"源自肖特兄弟公司豪华的 C 级"帝国"水上飞机，后者在 20 世纪 30 年代由帝国航空公司运营。当英国空军部发"R.2/33 规范"，征求一种四发水上侦察飞机时，改装 C 级"帝国"水上飞机以满足军事需求，这对肖特兄弟公司来说成了合理的选项。英国空军部也持相同看法，并在 1936 年 3 月下达了 25 架的生产订单，这些军用版的 C 级"帝国"水上飞机被称为"S.25"。1937 年 10 月 16 日，K4774 号原型机成功首飞，使用了四台 708 千瓦（950 马力）布里斯托"飞马 X"发动机。首批量产型"桑德兰"Mk I 型使用了"飞马 X Ⅻ"发动机，修改了机鼻，加装了尾部武装。1938 年 6 月初，Mk I 型交付驻新加坡的第 230 中队。到 1939 年 9 月第二次世界大战爆发时，还有另外三个中队也装备了"桑德兰"，他们是：驻德文郡蒙特巴顿的第 204 中队、驻威尔士彭布罗克的第 210 中队，以及正从埃及返回彭布罗克的第 228 中队。

"桑德兰"服役不久就上了报纸头条——1939 年 9 月 21 日，第 204 中队和第 228 中队的两架"桑德兰"救出了遭到 U 型潜艇鱼雷攻击的"肯辛顿"号护卫舰的全体船员。

"桑德兰"Mk I 型共生产了 90 架，装备了另外三个中队：第 95、第 201 和第 270 中队。随后，Mk II 型开始投入生产，这一型号安装了带两级增压器的"飞马 X Ⅷ"发动机、一座带两挺机枪的机背炮塔、一个改进型机尾炮塔和 ASV Mk II 雷达。产量为 55 架的"桑德兰"Mk II，装备了第 119、第 201、第 202、第 204、第

肖特"桑德兰"的最后一个型号"GR Mk V 型"。Mk V 型一直在皇家空军远东水上飞机大队一线服役，直到 1959 年最后一架"桑德兰"从新加坡的第 205 中队退役。

机型：远程海上巡逻机（Mk Ⅴ）

机组：10 人
动力单元：四台 895 千瓦（1200 马力）普拉特·
惠特尼 R-1830-90 双黄蜂 14 缸风冷星形发动机
最高速度：在 1525 米（5000 英尺）高度上，
349 千米 / 小时（217 英里 / 小时）
爬升速度：16 分钟至 3660 米（12000 英尺）
实用升限：5445 米（17864 英尺）
最远航程：4796 千米（2980 英里）
翼展：34.36 米（112 英尺 7 英寸）
机翼面积：138.14 平方米（1487 平方英尺）

长度：26 米（85 英尺 3 英寸）
高度：10.52 米（34 英尺 5 英寸）
重量：空重 16738 千克（36900 磅）；最大满载
重量为 27216 千克（60000 磅）
武装：两挺 7.7 毫米（0.303 英寸）固定前射机
枪；腰部及机背炮塔各两挺 7.7 毫米（0.303 英
寸）机枪；尾部炮塔四挺 7.7 毫米（0.303 英寸）
机枪；最大载弹量为 2250 千克（4960 磅），
可用船体侧面的可伸缩挂架投放炸弹、深水炸
弹或水雷

228 和第 230 中队。由于安装了额外的设备，Mk Ⅱ 的整机重量比 Mk Ⅰ 重了不少。
肖特兄弟公司还设计了新的滑行式船底，并改善了船体前倾以减少黏性阻力。新船
体在 Mk Ⅱ 型上进行了测试，由于效果明显，这架飞机就成了下一个型号 Mk Ⅲ 的
原型机，而 MK Ⅲ 也成了"桑德兰"的主要生产型号。1941 年 12 月 15 日，第一架
由肖特兄弟公司制造的"桑德兰"Mk Ⅲ 首飞成功。该公司共生产了 286 架 Mk Ⅲ
型，布莱克本飞机公司生产了另外 170 架。此前，后者已经生产了 15 架 Mk Ⅰ 和
5 架 Mk Ⅱ。

　　使用"桑德兰"作为反潜武器的主要代表单位是驻英国的皇家澳大利亚空军第
10 中队，这也是第一支尝试在机身两侧安装四挺 7.7 毫米（0.303 英寸）机枪的部队，
这样整架飞机的机枪达到了十挺。经过调整的前向火力使得"桑德兰"在进入攻击
航线时就可以对 U 型潜艇进行有效打击，而且十挺机枪也让"桑德兰"对敌军战斗
机来说是个危险的对手，敌军在第二次世界大战爆发初期就对此有了清醒认识。因
此，德军给"桑德兰"起的绰号是"豪猪"。

　　"桑德兰Ⅲ"装备到了皇家空军的 11 个中队，包括一个波兰中队和一个法国中
队。其后是更大也更重的"桑德兰Ⅳ"，它换装了 1268 千瓦（1700 马力）布里斯托
大力神发动机，换上了八挺 12.7 毫米（0.5 英寸）机枪和两门 20 毫米（0.79 英寸）
机炮。但是"桑德兰Ⅳ"只生产了两架原型机和八架量产型，并被称为"锡福德"。
经过海防与运输机司令部评估后，"桑德兰Ⅳ"项目被废止，这些飞机后来都被改

为商业用途，名为"肖特'索伦特'"。因此，最后一个投入实战的"桑德兰"改进型就是 Mk V 型，其中 100 架由肖特公司生产，50 架由布莱克本公司生产。Mk V 型使用了四台 895 千瓦（1200 马力）普拉特·惠特尼 R-1830-90 双黄蜂发动机，携带了 ASV Mk VI C 雷达。Mk V 在 1943 年年末问世，并在第二次世界大战后继续服役多年。1959 年，皇家空军的最后一架"桑德兰"Mk V 从驻新加坡樟宜的第 205 中队退役。法国海军航空兵进口的 19 架"桑德兰"Mk V 在 1960 年全部退役，而皇家新西兰空军的 16 架"桑德兰"Mk V 型一直服役到 1966 年。

在其战斗生涯早期，"桑德兰"和皇家空军的其他水上飞机一样，装备的是 113 千克（250 磅）重的炸弹，这是一种对 U 型潜艇几乎无效的武器。直到 1940 年，

一架肖特"桑德兰"Mk 1 正劈开水面从海上起飞，场面十分壮观。"桑德兰"的原型机于 1937 年首飞。在第二次世界大战爆发时，已有四个中队装备了"桑德兰"。

深水炸弹才被认为是对付潜艇的真正有效武器，即便如此，早期的深水炸弹装填的是一种因可靠性差而臭名昭著的阿马托炸药，这种炸药在撞击海面时容易引爆。随着1941年引入的一系列改进，尤其是引入了一种威力比阿马托大30%的铝末混合炸药，这种情况有所转变。113千克（250磅）重的深水炸弹起爆深度被设定在7—15米（25—50英尺），而且炸弹通常一次投放六枚，每枚间隔30米（100英尺），早期的间隔是11—18米（36—60英尺），但被证明是无效的。深水炸弹的投放高度很低，在15—23米（50—75英尺）之间。

到第二次世界大战结束时，"桑德兰"已被多达28个皇家空军中队装备，覆盖本土及海外基地。

超级马林"喷火"（Supermarine Spitfire）

"喷火ⅤC"使用的是罗尔斯－罗伊斯"梅林"45 12缸发动机。Mk Ⅴ型的机体为了承受发动机增加的重量以及由此产生的更大的推力经过了加强。

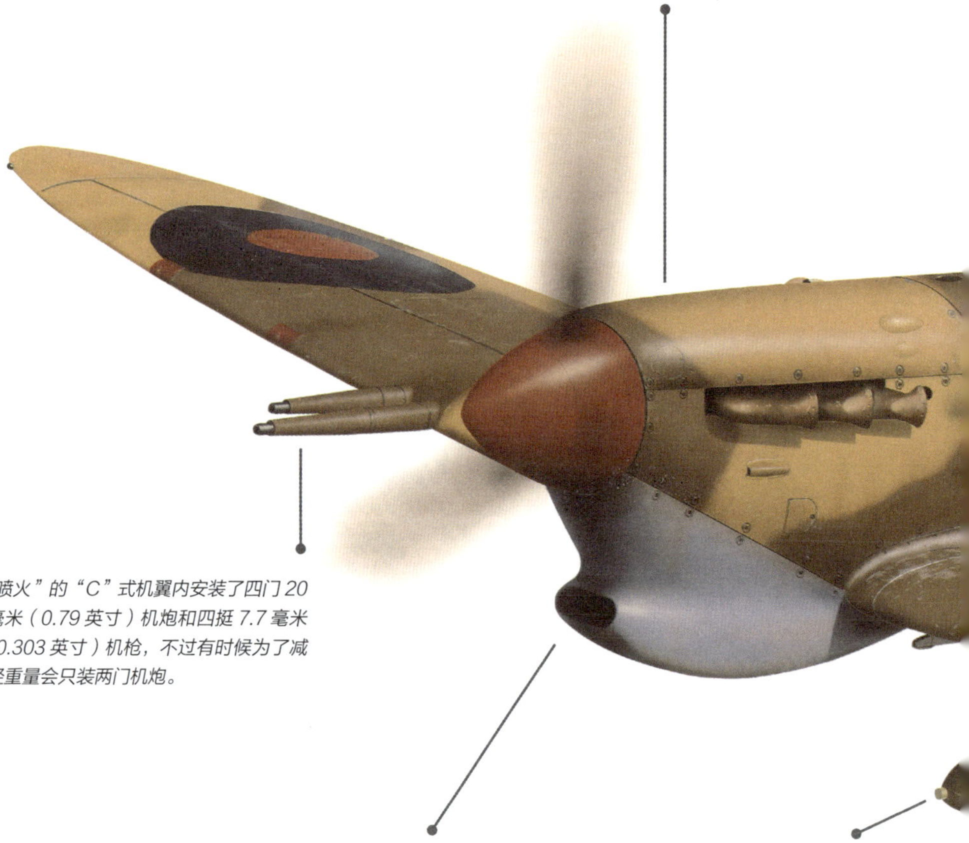

"喷火"的"C"式机翼内安装了四门20毫米（0.79英寸）机炮和四挺7.7毫米（0.303英寸）机枪，不过有时候为了减轻重量会只装两门机炮。

这架Mk ⅤC型安装了热带过滤器，以便在沙漠或热带地区使用。图中的是沃克斯过滤器；另外还可以选用阿布基尔过滤器。

"喷火"是一种高效的战斗轰炸机，在两侧机翼和机身中心线下方各有一个硬挂点。后者可以挂载一枚227千克（500磅）重的炸弹，Mk VC的机翼下方可以挂载两枚114千克（250磅）重的炸弹。

"喷火"拥有一个吹滴式滑动舱盖，带一个部分透明的整流罩，以改善后方视野。座舱盖顶部还安装了一面后视镜。飞行员由身后的装甲板和面前的防弹风挡提供保护。

这架"喷火"带有南非空军第 2 中队的标识。在北非沙漠与隆美尔的非洲军团作战时，该中队作为战斗轰炸机部队执行任务。

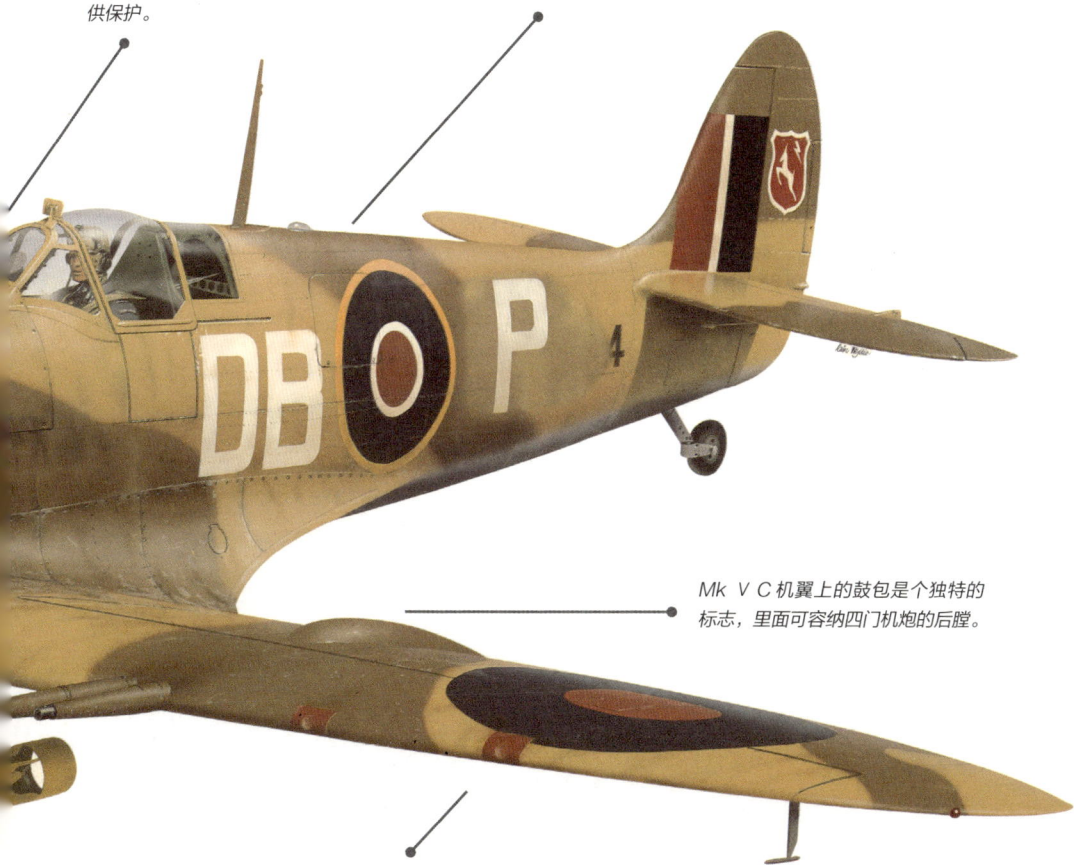

Mk V C 机翼上的鼓包是个独特的标志，里面可容纳四门机炮的后膛。

飞机蒙皮及机炮炮口处覆盖了织物补丁，以防首次开火前有异物进入炮管。

一代传奇飞机超级马林"喷火",是由雷金纳德·米切尔指导下的团队设计的,其起源可以追溯到超级马林公司为"施耐德"杯水上飞机竞赛制造的水上竞赛飞机。这一飞机的设计明显优于超级马林公司按照空军部"F.5/34规范"而提交的方案,因此后者发布了新的"F.37/34规范",其中包含了制造一架原型机的要求。这架注册号为"K5054"的原型机于1936年3月5日首飞,而且和与其同样享有盛名的霍克"飓风"一样,也使用了罗尔斯-罗伊斯"梅林C"发动机。1936年6月,英国空军部下达了生产310架"喷火"的订单,这与签署订购"飓风"的合同是在同一时间。第一架"喷火"于1938年8月交付驻达克斯福德的第19中队。到1939年9月时,另外八个中队已装备了这一飞机,皇家辅助空军的第603中队和609中队也在使用"喷火"用于训练。安装一台768千瓦(1030马力)"梅林Ⅱ"或"梅林Ⅲ"发动机的"喷火"MkⅠ型,总产量为1566架。MkⅠ也是"喷火"参加不列颠之战的主要型号,而使用876千瓦(1175马力)的"梅林Ⅻ"发动机的MkⅡ型要到1940年9月才交付战斗机司令部。MkⅡ型,包括以两门20毫米(0.79英寸)机炮加四挺7.7毫米(0.303英寸)机枪替代标准的八挺机枪配置的MkⅡB型,总共生产了920架。在不列颠战役期间,从1940年7月1日到10月31日,交付战斗机司令部的747架"喷火"损失了361架,这其中包括了非战斗损失。

"喷火"MkⅤB使用的"剪裁"翼能提高飞机的低空性能。尽管如此,在1942年年初,"喷火"已不敌Fw-190且损失惨重。直到后期的"喷火"MkⅨ才扳回了局面。

第 610 中队的"喷火"Mk ⅩⅣ型。第 610 中队是皇家辅助空军中一个拥有光辉纪录的单位，从 1944 年 12 月一直战斗到第二次世界大战结束，其作战过的基地遍布整个西北欧。

"喷火"Mk Ⅲ是一种试验性的"一次性"飞机；Mk Ⅳ（产量 229 架）是照相侦察型。真正大量生产的是下一个型号，即 1941 年 3 月开始装备进部队的 Mk Ⅴ。Mk Ⅴ是"喷火"的主要生产型号，总产量 6479 架，其机体是由 Mk Ⅰ 和 Mk Ⅱ的机体改装而来。大部分"喷火Ⅴ"装备的两门 20 毫米（0.79 英寸）机炮和四挺机枪，大幅增大了击穿敌机装甲的概率。Mk Ⅴ使用的一台罗尔斯 - 罗伊斯"梅林 45"发动机，在 5800 米高度上可输出 1055 千瓦（1415 马力）的功率，而 Mk Ⅱ型的"梅林Ⅻ"发动机的功率只有 858 千瓦（1150 马力）。尽管如此，"喷火"Mk Ⅴ本质上仍是一个折中方案，以满足英国空军部提出的性能要超过最新型梅塞施密特战斗机的紧急需求。1941 年 5 月，"喷火Ⅴ"的首飞时间恰到好处，因为德国空军此时开始换装梅塞施密特 Bf-109F，但由于技术问题，"喷火Ⅴ"的首次作战部署仍被推迟。5 月 11 日，一群携带炸弹的 Bf-109F 袭击了英国的利姆和贺肯芝基地，其中一架被"喷火"击落。不过，"喷火Ⅴ"未能表现出战斗机司令部急需的压倒性优势。在大多数空战发生的高空上，"喷火Ⅴ"在很多方面不敌 Bf-109F，而且在 1941 年夏装备了"喷火Ⅴ"的多个中队都损失惨重。

为了应对德军的高空侦察机，"喷火"Mk Ⅵ应运而生，这型飞机采用了加长的梯形翼和一个加压座舱。Mk Ⅵ型被分配给皇家空军的本土防空部队。Mk Ⅶ型安装了"梅林"发动机的终极型号"梅林 60"，这是一种两级双速内冷发动机。Mk Ⅶ同样安装了加压座舱。1942 年年初，英国空军参谋部计划同时生产 Mk Ⅶ型和 Mk Ⅷ型，后者本质上是无加压版本的 Mk Ⅶ，原定用于低空争夺空中优势。但是 Mk Ⅷ需要大量的改进，包括要对机身进行整体上的加强，这意味着生产会出现不可接受的长时间滞后。为此,空军参谋部给出了一个折中方案,即在 Mk V 型机体上安装一台"梅林 61"发动机,而这就是"喷火"Mk IX,对于填补过渡期的空缺来说,它是一款比较成功的飞机。Mk IX 从 1942 年开始交付皇家空军,总产量最后达 5665 架,是"喷火"家族除 Mk V 外产量最多的。

"喷火"Mk X 和 Mk XI 型都是无武装的照相侦察机,而为了应对 Fw-190 的低空突袭而研发的 Mk XII 型,安装了一台 1294 千瓦(1735 马力)的罗尔斯 - 罗伊斯"狮鹫"发动机。"喷火"Mk XII 型在 1943 年 2 月首次装备到第 41 中队,并于 4 月 27 日从贺肯芝基地出击,击落了首架 Fw-190。第二个换装 Mk XII 型的单位是第 91 中队,在 1943 年 5 月 25 日英吉利海峡上空的一次长时间战斗中 该中队击落了五架

一架热带型"喷火"Mk VC, 拍摄于 1943 年 7 月盟军登陆之后的西西里岛。沙漠空军为第 8 集团军提供了宝贵的空中支援, 他们在意大利作战期间依然保留了这一名字。

德军战斗轰炸机。Mk Ⅻ系列只生产了100架，之后出现了更加有名的 Mk ⅩⅣ型。后者以 Mk Ⅷ的机体为基础，是首个安装"狮鹫"发动机的大规模生产型号，首批飞机分别在1944年3月和4月交付第322（荷兰）中队和第610中队。其之后的型号，Mk ⅩⅤ型使用加强过的 Mk Ⅷ型的机体，安装一台1529千瓦（2050马力）的"狮鹫65"发动机。1944年投入服役的 Mk ⅩⅥ型，是一种与 Mk Ⅸ类似的对地攻击型号，但使用的是帕卡德生产的"梅林266"发动机。在"喷火"Mk ⅩⅧ型服役时，第二次世界大战已近尾声。"喷火"最后的改进型号 Mk21、Mk22 和 Mk24 一直生产到1947年，它们与十年前的原型机 Mk Ⅰ相比已没有多少相似之处。"喷火"各型号的总产量为20351架，外加2334架海军版本的"海火"。

机型：战斗机（Mk ⅤB）

机组： 一人

动力单元： 一台1074千瓦（1440马力）罗尔斯-罗伊斯"梅林"45/46/50 V-12 发动机

最高速度： 在3960米（13000英寸）高度上，602千米/小时（374英里/小时）

爬升速度： 7分钟30秒至6095米（20000英尺）

实用升限： 11280米（37007英尺）

最远航程： 756千米（470英里）

翼展： 11.23米（36英尺8英寸）

机翼面积： 22.48平方米（242平方英尺）

长度： 9.11米（29英尺8英寸）

高度： 3.48米（11英尺4英寸）

重量： 空重2313千克（5121磅）；最大满载重量为3078千克（6785磅）

武装： 机翼两门20毫米（0.79英寸）机炮、四挺7.7毫米（0.303英寸）机枪

维克斯"威灵顿"(Vickers Wellington)

这架"威灵顿"使用了标准的轰炸机司令部涂装：上表面为深土色或暗绿色，侧面和底部为亚光黑。

飞行员和副驾驶并肩而坐。副驾驶的座椅可以折叠起来，以便打开进出机鼻的通道。坐在驾驶舱后面的是无线电员和导航员。

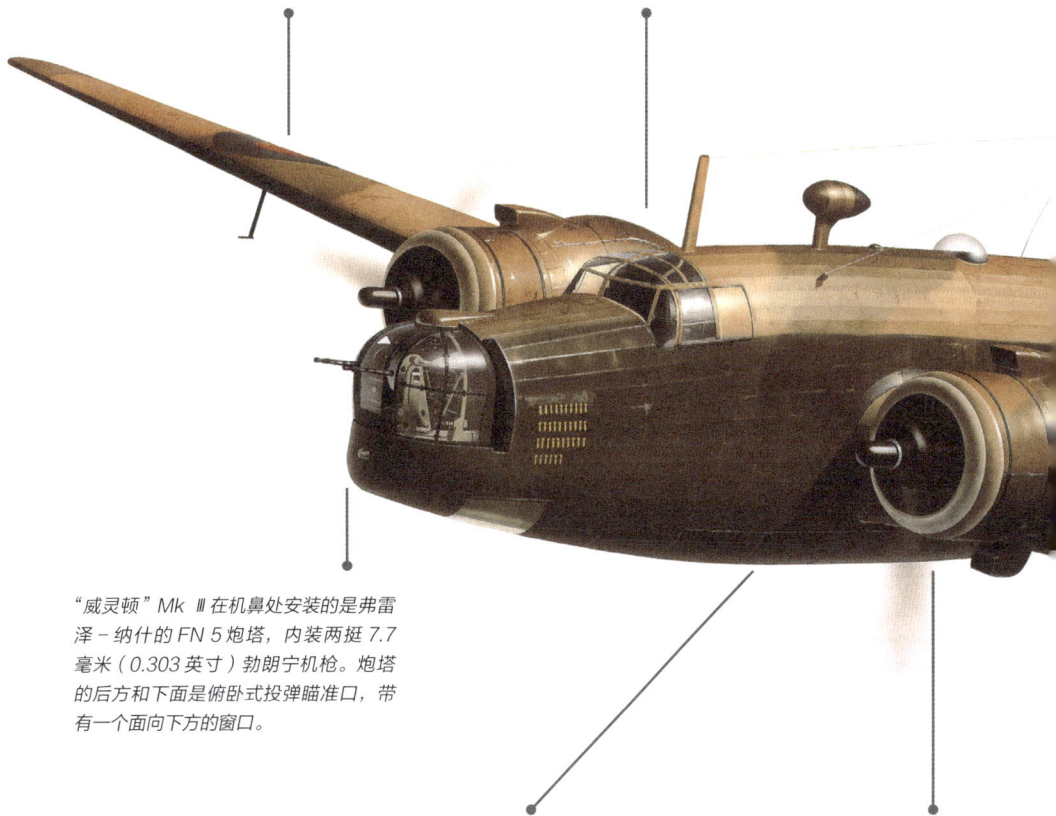

"威灵顿"Mk Ⅲ在机鼻处安装的是弗雷泽－纳什的FN 5炮塔，内装两挺7.7毫米（0.303英寸）勃朗宁机枪。炮塔的后方和下面是俯卧式投弹瞄准口，带有一个面向下方的窗口。

当飞机在水面迫降时，飞机中段下方弹舱顶部的几个浮囊会充气膨胀，以便为乘员逃生争取时间。

"威灵顿"Mk Ⅰ型安装的是"飞马"星形发动机，但Mk Ⅲ型安装的是布里斯托"水星"Ⅹ 14缸发动机。Mk Ⅱ型原计划用"梅林"发动机，但该发动机由于优先度较低而被取消。

"威灵顿"的机身中部两侧各有一挺安装在活动枪座上的单装 7.7 毫米（0.303英寸）勃朗宁机枪。机枪前面有一个休息铺位和一间化学厕所。

"威灵顿"的尾部是一个配备四挺 7.7 毫米（0.303 英寸）机枪的弗雷泽·纳什FN20A 炮塔。早期型"威灵顿"拥有腹部炮塔，但该炮塔在多数生产型号上又被去掉了。

这架"威灵顿"Mk Ⅲ 型，它隶属于皇家空军驻诺福克郡马勒姆的第 115 中队。该中队从 1939 年 4 月开始使用"威灵顿"，直到 1943 年 3 月才开始换装"兰开斯特"。

"威灵顿"按照巴恩斯·瓦利斯研发的"经纬线"设计进行制造，这使机身获得了超高的强度，可以仅用织物覆盖，以降低重量。

军械官正在为一架"威灵顿"加载一枚 1812 千克（3995 磅）重的炸弹。这种绰号为"饼干"的炸弹，能对目标造成毁灭性打击，因此在直接命中建筑区时是致命的。

维克斯"威灵顿"轰炸机是巴恩斯·瓦利斯应英国空军部的"B.9/32 规范"设计的，他后来还发明了摧毁鲁尔大坝的特殊炸弹。和此前的维克斯"韦尔斯利"轰炸机一样，"威灵顿"同样采用了"经纬线"设计，通过这种"编筐式"方法制造出的可自我稳定的机身，能使任何方向上的载荷都会被相互交织的框架中的应力自动均衡，而机身也以较轻的重量实现了高强度。这一设计帮助"威灵顿"在承受大量伤害后仍可幸存下来。1933 年 12 月，维克斯公司获得了制造一架名为"271 式"原型机的合同，这架飞机（序列号为"K4049"）于 1936 年 6 月 15 日首飞。1937 年 4 月 19 日，该机在一次非自主的高速俯冲中解体，后经分析，这是由于升降舵失衡导致的。因此，Mk Ⅰ 型及之后的机型，"威灵顿"都使用的是来自另一个平行项目——维克斯 B.1/35，即后来的"沃里克"——的垂尾、方向舵和升降舵。271 式的机身同样需要进行大量修改，因此按照"29/36 规范"生产的"威

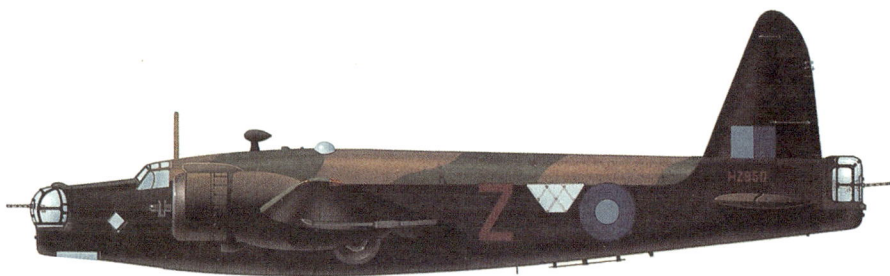

带有东南亚司令部标志的维克斯"威灵顿"Mk X，皇家空军标志中的红色圆圈已被去掉，以防被误认为日军飞机，白色圆圈也调整为淡蓝色，以便夜间作战。

机型：中型轰炸机（Mk Ⅲ）

机组： 六人
动力单元： 两台 1119 千瓦（1500 马力）布里斯托大力神Ⅺ星形发动机
最高速度： 在 3810 米（12500 英尺）高度上，411 千米 / 小时（255 英里 / 小时）
爬升速度： 每分钟 283 米（928 英尺）
实用升限： 5790 米（18996 英尺）
最远航程： 载弹 2041 千克（4500 磅）时，2478 千米（1540 英里）

翼展： 26.26 米（86 英尺 2 英寸）
机翼面积： 78.04 平方米（840 平方英尺）
长度： 19.68 米（64 英尺 6 英寸）
高度： 5 米（16 英尺 4 英寸）
重量： 空重 8605 千克（18970 磅）；最大满载重量为 15422 千克（34000 磅）
武装： 机鼻两挺、机尾部炮塔四挺、腰部位置两挺 7.7 毫米（0.303 英寸）机枪；最大载弹量为 2041 千克（4500 磅）

灵顿"与其倒霉的原型机已经没有什么相似之处。第一架 Mk Ⅰ 型,序列号为"L4212",在 1937 年 12 月 23 日首飞,安装了两台"飞马ⅩⅩ"发动机。第 9 中队于 1938 年 12 月开始接收新飞机,成为轰炸机司令部首个装备"威灵顿"的单位。

第二次世界大战爆发时,皇家空军中的"威灵顿"主要是安装"飞马"发动机的 Mk Ⅰ 型和 Mk Ⅰ A 型,后者只是稍微加长了翼展和机身。Mk Ⅱ 型和 Mk Ⅲ 型的原型机分别使用的是"梅林"发动机和布里斯托大力神发动机,而后者成了"威灵顿"轰炸机各型号的主要动力单元。不过,最为出名的早期型号则是 Mk Ⅰ C 型,安装的是"飞马ⅩⅧ"发动机。与 Ⅰ A 型略微不同,Ⅰ C 型的机身从机鼻后方开始稍微下切并修改了外形,这使机鼻炮塔有了更大的旋转范围。Ⅰ C 型还用腰部机枪代替了会增加很大阻力的机腹炮塔。此外,Ⅰ C 型还采用了自封油箱,这是从1939 年12 月14 日和18 日两次昼间轰炸黑尔戈兰湾的灾难性后果中吸取的教训,因为参战的 34 架"威灵顿"有一半被高射炮和战斗机击落。"威灵顿"Mk Ⅰ C 的总产量为 2685 架。

在吸取了 1939 年 12 月的教训之后,轰炸机司令部的"威灵顿"部队改为只进行夜间轰炸。1940 年 8 月,"威灵顿"参加了英国对柏林的首次轰炸。1942 年 4 月 1 日,第 9 中队和第 149 中队经过改装的"威灵顿 Ⅱ"轰炸机,在埃姆登投掷了两颗 1812 千克(3995 磅)重的炸弹,造成了毁灭性的后果,这也是这种炸弹首次投入实战。1940 年 9 月,"威灵顿"首次在中东参战;1942 年年初,"威灵顿"首次在远东参战。此时,轰炸机司令部中的"威灵顿"主要是 Mk Ⅲ 型(1519 架),其发动机已由两台 1119 千瓦(1500 马力)的布里斯托大力神发动机取代了可靠性不佳的"飞马",不过仍有四个中队(第 142、第 300、第 301 和第 305 中队,后面三个都是波兰中队)使用 Mk Ⅳ 型,该型飞机采用的是美国普拉特·惠特尼双黄蜂发动机。1941 年 6 月 22 日,"威灵顿 Ⅲ"投入身经百战的第 9 中队服役。在轰炸机司令部拥有足够多的四发轰炸机之前,"威灵顿 Ⅲ"一直是夜间轰炸德国的中坚力量。1942 年 5 月 30 日晚至 31 日凌晨,轰炸机司令部首次组织对德国进行"千机轰炸",在轰炸科隆的 1042 架飞机中,就包含了 599 架威灵顿。

海防司令部同样注意到了多用途、性能强的"威灵顿"。1942 年春,"威灵顿"的第一种通用侦察型 GR Ⅲ 问世,后来有 271 架标准 Mk Ⅰ C 型被改装成 GR Ⅲ。这型飞机安装了 ASV Mk Ⅱ 雷达,并且经过改装可携带鱼雷。GR Ⅲ 鱼雷轰炸机的使用被局限在地中海。在那里，GR Ⅲ 中队从马耳他岛起飞，猎杀来往于欧洲和北非的轴心国船队。另外有 58 架 GR Ⅲ 被改装成了反潜机，安装了大功率的"利"式探照灯，以照亮在水面航行的 U 型潜艇，因为后者在夜间进出比斯开湾时经常会以水面状态航行。反潜型"威灵顿"主要由驻丹佛奇维诺尔和直布罗陀的第 172 中队与第 179 中队使用。

"威灵顿"的最后一个轰炸机版本 Mk Ⅹ，生产了 3803 架，占"威灵顿"全系列总产量的三成多。Mk Ⅹ 在轰炸机司令部的战斗生涯较短，但在远东，它一直服役到第二次世界大战结束。海防司令部的第二个"威灵顿"型号是 GR Mk Ⅺ，这是专为该部队制造的四个型号中的首个。GR Ⅺ 和 GR Ⅹ Ⅲ 是专门用于鱼雷攻击的型号，而 GR Ⅻ 和 GR Ⅹ Ⅳ 是专用的反潜型号。

一些"威灵顿"还被改装为运输机和教练机，一种被命名为"DWI"的特殊型号安装了大型电磁线圈以引爆敌人的磁性水雷。加压高空型号的"威灵顿"Mk Ⅴ 则只有一架原型机。

第四章

苏联

伊留申 伊尔 -2M3（Ilyushin Il-2M3）

很多苏联飞机的机身都会有标语。这架飞机上面有"为了列宁格勒""为赫里斯坚科复仇！"两句标语，后者的"赫里斯坚科"是一个阵亡飞行员的名字。这架飞机来自 1944 年夏季的列宁格勒前线。

早期的伊尔 -2 是单座飞机，但在面对德国空军战斗机时几无还手之力。因此，飞机增加了一个后部机枪手，装备了一挺 BS 或别津 UBT 12.7 毫米（0.5 英寸）机枪。

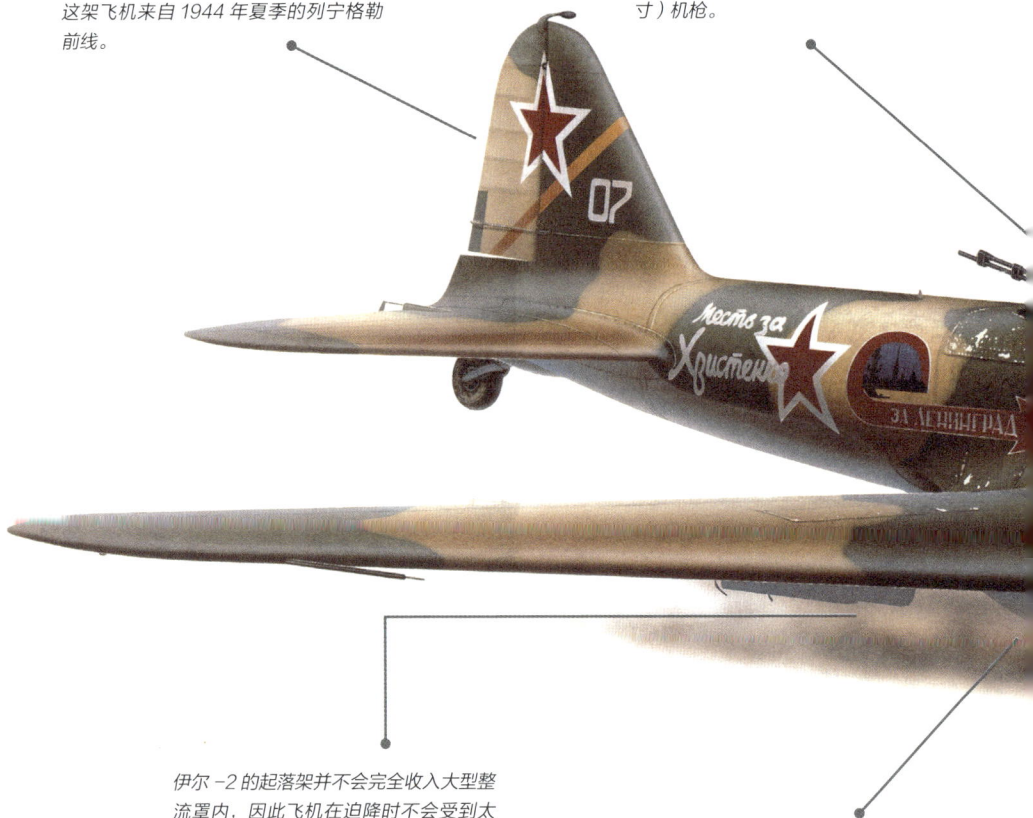

伊尔 -2 的起落架并不会完全收入大型整流罩内，因此飞机在迫降时不会受到太大伤害。在极端情况下，在不升起起落架时，整流罩内还可搭载一名乘客。

伊尔 -2M3 安装了两门 37 毫米（1.45 英寸）机炮，但通常是在翼下外挂两挺 23 毫米（0.9 英寸）机炮，在机翼内安装两挺 7.62 毫米（0.3 英寸）机枪。

座舱四周由一整块"澡盆"式装甲环绕，装甲本身也是飞机结构的一部分。"澡盆"后方由一块装甲板封上，这一整套防护可以抵御小于 20 毫米（0.79 英寸）的弹丸。

伊尔 2-M3 使用的米库林 AM-38F 乙二醇冷却 V12 发动机，其中有一些部件来自西方发动机。发动机上部的进气口用于冷却散热器。

伊尔 -2 最多能携带八枚这种带空心装药或"重磅炸弹"弹头的 RS-132 火箭，它们在对付德国坦克时十分有效。

从螺旋桨转轴中突出的圆形金属物体并不是机枪或者机炮，而是用于为发动机点火的哈克斯启动棘爪。

1938 年秋，国际局势已空前紧张，苏联空军总参谋部根据在西班牙内战空战中获得的经验教训，提出需要一种新型的用于提供近距离支援的飞机，以摧毁纳粹德国正在大规模生产的最新型坦克和装甲车辆。谢尔盖·伊留申和帕维尔·苏霍伊两位设计师奉命设计这种飞机。

在对两位设计师提交的方案进行全面评估后，伊留申的方案获得认可，并以"Bsh-2"（或"TsKB"）的名字制造出了原型机。该原型机在 1939 年 12 月 30 日首飞。"Bsh"是俄语"Bronyirovanni Shturmovik"的缩写，意为"装甲攻击机"，而"攻击机"也定义了伊尔 -2 的整个战斗生涯。TsKB-55 采用了混合结构，但是在所有关键部位都安装了大量防护装甲，因此整个机身前段被做成了一个重达 700 千克（1543 磅）的装甲外壳，这部分机身里包含了发动机、水箱和油冷却器、油箱以及机组人员。

两架原型机的测试表明，飞机动力不足，而且缺乏纵向稳定性。因此，第三架原型机 TsKB-57 将原先的 1007 千瓦（1350 马力）AM-35A 发动机更换为 AM-38 发动机。后者的输出功率在飞机起飞时能达 1193 千瓦（1600 马力），在 2000 米（6562 英尺）高度上也有 1156 千瓦（1550 马力），尽管安装 AM-38 的飞机在爬升率上不如安装 AM-35A 的飞机。纵向不稳定的问题则通过加大水平尾翼面积并调整飞机重心得到了解决。另外，第二个机组成员（无线电员 / 机枪手）被移除，也为安装额外油箱腾出了空间。其他的改动还包括：把后部装甲板的厚度从 7 毫米（0.27 英寸）增加到 12 毫米（0.47 英寸）；把原先的四挺 7.62 毫米（0.3 英寸）施卡斯机枪中的两挺更换为两门 20 毫米（0.79 英寸）施瓦克机炮。飞机还可在翼

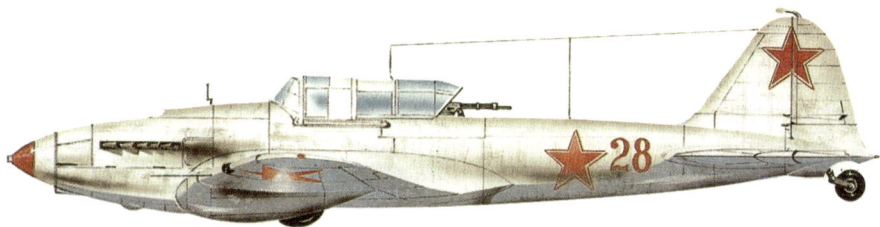

一架仓促涂上冬季迷彩的伊尔 -2M3。1943 年 2 月，伊尔 -2 在苏军发起的斯大林格勒反攻中发挥了重要作用，帮助苏军完全包围了德国第 6 集团军。

两架伊尔-2。早期的"攻击机"没有后部机枪手,在德军战斗机的打击下损失惨重。在经过相当长的一段时间后,军方才弥补了这一缺陷。

下的滑轨上挂载八枚 82 毫米（3.2 英寸）RS-82 空对地火箭弹, 或挂载 500—600 千克(1100—1323 磅)重的炸弹。TsKB-57 在海平面上最高可达 470 千米 / 小时(292 英里 / 小时) 的速度, 并在 1941 年 3 月成功通过了国家验收测试, 开始以 "伊尔 -2" 的名字进行全面生产。到德国入侵苏联时, 伊尔 -2 已经生产了 249 架。这批飞机主要用于训练, 而且在 TsKb-57 完成测试前, 甚至就有一小批预生产型被生产了出来, 成为第一批参战的伊尔 -2。

缺乏后部机枪手在战斗中被证明是一个严重缺陷, 并导致了高昂的损失。在前线单位的迫切要求下, 1942 年, 苏军原则上决定重新加装后部射手位置。另一个更紧急的改装是把施瓦克机炮换成了炮口初速更高的 23 毫米（0.9 英寸）Vya 机炮。为了增大发动机功率以缩短从草地或土路上的起飞距离, 并提高战斗机动性, 伊尔 -2

的发动机在经过改进后可在飞机起飞时提供最大 1305 千瓦（1750 马力）的动力，而改进后的发动机被命名为"AM-38F"。在安装了性能提升的发动机和新的武器配置后，新的改进型单座伊尔 -2M 于 1942 年秋交付前线，并在当年冬天的斯大林格勒战役期间被大量使用。

伊尔 -2 的改进并未就此停止。受装甲保护的前段机身通过向后延伸可将后部机枪手的座舱也包容在内。新的双座版伊尔 -2M3 于 1943 年 8 月投入服役，并在此后成为东线战斗中重要的、常常也是决定性的力量。到 1943—1944 年之间的冬季时，已有大量的伊尔 -2M3 在役（一些资料认为最多有 12000 架），装备了苏联空军和海军航空兵。苏联海军的伊尔 -2 被广泛用于攻击波罗的海和黑海的船只，通常使用炸弹和火箭弹，有时也会使用鱼雷。1943 年夏，伊尔 -2 的武器库里又多了反坦克榴弹。在机翼下方的投放器内，伊尔 -2 一次最多可携带 200 枚这种小型空心装药炸弹。在

这张广为流传的伊尔 -2 的照片很好地展示了该机的火力，这也是库尔斯克会战时伊尔 -2 使用的武器配置。伊尔 -2 是整个战机历史上产量最大的飞机，至少生产了 36183 架。

飞机遭受攻击时，这些投放器可以被抛掉，并通过降落伞降落到友军控制区内。

伊尔 -2 最值得被铭记的历史或许是它参与了库尔斯克会战。经过一系列试验后,伊尔 -2 安装了两门长身管反坦克炮,这在库尔斯克战场上成了对付新锐的"虎"式和"黑豹"坦克的利器。在对德军第 9 装甲师进行的 20 分钟集火打击中,伊尔 -2 飞行员声称其击毁了 70 辆坦克。在本次战役中，拥有 300 辆坦克且每个步兵连拥有 180 人的德军第 3 装甲师声称，其战后仅剩 30 辆坦克，平均每个步兵连仅剩 40 人，其中的大部分损失是由伊尔 -2 造成的。

伊尔 -2 的总产量达到了令人惊讶的 36183 架，超过历史上任何其他飞机的产量。伊尔 -2 的改进版本伊尔 -10 于 1943 年首飞，于 1944 年秋交付作战部队。在第二次世界大战末期，伊尔 -2 和伊尔 -10 都在德国上空战斗过，而且在第二次世界大战后，大量伊尔 -10 仍在苏联空军中服役，一些还参加了朝鲜战争。

机型：攻击机（伊尔 -2M3）

机组： 两人
动力单元： 一台 1320 千瓦（1770 马力）米库林 AM-38F 液冷直列发动机
最高速度： 在 760 米（2493 英尺）高度上，404 千米 / 小时（251 英里 / 小时）
爬升速度： 15 分钟爬升至 5000 米（16404 英尺）高度
实用升限： 6000 米（19685 英尺）
最远航程： 800 千米（497 英里）
翼展： 14.60 米（47 英尺 9 英寸）
机翼面积： 38.54 平方米（414.8 平方英尺）

长度： 11.60 米（38 英尺）
高度： 3.40 米（11 英尺 1 英寸）
重量： 空重 4525 千克（9976 磅）；最大满载重量为 6360 千克（14021 磅）
武装：（典型的）机翼安装两门 37 毫米（1.46 英寸）机炮和两挺 7.62 毫米（0.3 英寸）机枪；后部座舱安装一挺 12.7 毫米（0.5 英寸）机枪；200 枚 PTAB 空心装药反坦克炸弹，或者八枚 RS-82 或 RS-132 火箭弹

拉沃契金 拉 -5（Lavochkin La-5）

拉 -5FN 的动力来自一台谢维佐夫 M-82FN 星形发动机。发动机的 14 个气缸分成两排布置，带两级增压和燃油直喷功能。

拉 -5FN 只在机身前部上方安装两门机炮，并通过协调器来避开螺旋桨射击。两门机炮为 20 毫米（0.79 英寸）施瓦克机炮，每门备弹 200 发。

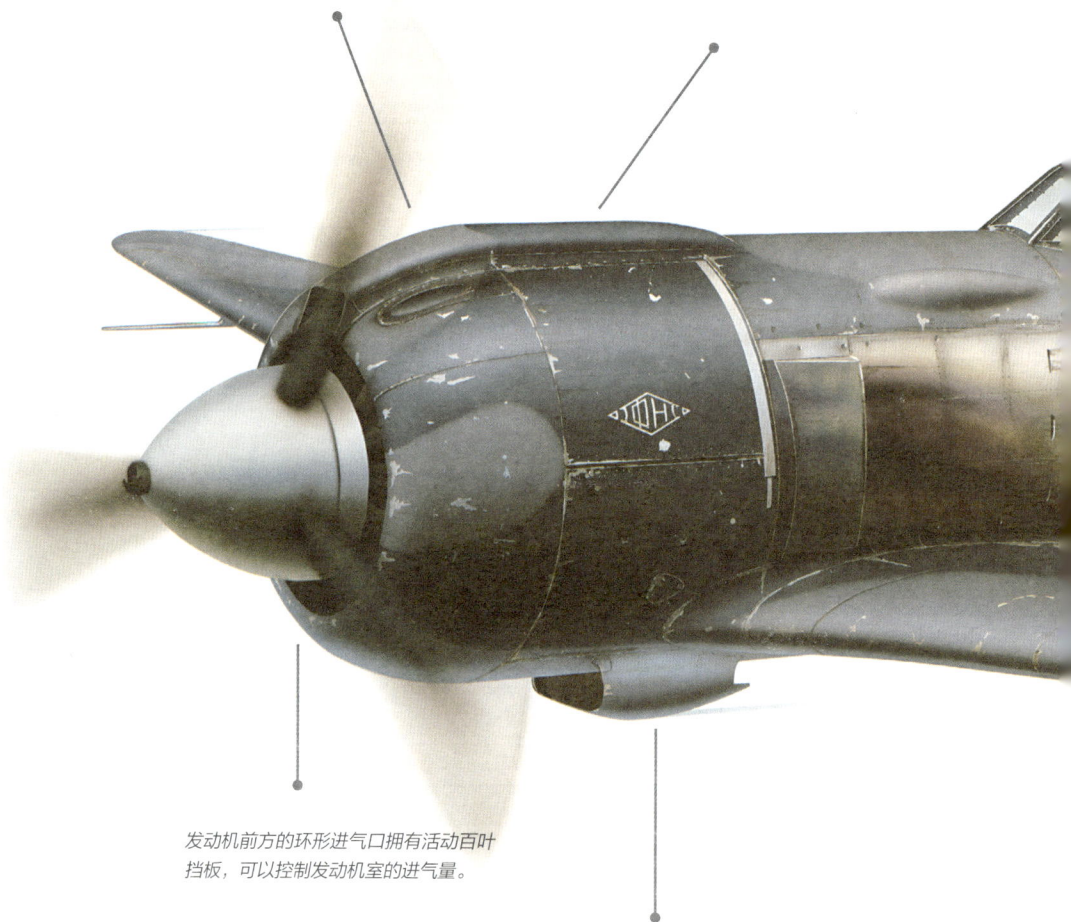

发动机前方的环形进气口拥有活动百叶挡板，可以控制发动机室的进气量。

发动机下方的进气口用于为油冷器提供冷却空气。进气口后方有一个活动挡板，用于控制通过冷却器的气流大小。

由于座椅位置较高，飞行员能从各个方向进行观察，除了飞机在地面滑行时受到较长的机身和增压器的阻挡，难以从前半弧观察。与西方的战斗机比起来，拉–5 的瞄准具十分原始。

飞机上的标语是"为了瓦谢克和卓拉"，但大多数苏联飞机上的标语是表达爱国主义或反德的。正式的标识表明，这架飞机属于 1944 年夏在列宁格勒附近服役的近卫第 159 战斗机团。

拉–5FN 主要是作为一种中低空战斗机，但偶尔也会执行对地攻击任务。这些飞机最多可挂载四枚 82 毫米（3.23 英寸）火箭弹，或两枚 50 千克（110 磅）和两枚 25 千克（55 磅）重的炸弹，或在翼下挂架处携带两枚 100 千克（220 磅）重的炸弹。

1941 年下半年，德国空军给苏联空军造成了惊人的损失，苏联空军迫切需要一种在梅塞施密特 Bf-109 面前不落下风的现代战斗机。正是为了满足这一需求，以"拉格 -3"为基础的拉沃契金"拉 -5"被研发出来。谢苗·拉沃契金保留了拉格 -3 重量轻且易于组装的木制结构机体，并在其中安装了一台 992 千瓦（1330 马力）的谢维佐夫 M-82F 星形发动机。其他的改进包括降低后机身高度以提升飞行员视野，以及增强火力。1942 年 5 月，拉 -5 通过了国家验收测试，并在两个月后开始量产。首个装备拉 -5 这一新式飞机的单位是 S.P. 达尼林上校的第 287 战斗机航空师，该部隶属伏尔加河前线的第 8 空军集团军，参与保卫斯大林格勒。1942 年 8 月 21 日，第 287 师加入战斗。9 月，该师飞行员参加了 299 次空战，并声称击落了 97 架敌机。到 1942 年年底，前线单位已获得 1182 架拉 -5，以任何标准来看，这都是个了不起的成就。

早期的战斗显示，拉 -5 几乎在各个方面都优于 Bf-109G，但是其爬升率较差。因此，拉沃契金重新设计了飞机的某些部分以减轻飞机的重量，并改用了 1126 千瓦（1510 马力）的 M-82FN 直喷发动机，这赋予了拉 -5 比 Bf-109G 和 Fw-190A4 拥有更好的爬升性能与机动性。这款改进后的飞机被称为"拉 -5FN"，于 1943 年 3 月首次出现在前线，并很快在某些非常出色的苏联飞行员手中大放异彩。他们当中就有伊万·阔日杜布，他在 1943 年夏的库尔斯克会战之前才第一次参战，然后驾驶拉沃契金战斗机获得了 62 个击落纪录，成为同盟国阵营的头号王牌飞行员。

苏联王牌飞行员伊万·阔日杜布驾驶的拉沃契金"拉 –5"战斗机。阔日杜布从 1943 年夏到 1945 年欧洲战场停战之前取得了 62 个战果，成了盟军阵营的头号王牌，并三次获得"苏联英雄"称号。

机身上有 31 个战绩标志的拉沃契金"拉 -5FN"——它是苏联王牌飞行员之一、获得过一次"苏联英雄"的伊万诺维奇·波普科夫的座驾。他最终的击落纪录是 41 架。

除了苏联空军，拉 -5FN 还装备了第 1 捷克战斗机团，其中一些飞行员也取得了令人瞩目的战绩。

性能明显优于德国战斗机的拉 -5FN，使苏联空军在为 1943 年计划中的攻势做准备时，能够发展出新的战术。苏联空军会使用全团出击的方式，组成加强阵型。拉 -5FN 通常被用于护送攻击机（伊尔 -2）和轻型轰炸机（佩 -2），并且在这些任务中，战斗机与轰炸机的比率由参战的轰炸机的数量决定。例如，四架轰炸机会由十架战斗机护送，16—24 架轰炸机会由 20 架战斗机护送。战斗机攻势扫荡通常由一个"集群"（三到四个双机编队组成）在一个划定的区域内巡逻，由另一个"集群"做出击准备。另外，战斗机双机编队还经常执行游猎巡逻（"自由猎杀"）。当掩护对地攻击机时，负责掩护的战斗机会分成两组，即伴随护航组和攻击组。前者会在高出攻击机 90—300 米（300—1000 英尺）的位置，一直伴随在攻击机附近。这些战斗机的任务是与试图突破编队前锋、对攻击机队形造成直接威胁的敌军战斗机交战。它们通常在目标区上空散开，并在敌军地面防空武器射程外绕圈，随时准备占据原来的位置以便撤出。如果敌军战斗机没有出现，直接护航的战斗机通常会俯冲下去，扫射地面目标。拉 -5 有时会被用作对地攻击机，携带四枚 82 毫米（3.23 英寸）RS-82 空对地火箭弹或两枚 PTAB 反坦克地雷布撒器。攻击组的战斗机会在护航组战斗机上方460—900 米（1500—3000 英尺）处，或在攻击机编队的正上方或前方 0.8 千米（0.5英里）的位置。其中一个双机小组通常会前出侦察敌情，而第二个双机小组会在攻击机编队朝向太阳的方向的高处巡航，以便随时背对太阳俯冲下去，奇袭来犯的敌军战斗机。在目标上空，攻击组一般会飞到3000米（9842英尺）的高处，以躲避高射炮，并在一块固定空域上巡逻，直到攻击机呼叫掩护撤退。

与拉-5相比，拉-7使用了相似的发动机，在其他设计上只有微小差异。拉-5还有双座教练机版本"拉-5UTI"，这使得拉-5、拉-7系列的总产量在第二次世界大战结束时达到了21975架。拉沃契金最后的两种活塞式战斗机是"拉-9"和"拉-11"。拉-9于1944年开始设计，它比拉-5、拉-7稍大，拥有全金属结构，以及重新设计过的座舱盖和方形翼尖。拉-11在机翼面积上稍微小于拉-9，火力也有所减弱。

拉-5是一种强大的战斗机，可以匹敌甚至压倒同时期德国空军的战斗机，因此让德军飞行员感到恐惧。一部分苏联王牌飞行员驾驶过这种飞机，并发挥了它的潜在战斗力。

机型：战斗机（拉-5FN）

机组：一人

动力单元：一台 1215 千瓦（1630 马力）Ash-82FN 星形发动机

最高速度：在 5000 米（16404 英尺）高度上，647 千米 / 小时（402 英里 / 小时）

爬升速度：5 分钟至 5000 米（16404 英尺）

实用升限：11000 米（36089 英尺）

最远航程：765 千米（475 英里）

翼展：9.80 米（32 英尺 1 英寸）

机翼面积：17.59 平方米（189.3 平方英尺）

长度：8.67 米（28 英尺 4 英寸）

高度：2.54 米（8 英尺 3 英寸）

重量：空重 2605 千克（5743 磅）；最大满载重量为 3402 千克（7500 磅）

武装：机鼻安装两门 20 毫米（0.79 英寸）施瓦克机炮或 23 毫米（0.9 英寸）NS 机炮；可挂载四枚 82 毫米（3.23 英寸）RS-82 火箭弹或 150 千克（331 磅）重的炸弹或反坦克地雷

波利卡波夫 伊 -16（Polikarpov I-16）

伊 -16-5 的座舱盖为滑动式。座舱内仅有一些原始的设备。一具穿过风挡的、带有十字线的望远镜式瞄准具供飞行员使用。

这架伊 -16-5 型的机尾上有共和军的标志性颜色。"大力水手波派"的图案表明，这架飞机隶属于 1937—1938 年西班牙内战时期共和军空军的第 4 中队。

伊 -16-5 用滑橇代替了尾轮，其后部机身内有一个减震器。

伊 -16-5 在机翼上安装了两挺施卡斯 7.62 毫米（0.3 英寸）机枪，每挺机枪备弹 900 发。

伊 -16-5 安装一台谢维佐夫 M-25 九缸星形发动机，这是苏联版的莱特"旋风"SR-1820-F-3 发动机。

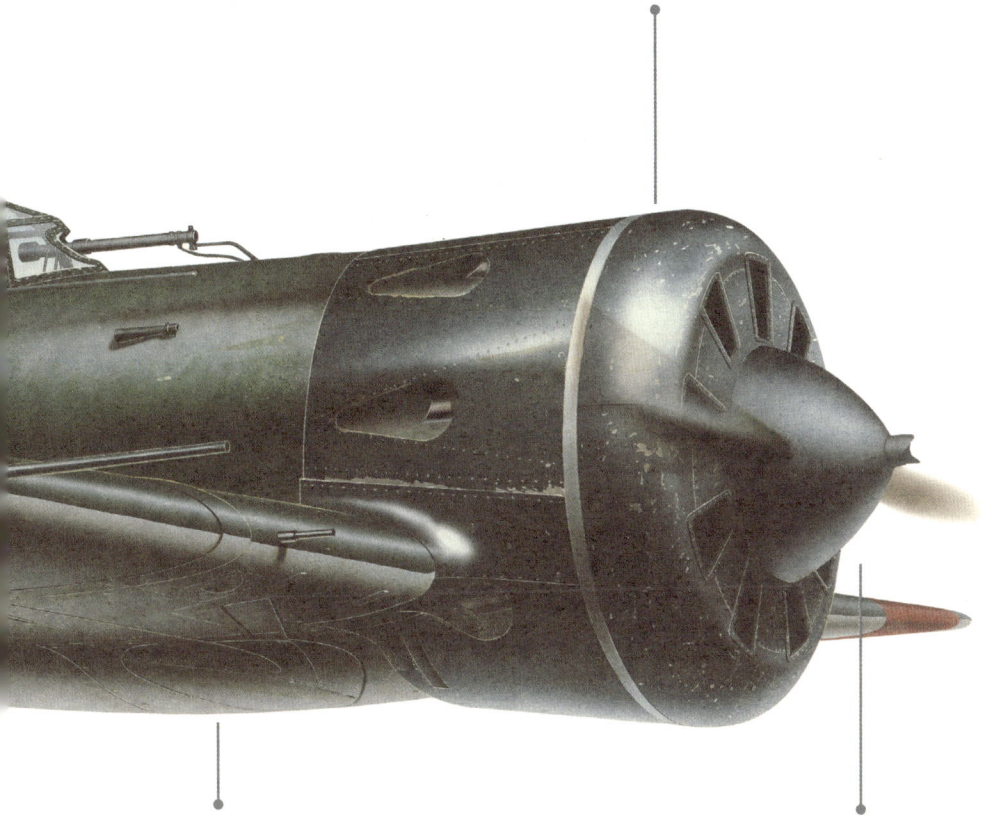

伊 -16 是苏联第一款带有可伸缩起落架的战斗机。但这对飞行员来说不是什么好事，因为需要摇手柄至少 100 圈才能收起起落架。

和大多数苏联飞机一样，伊 -16 在螺旋桨转轴上安装了一个给发动机点火的哈克斯启动器。

这架波利卡波夫伊-16的机身上有"为了斯大林！"的经典口号。伊-16是苏联第一款悬臂式下单翼飞机，带有可伸缩起落架。伊-16于1933年12月首飞并参加了西班牙内战。

1933年12月31日，在伊-15双翼机问世仅两个月后，另一种全新的波利卡波夫战斗机成功首飞。这就是"伊-16"或"TskB-12"，一种下单翼战斗机，带可伸缩起落架，安装两挺7.62毫米（0.3英寸）机枪于机翼上，使用一台大型358千瓦（480马力）M-22发动机。作为世界上第一种安装了可伸缩起落架的量产型单翼机，五架伊-16在1935年5月1日莫斯科举行的阅兵式上数次飞过红场上空时，吸引了全世界的目光。伊-16也是苏联第一种在驾驶舱四周安装装甲板的飞机。伊-16的首批生产型包括4型、5型和10型，安装的是559千瓦（750马力）M-25B发动机，该发动机能将飞机的最高速度提升到466千米/小时（290英里/小时）。在这些衍生型中，起落架和襟翼都是要手动才能放下的，即飞行员需要使劲转动曲柄44次。伊-16不久被发现是架新手飞行员难以操控的飞机。在它的缺点当中，有一点是严重缺乏纵向稳定性，这一问题在后续型号中得到部分解决。在20世纪30年代中期，伊-16的基本设计逐步得到修改以适应各种不同任务。其中制造出来的型号有TskB-18，这是一种攻击机，安装四挺PV-1同步机枪，在机翼处安装两挺机枪，可挂载两颗100千克（220磅）重的炸弹，并在飞行员的前方、下方和后方都提供了装甲保护。1938年，在机翼上安装机炮的伊-16-17型接受测试，这一型号的产量很大。之后，在军械工程师B.G.什皮托尼的帮助下，波利卡波夫制造出了TskB-12P，这是世界上第一种安装两门可从螺旋桨后方发射的同步机炮的飞机。伊 -16 的最后一个战斗机型号是 24 型,它安装一台 746 千瓦（1000 马力）M-62R 发动机,将飞机的最高速度提升到了 523 千米 / 小时（325 英里 / 小时）。在 1940 年停产前,伊 -16 总计生产了 6555 架。

从西班牙内战开始,伊 -16 在其服役生涯中经历了无数次战斗。1936 年 11 月 15 日,首架伊 -16 运抵西班牙参战,掩护共和军向正朝巴尔德莫罗、塞塞尼亚和埃斯基维亚斯进军的国民军发动攻击。被共和军称为"苍蝇"、国民军称为"老鼠"的伊 -16,在性能上优于亨克尔 He-51。它也比它最为著名的对手——国民军的菲亚特 CR-32 要快,尽管后者在机动性上稍好,作为射击平台也更稳定。除此之外,国民军胜在战术素养高,而共和军喜欢组成大型、紧密和僵硬的队形,这种队形很难保持但又容易被发现。在之后的战斗中,共和军空军进行了大量改组,许多伊 -15 和伊 -16 原先全部由苏联人员组成的单位,开始被移交给西班牙。第一个完全由西班牙人组成的伊 -16 单位是第 21 大队,该大队用"老鼠"替换掉了宝玑 19 型战斗机,及时赶上了共和军哈拉马河反击战的最后阶段。在本次战役中,另一个驻巴拉哈斯的、由苏联红军组成的伊 -16 中队主要负责对国民军进行扫射攻击。

机型：战斗机

机组：一人
动力单元：一台 820 千瓦（1100 马力）谢维佐夫 M-63 九缸星形发动机
最高速度：489 千米 / 小时（304 英里 / 小时）
爬升速度：4 分钟至 5000 米（16404 英尺）
实用升限：9000 米（29572 英尺）
最远航程：700 千米（435 英里）
翼展：9.00 米（29 尺 5 英寸）
机翼面积：14.54 平方米（156.5 平方英尺）

长度：6.13 米（20 英尺 1 英寸）
高度：2.57 米（8 英尺 2 英寸）
重量：空重 1490 千克（3285 磅）；最大满载重量为 2095 千克（4619 磅）
武装：机身前部上方两挺 7.62 毫米（0.3 英寸）机枪；机翼两挺 7.62 毫米（0.3 英寸）机枪或两门 20 毫米（0.79 英寸）机炮；外部最多可挂载 500 千克（1102 磅）重的炸弹或火箭弹

从 1937 年到 1939 年,伊 -16 参加了中日战争,也参与了中苏边界的诺门罕冲突。这一冲突区域上空还发生了一个有趣的著名事件。1939 年 8 月 20 日,五架伊 -16 在 N.I. 兹沃纳列夫上尉的率领下,使用 RS-82 空对地火箭弹向一队日军飞机齐射,并击落了其中的两架,这是世界上首次战机之间的火箭交战。伊 -16

还参加了 1939—1940 年苏联与芬兰之间的"冬季战争",专门以三或四架飞机组成的小队低空突袭芬兰的机场。

在 1941 年 6 月德国入侵苏联时,苏联红军一线战斗机部队的主力还是伊 -16。在面对性能和技术都超过自己的对手时,伊 -16 的飞行员常常会使用极端手段。在战争的首日,至少发生了五次苏联伊 -16 战斗机有意撞击敌机的事件。其中的

三名飞行员来自第123战斗机航空团。伊-16在这种绝望的交战中唯一可以依仗的是其机动性；当一个伊-16的飞行员发现自己的飞机被咬住时，他会驾驶着飞机来个急转弯，然后全速向敌军迎头飞去。

在列宁格勒和克里米亚，伊-16在一线一直战斗到1942年，然后被更现代的战斗机取代，并被用于训练任务。

伊-16非常难操控，尤其是在纵向平面上，这主要是因为其机身太短。收回起落架对伊-16的飞行员来说也不是个轻松活，他们需要转动手柄100次。1942年后，伊-16被用于训练任务。

佩特利亚科夫 佩 -2FT（Petlyakov Pe-2FT）

佩 -2 的机组为三人，包括飞行员、投弹手 / 导航员、无线电员。飞行员坐在十分简单的座舱内，但是有装甲背板和头枕保护着。

投弹手 / 导航员坐在座舱后方的朝后的炮塔里，操作一挺 12.7 毫米（ 0.5 英寸）UBT 机枪。炮塔后方有个风向标，用于平衡后部机枪在没有朝向正后方时产生的阻力。

佩 -2 在机鼻两侧各有一挺 7.62 毫米（ 0.3 英寸）机枪，每挺备弹 500 发，由飞行员使用座舱里的瞄准镜进行瞄准。机枪后方的机鼻下方是透明的投弹瞄准口。

大多数后期型佩 -2 使用克里莫夫 VK-105PF 直列发动机，来驱动一个三叶定速螺旋桨。

佩 -2 能够在弹舱里携带四枚 250 千克（ 551 磅）重的炸弹，在两个发动机舱下方可各挂一枚 100 千克（ 220 磅）重的炸弹，在两侧翼根还可以再挂两枚 100 千克（ 220 磅）重的炸弹。

图中的标识表明，这架飞机来自近卫第12俯冲轰炸机航空团，在1944年服役于波罗的海舰队。

佩－2 在机翼上安装了条状俯冲减速器，以降低俯冲时的空速。

腹部机枪由无线电员操作。他可以通过两侧的窗口或机枪的望远镜式瞄准具瞄准。图中的是一挺 12.7 毫米（0.5 英寸）UB 机枪。

这架佩 -2 轰炸机机身上的铭文是"列宁格勒 - 柯尼斯堡"。在苏军清扫向东普鲁士、波兰和柏林进军路上的德军据点时，佩 -2 发挥了关键作用。

　　佩特利亚科夫佩 -2 轻型轰炸机源自于 1938 年设计的一款高空截击机Ⅵ -100。Ⅵ -100 使用两台克里莫夫 M-105R 发动机，拥有一个加压座舱。Ⅵ -100 在 1939 年 5 月开始飞行测试，在接到将其改装成双座（飞行员和机枪手）高空轻型轰炸机的要求时，测试已经十分深入。后来，在加入一名投弹手后，包括飞行员和机枪手在内的机组增加到三人。然而，高空轰炸机的理念注定很快就会过时，而且Ⅵ -100 即便在开发时也没有获得能保证足够精度的高空轰炸瞄准具。来自西班牙内战的战斗分析为飞机指明了发展方向——成为专门用于战术支援的高速水平轰炸机和俯冲轰炸机。因此，Ⅵ -100 被重新命名为"PB-100"，前缀"PB"来自俄文的"Pikiruyushchii Bombardirovshchik"，意为"俯冲轰炸机"。PB-100 去掉了 TK-3 发动机增压器和座舱加压装置，并在机翼上加了俯冲减速器。

　　1940 年 4 月，PB-100 原型机首飞。在试飞项目中，飞机暴露了一系列恼人的问题，包括：如果发动机熄火，飞机就容易儿乎毫无预警地进入水平螺旋下降。尽管如此，它比当时苏联生产的大多数战斗机都要好，试飞员和驾驶过该飞机的苏联空军人员对该飞机的高速性能感到满意。俯冲轰炸的精度十分优秀，这得益于十分高效的俯冲减速器能够把俯冲速度控制在 600 千米 / 小时（373 英里 / 小时）以内。1941 年 2 月，苏联下令生产 PB-100，并将其命名为"佩 -2"。到当年 6 月德国入侵苏联时，交付部队的佩 -2 已有 462 架，但是在战争初期，由于缺乏训练充分的机组人员，这些飞

机型：轻型轰炸机

机组： 三人

动力单元： 两台 940 千瓦（1260 马力）克里莫夫 VK-105PF 12 缸 V 型发动机

最高速度： 580 千米 / 小时（360 英里 / 小时）

爬升速度： 9 分钟 18 秒至 5000 米（16404 英尺）

实用升限： 8800 米（28871 英尺）

最远航程： 携带 1000 千克（2205 磅）炸弹时，1315 千米（817 英里）

翼展： 17.11 米（56 英尺 1 英寸）

机翼面积： 40.50 平方米（436 平方英尺）

长度： 12.78 米（41 英尺 9 英寸）

高度： 3.42 米（11 英尺 2 英寸）

重量： 空重 5950 千克（13117 磅）；最大满载重量为 8520 千克（18783 磅）

武装： 机鼻两挺 7.62 毫米（0.3 英寸）机枪，或者一挺 7.62 毫米（0.3 英寸）机枪加一挺 12.7 毫米（0.5 英寸）机枪；机背炮塔内一挺 7.62 毫米（0.3 英寸）机枪；腹部射击口一挺 7.62 毫米（0.3 英寸）或 12.7 毫米（0.5 英寸）机枪；窗口位置枪座上可安装一挺射击水平方向的 7.62 毫米（0.3 英寸）或 12.7 毫米（0.5 英寸）机枪；最大载弹量为 1600 千克（3527 磅）

机大多没有参战。直到 8 月下旬，佩 -2 才投入战斗，主要对德军装甲纵队发动低空袭击。在这些早期战斗中，佩 -2 以其高速性能和自卫武器体现了其价值。在一次战斗中，第 39 轰炸机航空团的佩 -2 遭到 10 架 Bf-109 攻击，佩 -2 击落了其中的三架，并击退了其他德国战斗机。

佩 -2 的生产由此迅速达到了高峰。1941 年下半年，苏联工厂又生产了 1405 架佩 -2。1942 年 1 月，佩 -2 的设计师弗拉基米尔·M. 佩特利亚科夫驾驶佩 -2，从苏联主要的轰炸机生产地喀山飞往莫斯科参加会议时被击落。接替他的 A.M. 伊萨克森，曾在 1937 年和佩特利亚科夫一起因被控向德国人传递技术信息而入狱。他们两人在奉命设计Ⅵ -100 时实际上还处于被捕状态，而佩 -2 帮他们恢复了自由。

1942 年春，当 Bf-109F 出现在东线时，佩 -2 就碰上了拦路虎。在苏联轰炸机首选的 3000 米（9842 英尺）高度上，Bf-109F 的时速比佩 -2 的快了大约 50 千米 / 小时（30 英里 / 小时）。佩 -2 被迫将投弹高度提高到 5000—7000 米（16400—22960 英尺），这虽然给 Bf-109F 造成了威胁，但反过来也降低了投弹精度。对此，苏联人的解决方案是加强佩 -2 的防护与武装，以便飞机在重回中空位置后仍有幸存的机会。1942 年年底，佩 -2FT 问世，这一型号安装了两台 940 千瓦（1260 马力）克里莫夫 M-105PF 发动机，在机腹安装一挺 12.7 毫米（0.5 英寸）UBT 机枪，以取代座舱后部安装在活动枪座上的施卡斯机枪。"FT"这一前缀代表"前线需求"的意思。不过，装甲和火力的增强也意味着飞机重量的增加和性能的下降。因此，当 Bf-109G 和 Fw-190 进入东线战场后，佩 -2 的损失率开始攀升。直到 1943 年拉沃契金"拉 -5"战斗机能够提供护航后，佩 -2 的损失率才开始下降。

苏军中佩 -2 的顶尖高手是获得两次"苏联英雄"称号的伊万·S. 波尔宾上校，他在 1942 年和 1943 年分别担任了第 150 轰炸机航空团和第 1 轰炸机航空军的指挥官，并在 1943 年 7 月的库尔斯克会战中表现突出。1944 年，波尔宾担任精锐的第 4 轰炸机航空军的指挥官，并在苏军挺进波兰的战斗中指挥这一部队。在第二次世界大战的最后一年，佩 -2 为扫清苏联进军路上的德国据点发挥了重要作用，

1944—1945 年间的冬季，一架正在大雪中准备执行任务的佩 -2。佩 -2 有多个型号，用于执行多种任务，其中包括夜间战斗机型。其主要的轰炸机型号是佩 -2FT，其衍生型佩 -2FZ 拥有更好的座舱设施。

尤其是在把众多城镇要塞化的东普鲁士。1945年8月，在对日作战中，佩-2也提供了有效打击。

佩-2在其服役生涯中出现了多种衍生型。这其中有：佩-2M，一种使用VK-105发动机和拥有可容纳500千克（1102磅）炸弹的加大弹舱的型号；佩-2FZ，一种改善了座舱设施的佩-2FT的衍生型；佩-2I，用中单翼代替了下单翼；佩-2RD，在尾部安装了一个RD-1辅助火箭发动机（在1944年的测试中爆炸过）；佩-2UT，一种带双重控制系统的教练机。佩-2装备机炮、机枪和火箭弹的多用途战斗机版本被称为"佩-3"。佩-2和佩-3各型号的总产量为11427架。

图波列夫 图 -2（Tupolev Tu-2）

后机身背部炮塔设有无线电员的位置，内装一挺 12.7 毫米（0.5 英寸）UBT 机枪。

该标识显示这是 1944 年苏联空军的一架图 -2S。飞机的上部涂装为暗绿色，下部为淡蓝色。

机腹射击口安装一挺 12.7 毫米（0.5 英寸）UBT 机枪。其上方的两侧各有三个观察窗，这些观察窗在后期型号中被更换为一整个大型观察窗。

图 -2 使用两台谢维佐夫 M-82FN 14 缸双排星形发动机。发动机整流罩上方的大型进气口是为化油器提供冷却空气的，而发动机下方的进气口则用于冷却油冷却器。

飞行员和导航员背靠背坐在驾驶舱内。导航员配备了一挺 12.7 毫米（0.5 英寸）UBT 机枪。座舱盖上凸出的桅杆内有一根空速管，它同时也是无线电天线的一部分。

在进入轰炸航线后，导航员会向前进入投弹瞄准舱。瞄准舱的下半部分由透明的光学平板玻璃构成。

每侧翼根都安装了一挺 20 毫米（0.79 英寸）施瓦克机炮，由飞行员用座舱中的瞄准镜瞄准。图 -2 经常参加低空扫射攻击。

图 -2 长长的弹舱足以容纳一枚 1000 千克（2205 磅）重的炸弹或多件较小的武器。额外的大型炸弹可挂在翼根下方的挂架上，同时机翼外段的五个挂架还可以携带较小的炸弹。

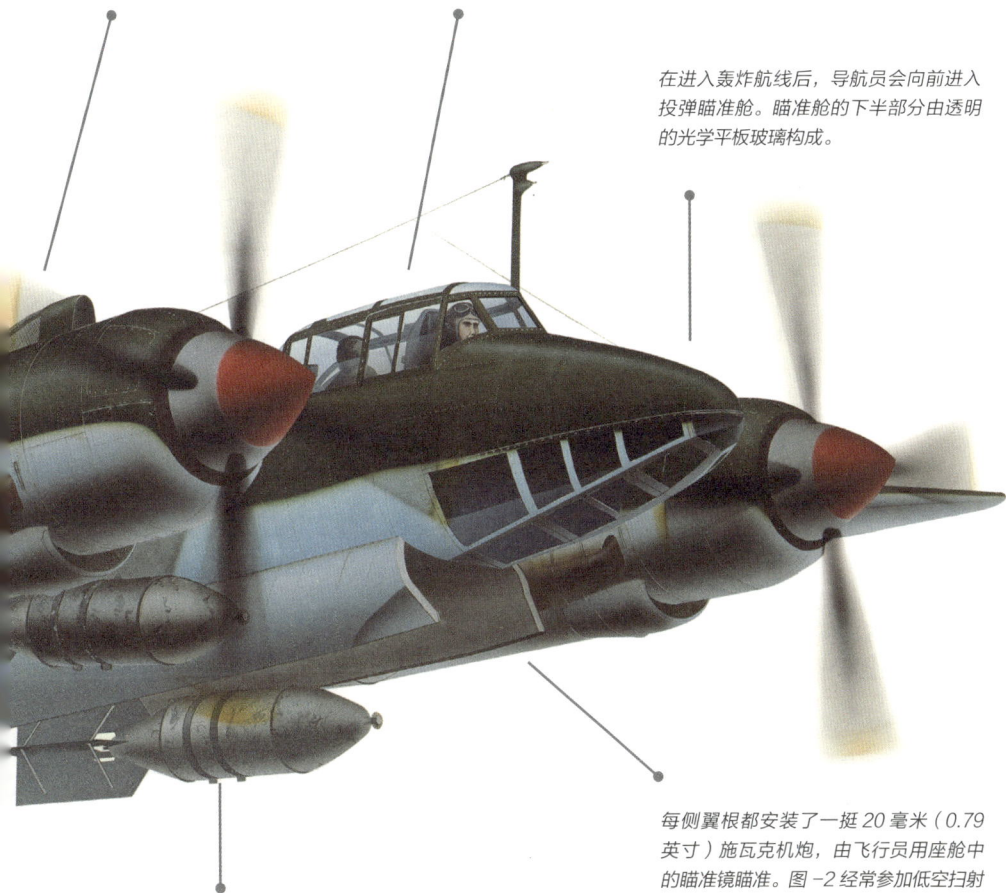

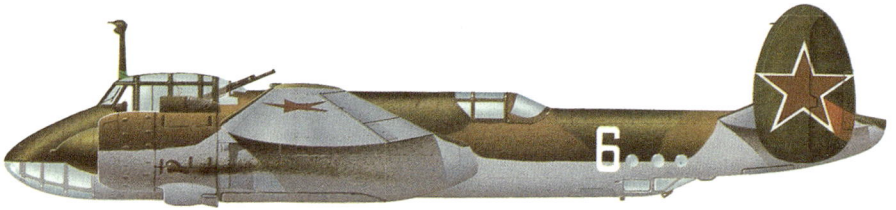

图 -2 是第二次世界大战期间参战过的最好的高速轰炸机，其首架原型机在 1941 年 1 月首飞。图 -2 战后的产量比战争时期的产量还高，这是对其性能的最好肯定。

1938 年，由安德烈·图波列夫领导的设计局接到了一项任务，要求开发一种性能与同时期战斗机相当、内部载弹量又大的轻型轰炸机。这架飞机还必须要有良好的作战半径，并可用于俯冲轰炸。出于保密原因，这一项目的产物被称为"飞机 103"，并在图波列夫设计局内被命名为"ANT-58"。ANT-58 是一种全金属中单翼飞机，配备三名机组人员，安装两台 1044 千瓦（1400 马力）米库林 AM-37 V-12 直列发动机。原型机于 1941 年 1 月 29 日首飞，后续的飞行测试显示该飞机拥有出众的性能。第二架原型机"飞机 103U"（设计局将其命名为"ANT-59"）于 1941 年 5 月 18 日首飞，同样使用了 AM-37 发动机，但做出了一些修改，包括加入第四名机组人员以操作紧靠尾部的腹部射击口，并保护此前一直缺乏防护的部位。

苏联立马开始准备量产这一型号飞机，但却碰上了一大堆问题，尤其是 AM-37 发动机供应不足。于是，AM-37 发动机被单台功率为 992 千瓦（1330 马力）的谢维佐夫 Ash-82 星形发动机取代。这成为第三架原型机"飞机 103V"（ANT-60）的动力，该机于 1941 年 12 月首飞，采用了与 ANT-59 相同的武器和人员配置。1942 年年初，ANT-59 开始进行少量生产，同时被更名为"图 -2 轰炸机"，但是由于需要抢在快速进军的德军前面迁移大量飞机制造厂，图 -2 的交付十分缓慢。在某些方面，图 -2 的设计过于复杂，因此图波列夫受命简化飞机结构以适应大规模生产。于是，图 -2 的液压和电气系统被简化，内部设备被修改，结构也根据命令进行了调整，这一系列改进使得生产图 -2 的人工时数减少了 20%，同时还使勤务性能有了显著提高。

机型：轻型轰炸机（图 -2S）

机组：四人
动力单元：两台 1380 千瓦（1850 马力）谢维佐夫 Ash-82FN 星形发动机
最高速度：在 5400 米（17715 英尺）高度上，547 千米 / 小时（340 英里 / 小时）
爬升速度：9 分钟 30 秒至 5000 米（16405 英尺）
实用升限：9500 米（31170 英尺）
最远航程：2000 千米（1243 英里）
翼展：18.86 米（61 英尺 10 英寸）

机翼面积：48.80 平方米（525.3 平方英尺）
长度：13.80 米（45 英尺 3 英寸）
高度：4.56 米（15 英尺）
重量：空重 8260 千克（18200 磅）；最大满载重量为 12800 千克（28219 磅）
武装：翼根两门 20 毫米（0.79 英寸）施瓦克机炮，三挺 12.7 毫米（0.5 英寸）UBT 机枪，另外可挂载重达 3000 千克（6614 磅）的炸弹

头一批量产型的第一架于 1942 年 9 月交付加里宁附近的一个服役测试单位，并完成了作战测试。飞行员对图 -2 不吝赞美之词，他们在报告中着重强调了图 -2 巨大的载弹量、优秀的作战半径、良好的自卫火力、仅靠一台发动机的飞行能力，以及飞行员换装时能轻松上手的优点。

不过由于早期存在的问题，图 -2 直到 1943 年才开始量产，而作战单位要到 1944 年春才开始换装图 -2。图 -2 首次大规模参战是在 1944 年 6 月的卡累利阿（芬兰）前线。在执行本职的轰炸任务时，图 -2 在第二次世界大战最后的几个月中极为高效地执行了多次任务，尤其是在轰炸如东普鲁士的柯尼斯堡（现今加里宁格勒）这样的敌军要塞化的城镇时。在 1945 年 8 月苏联对抗日本关东军的作战中，图 -2 也被大量使用。

虽然战时产量只有 1111 架，但对于苏联战术轰炸机部队来说，图 -2 拥有巨大的价值，同时又能执行多种其他任务。其中之一便是作为"嘎斯 -67B 越野车"的运载工具，这是苏联伞兵部队广泛使用的车辆。运输时，越野车被部分放进图 -2 的弹舱，之后用降落伞空投。1944 年 10 月，图 -2 的远程型号"图 -2D"（ANT-62）问世，这一型号加大了翼展，机组人员增加到了五人。从 1945 年 1 月到 3 月，鱼雷轰炸机版的"图 -2T"（ANT-62T）进行了测试，后交付给了苏联海军航空兵。用于侦察的"图 -2R"，也叫"图 -6"，在机舱中携带了一组照相机，并且为了在高空飞行，其机翼被加长，机鼻经过重新设计和加长，尾翼总成被放大，发动机舱也经过了修改。另一种对地攻击试验型"图 -2Sh"被用于测试各种武器配置，

包括把一门75毫米（2.95英寸）机炮安装于"实心"机鼻中，并在弹舱中安装48挺7.62毫米（0.3英寸）机枪，以直接向下朝无掩护的人员开火。

第二次世界大战后，图-2成为测试各种发动机的理想平台，苏联的第一代喷气式发动机也在上面测试过。1945年后，图-2仍在生产，大约有3000架被

苏联阵营的其他国家获得。中国的图-2曾在朝鲜战争中与联合国军的战斗机交战过，但被F-86"佩刀"击落。1951年11月30日，第4战斗机截击机大队的F-86在鸭绿江以南击落了一队12架图-2中的八架，以及三架护航的拉-9战斗机。图-2的最后一个型号是"ANT-68"，一种以"图-10"的名义短暂服役的高空型号。

图-2深受其机组人员的喜爱。一名资深飞行员甚至夸口称，扔掉炸弹后的图-2在转向能力上不输任何战斗机。图-2后来加入新成立的中华人民共和国空军，参加了朝鲜战争。

雅克列夫 雅克 -3（Yakolev Yak-3）

雅克 -3 的标准机枪配置是在前部上方安装两挺 12.7 毫米（0.5 英寸）机枪。部分早期生产型仅在左侧安装一挺。

雅克 -3 的风挡为一体式，取代了之前雅克 -1 的四片式风挡，这改善了视野，减少了重量，并减小了阻力。

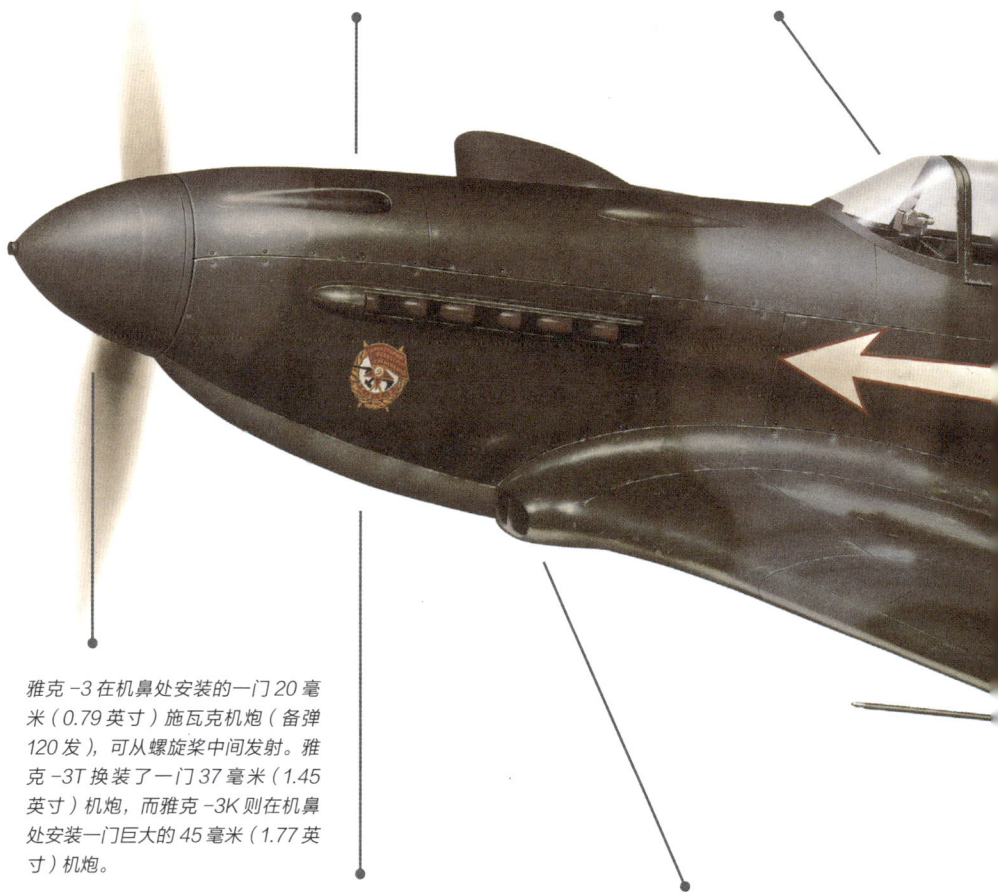

雅克 -3 在机鼻处安装的一门 20 毫米（0.79 英寸）施瓦克机炮（备弹 120 发），可从螺旋桨中间发射。雅克 -3T 换装了一门 37 毫米（1.45 英寸）机炮，而雅克 -3K 则在机鼻处安装一门巨大的 45 毫米（1.77 英寸）机炮。

雅克 -3 原打算使用克里莫夫 VK-107 发动机，但由于后者未能及时交货，最后使用的是 VK-105PF-2 发动机。在第二次世界大战快要结束时，雅克 -3 才用上 VK-107，并被称为"雅克 -3U"。

与雅克 -1、雅克 -7 和雅克 -9 不一样的是，雅克 -3 是在翼根处安装了一个大型的油冷器进气口，而非在前机身下方。德国空军飞行员以此作为雅克 -3 的识别特征。

雅克 -3 的座舱视野非常好，但也仅此而已了。其瞄准具十分原始，没有用于盲飞的仪表，座舱内甚至连油量表都没有。

雅克 -3 的散热器安装在机身下方紧靠机翼的位置。多余的空气将通过散热器后方的喷射活门排出。在有需要时，喷射活门也可关闭。

图中的雅克 -3 是第 303 战斗机航空团指挥官格奥尔基·扎哈罗夫少将的座机。他的个人标志——一个骑士正在杀死一条长着戈培尔的脸的蛇——在飞机侧面。

优秀的雅克-3战斗机是以1940年的雅克-1为起点进行演变的活塞式战斗机的最后一款。首批雅克-3在1943年夏交付东线前线，并赶上了参加库尔斯克会战。

　　直到1939年和1940年，三架可以被称为现代战斗机的苏联飞机的原型机才出现。第一架是"拉格-3"，其名由拉沃契金、戈尔布诺夫和古德科夫三位工程师的名字的首字母组成。这一出众的小飞机，采用了全木制结构，外形与法国的"德瓦蒂纳D520"极为相似。它装备一门20毫米（0.79英寸）施瓦克机炮、两挺7.62毫米（0.3英寸）施卡斯机枪和一挺12.7毫米（0.5英寸）别列津机枪。1939

年 3 月，拉格 -3 首飞。第二架是 1940 年 3 月首飞的"米格 -1"，它是阿纳斯塔斯·米高扬和米哈伊尔·古列维奇两位航空工程师通力合作的成果。米格 -1 是一种开放式座舱单座战斗机，它在设计上不算特别成功，但在被大幅改进的米格 -3 取代之前仍然生产了超过 2000 架。第三架是"雅克 -1'美女'"，它于 1940 年 11 月 7 日在一次航空展上首次亮相。这是亚历山大·雅克列夫设计的第一款战斗机，他也因此赢得了列宁勋章、一辆吉斯小汽车和 10 万卢布奖金。这种战斗机使用一台 746 千瓦（1000 马力）M-105PA 发动机，安装一门 20 毫米（0.79 英寸）施瓦克机炮、两挺 7.62 毫米（0.3 英寸）施卡斯机枪，有时可再加六枚 RS-82 火箭弹。雅克 -1 采用混合结构，以及织物与胶合板蒙皮。这种飞机易于生产和维护，容易驾驶，最高时速为 500 千米 / 小时（310 英里 / 小时）。上述三种飞机在 1940 年到 1941 年期间开始量产。

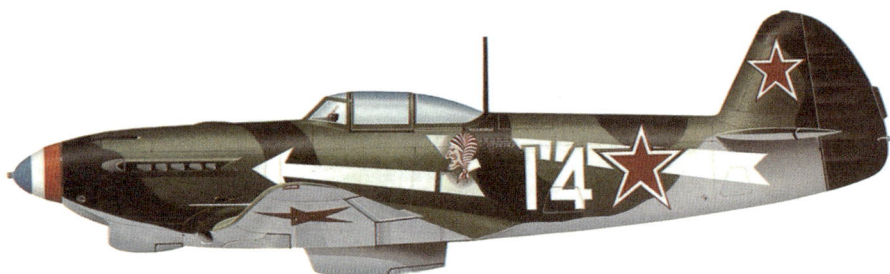

图中为雅克 –9，这是一个了不起的成就。它为苏联在 1943 年之后建立起空中优势做出了巨大贡献，而且在服役期间，它还是一种高效的对地攻击机。

1941 年 6 月德国入侵苏联之后，雅克 -1 加快生产，并在当年下半年生产了 1019 架。1941 年 9 月，雅克列夫工厂从莫斯科搬迁到乌拉尔的卡缅斯克，雅克 -1 的生产被打乱。但在重新安置后，雅克列夫工厂在三个星期内就生产出了第一架雅克 -1，并在三个月后实现了月产量超过工厂在莫斯科时的月产量。但是在其他重新安置的工厂里，尤其是在搬往西伯利亚的工厂里，雅克 -1 的生产就要慢得多，这导致向前线部队交付的飞机数量减少。因此，苏联决定将雅克 -1 的教练机版 "雅克 -7V" 改装为单座战斗机，这仅仅是把雅克 -1 的后座用金属板盖上，然后加装一门施瓦克机炮和两挺施卡斯机枪。改头换面后的飞机被称为 "雅克 -7A"，这种飞机十分坚固，其性能与雅克 -1 相近，经过一系列不断改进，通过加强火力和扩大航程，最终发展成 "雅克 -9"。雅克 -9 是一种高性能战斗机，为夺取东线空中优势立下了汗马功劳。另一方面，雅克 -1 则朝着纯粹的截击机这一方向发展。1942 年，雅克 -1M 诞生，其机翼面积更小，机身后部经过修改，座舱盖改为三片滑动式机舱盖。雅克 -1M 比雅克 -1 稍快。雅克 -7A 经过类似改进后成为性能更好的"雅克 -7B"，总产量为 6399 架。

在 1943 年春开始量产之前，雅克 -1M 又进行了进一步改进，这其中包括了去掉无线电杆（虽然之后又重新加了上去），以及把油冷器的进气口从机鼻下方转移到左侧翼根。经过上述改进后，新飞机被称为"雅克 -3"。量产型的雅克 -3 在结构上与雅克 -1 相似，其整体式双梁机翼使用木制结构和胶合板蒙皮，机身则使用焊接钢管结构。其中，机身前部蒙皮为可拆的金属板，后机身则使用胶合板蒙皮，最后又使用织物蒙皮。

雅克 -3 使用一台 911 千瓦（1222 马力）VK-105FP 发动机，配备一门从螺旋桨轴向前射击的 20 毫米（0.79 英寸）施瓦克机炮（备弹 120 发）。此外，雅克 -3 的前部机身上方还安装有两挺 12.7 毫米（0.5 英寸）别列津机枪。

机型：战斗机

机组： 一人
动力单元： 一台 911 千瓦（1222 马力）VK-105PF-2 发 动 机 或 1208 千 瓦（1620 马 力）VK-107 发动机
最高速度： 在 3500 米（11483 英尺）高度上，658 千米 / 小时（409 英里 / 小时）
爬升速度： 4 分钟 6 秒至 5000 米（16404 英尺）
实用升限： 10800 米（35433 英尺）
最远航程： 900 千米（599 英里）

翼展： 9.20 米（30 英尺 2 英寸）
机翼面积： 14.85 平方米（159.8 平方英尺）
长度： 8.55 米（28 英尺）
高度： 3 米（9 英尺 8 英寸）
重量： 空重 2105 千克（4641 磅）；最大满载重量为 2660 千克（5864 磅）
武装： 一门从螺旋桨轴向前射击的 20 毫米（0.79 英寸）施瓦克机炮；两挺安装于前部机身上方的 12.7 毫米（0.5 英寸）别列津机枪

1943 年夏初，首批雅克 -3 运抵前线，及时赶上了库尔斯克会战。但直到 1944 年春，雅克 -3 交付的数量才满足了部队的需求。雅克 -3 很快在空战中展示出自己强大的性能。它很少在 3500 米（11483 英尺）以上的高度上作战，但在这一高度以下，其机动性显著优于 Fw-190A 和 Bf-109G。实际上，雅克 -3 可能是第二次世界大战参战飞机中机动性最好的。除了执行截击任务，雅克 -3 还为地面部队提供了大量近距离支援。在为佩 -2 和伊尔 -2 攻击护航时，一队雅克 -3 会在

轰炸机前方攻击德国战斗机机场，另一队则提供贴身护卫。在雅克-3生产的较早阶段，木制翼梁被雅克-9首先使用的轻型合金翼梁取代，VK-105发动机也被更换为更强劲的1208千瓦（1620马力）VK-107发动机。在1944年使用新发动机参加国家验收测试时，雅克-3在5750米（18865英尺）高度上达到了720千米/小时（447英里/小时）的速度。

在5000米（16404英尺）高度上，雅克-3比Fw-190A4或Bf-109G2快95—110千米/小时（60—70英里/小时）。苏联空军总共接收了4848架雅克-3。

雅克-1"美女"是雅克-3的前辈。图中可见，几架雅克-1停在新建的、位于德国轰炸机航程外的苏联飞机制造厂组装车间外。

第五章

日本

三菱“零”式（Mitsubishi Zero）

A6M5c 在前部机身上方安装了两挺可在驾驶舱内上膛的机枪。其中一挺是三式 13.2 毫米（0.52 英寸）机枪，另一挺是 97 式 7.7 毫米（0.303 英寸）机枪。

A6M5c 的全透明座舱盖为飞行员提供了 360 度视野。飞行员的反射式瞄准具略微偏向右方。

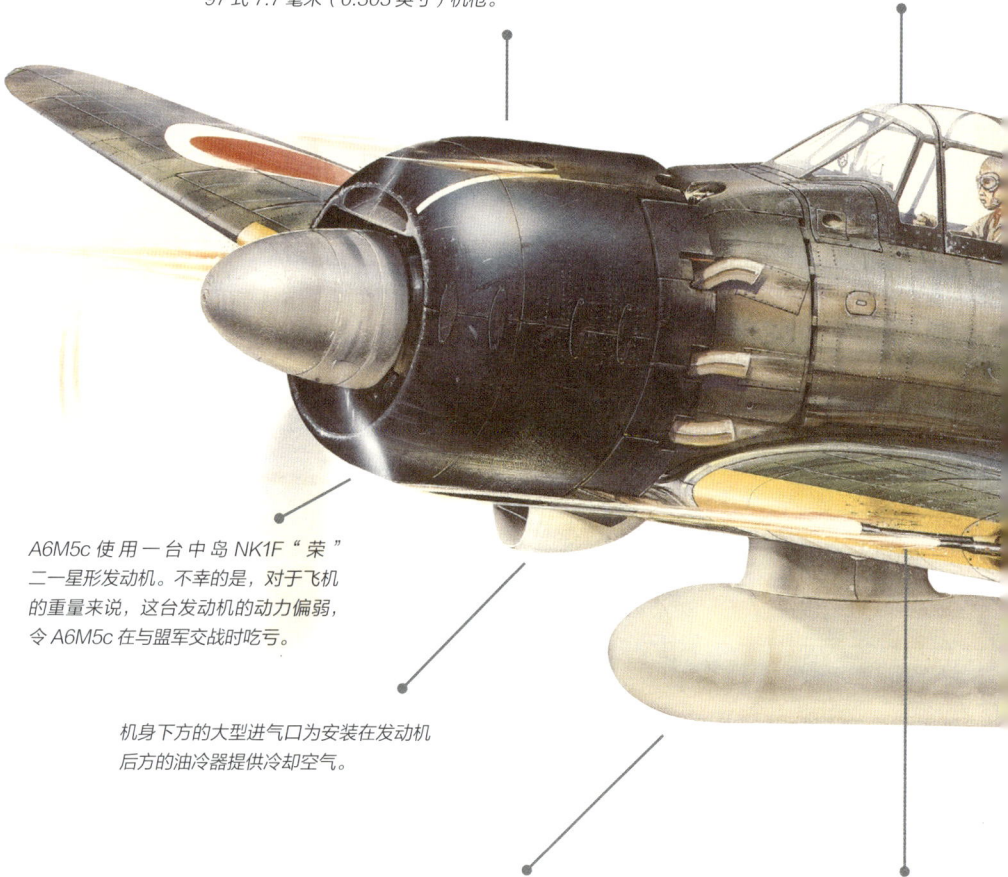

A6M5c 使用一台中岛 NK1F“荣”二一星形发动机。不幸的是，对于飞机的重量来说，这台发动机的动力偏弱，令 A6M5c 在与盟军交战时吃亏。

机身下方的大型进气口为安装在发动机后方的油冷器提供冷却空气。

A6M5c 通常会在机身中线携带一个 337 升（47 加仑）可抛式副油箱以延长航程，不过在执行自杀攻击时会将其换成一颗 250 千克（551 磅）重的炸弹。

A6M5c 的标准机翼武器是 99 式 20 毫米（0.79 英寸）机炮，但“零”式 52 丙型在每侧机翼外段各增加了一挺三式重机枪。

飞行员由后方的一块装甲板提供保护。在其身后的是一根无线电对空天线和一根位于机身下方用来定向的环形天线。

飞机上的标识显示这架"零"式 52 丙型属于日本帝国海军。飞机尾部有一根针刺形着舰钩，以便飞机在航母上降落。

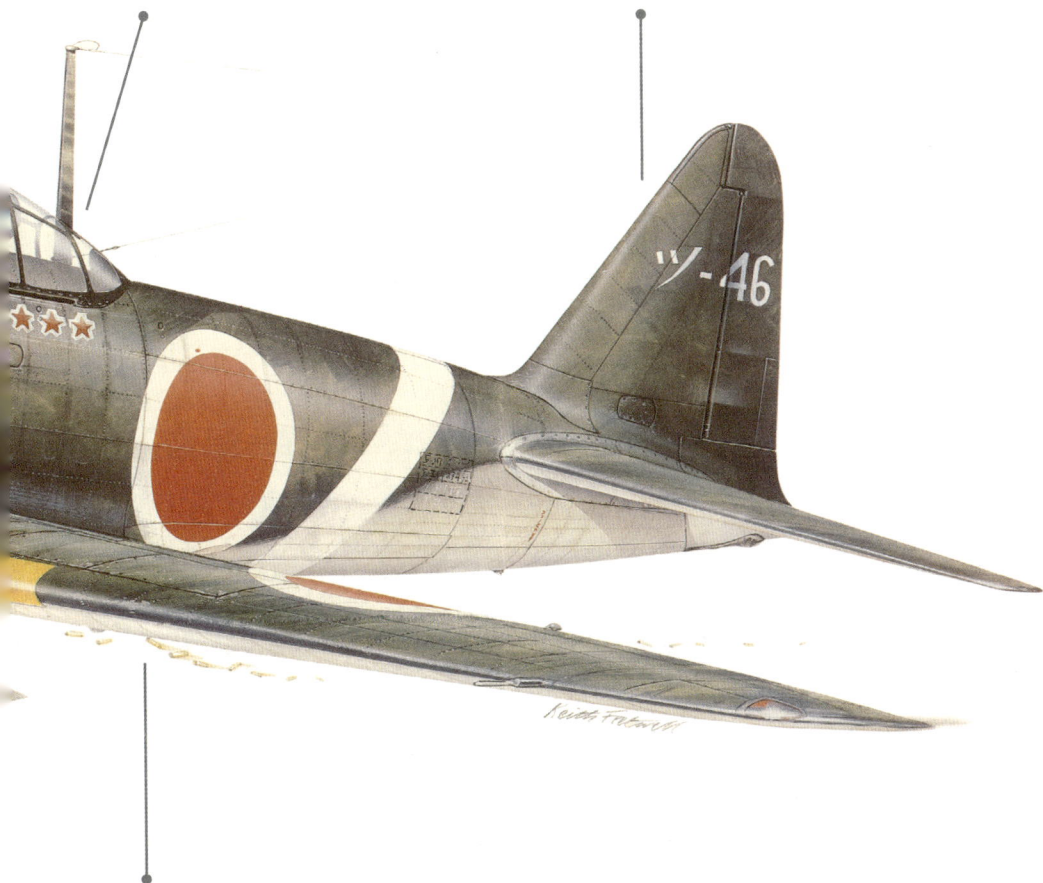

52 丙型在机翼下方安装了挂架，可携带八枚 10 千克（22 磅）无制导火箭，当然也可以挂载炸弹，通常是两颗 60 千克（132 磅）重的炸弹。

20 世纪 30 年代，日本陆军航空队在与苏联的边境冲突中乏善可陈，而且苏军在装备和战术上的优势导致日本大本营将其当成主要的潜在对手。为了应对可能再次发生的边境冲突，日军的装备规划受到影响。日本需要开发能在寒冷天气中执行战术任务的新型作战飞机，因此对于 1941 年至 1945 年太平洋战场上的远程海上任务，日军反而缺乏准备。另一方面，中日战争中对中国目标的远程打击任务也让日本帝国海军深受影响。为此，日本飞机工业开发了用于超远程轰炸的轰炸机和可为其全程护航的战斗机，而成果就是当时最好的战斗机"三菱 A6M Reisen"。这一飞机是由堀越二郎根据 1937 年日本海军的"十二试舰上战斗机计

三菱的"零"式能行驶超远航程，十分适合在广阔的太平洋上空执行战斗任务。尽管"零"式十分敏捷，它却因飞行员和油箱缺乏防护而容易遭受损失。

划要求书"设计的，它于 1939 年 4 月 1 日首飞，使用的是一台 582 千瓦（780 马力）的"最精 13"星形发动机。在 15 架"零"式在中国接受实战条件下的评估后，此型战斗机在 1940 年 7 月被日本海军航空兵批准入役，又在当年 11 月进入全面生产阶段，并被称为"A6M2 11 型"。"11 型"生产了 64 架，并安装了动力更强的"荣"一二发动机。之后，翼尖可折叠的"21 型"开始生产，这是 1941 年珍珠港事件发生时"零"式的主要生产型号。

太平洋战争早期，A6M2 很快展现出了对任何盟军当时服役的战斗机的绝对优势。它装备了两门 20 毫米（0.79 英寸）99 式机炮和两挺 7.62 毫米（0.3 英寸）97 式机枪，虽然重量轻，但机动性很好，结构坚固。A6M2 主要由两大单元而不是多个组件组成，即发动机、驾驶舱和前部机身与机翼一起组成了一个整体单元，第二个单元则包括后机身和机尾。两大单元由一圈 80 个螺栓拼接到一起。A6M2 最大的缺陷是没有为飞行员提供装甲板，也没用自封油箱，这意味着它无法像盟军战斗机那样承受大量伤害。只要对手对准合适的位置一阵开火，A6M2 很容易就被点燃。

1942 年，美国人给 A6M 起了个代号叫"Zeke"，但随着时间推移，"零"成了更加常用的名字。"Reisen"在日语中是"零式战斗机"之意，这是因为其服役时的 1940 年是日本皇纪纪元的 2600 年。在太平洋战争的头几个月里，"零"式创下了惊人的作战纪录。在 1942 年 3 月结束的爪哇岛之战中，"零"式击落了 550 架盟军飞机，其中包括大量战斗机，如布鲁斯特"水牛"、寇蒂斯 - 莱特 CW、寇蒂斯"鹰"、寇蒂斯 P-40 和霍克"飓风"。同时，日军的损失极低。1942 年 2 月 19 日，

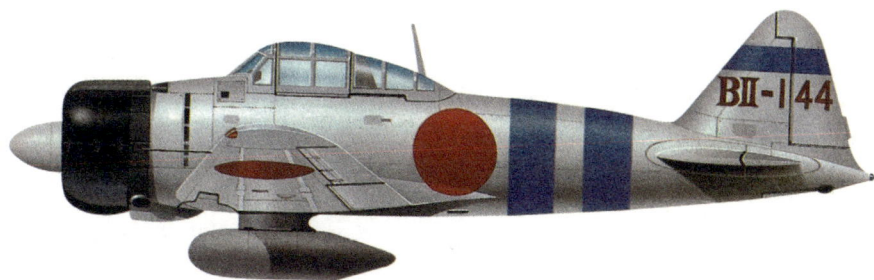

A6M"零"式一直是日本第二次世界大战时最为有名的作战飞机。它也是世界上第一款与陆基型号性能相当的舰载战斗机。

在苏腊巴亚上空发生的一次大空战中，23 架来自婆罗洲的"零"式对战 50 架美国和荷兰的 P-36 与 P-40，并且仅以损失三架的代价击落对方超半数的飞机。这些战绩使日本海航飞行员的影响已有盖过日本陆军航空兵的趋势，尽管后者与前者一样作战，战绩却黯淡不少。在整场太平洋战争中，日本海军的需求都居于优先地位。与陆军不同，日本海军的做法是把最好的飞行员集中到精英部队。其中一支部队在 1942 年 4 月进驻新几内亚莱城，任务是为向莫尔兹比港进发的日军提供战斗机掩护，为入侵澳大利亚夺取必要的桥头堡。到当月月底时，莱城航空队中包含了诸多令人生畏的王牌飞行员，如已有 22 个战绩的坂井三郎、13 个战绩的西泽广义和 9 个战绩的高冢虎一。5 月 17 日，为了炫耀日军掌握了完全的制空权，坂井三郎、西泽广义和另一个名叫太田敏夫的飞行员在盟军的莫尔兹比机场上空表演了一系列特技飞行动作且未受干扰。莱城航空队的大多数飞行员在战斗生涯中驾驶的都是"零"式。1944 年 10 月 26 日，西泽广义被击落丧生，战绩定格在 94 个，而他曾于 1942 年年底在瓜达卡纳尔岛上空一天内击落了六架敌机。另一个飞行员冈部健二，曾于 1942 年 8 月在拉包尔上空一天内击落了七架美国飞机。坂井三郎到第二次世界大战结束时已获得 64 个战果，也成为日本活到战后的王牌飞行员中的战绩最高者。

1942 年，日本海军单位开始接收"A6M3 32 型"，这种飞机使用一台带增压的 969 千瓦（1300 马力）"荣"二一型发动机。"32 型"为了提高性能去掉了可折叠翼尖，但也降低了机动性，因此"A6M3 22 型"又用回了全展翼。到 1943 年年初，A6M3 很明显已经无法在盟军的新锐战斗机面前维持优势地位了，因此日本开发了"A6M5 52 型"。这型飞机沿用了"荣"二一发动机，但翼展较短（实际上就是 32 型的圆翼尖的机翼）。"52 型"的子型号包括加强机翼和增加弹药量的"52 型甲"，增强火力和防护的"52 型乙"，以及将火力增强到两门 20 毫米（0.79 英寸）机枪和三挺 13.2 毫米（0.5 英寸）机枪的"52 型丙"。"52 型丙"有一台带甲醇注入的"荣"三一发动机、防弹油箱和翼下火箭滑轨。"A6M7 63 型"是一种神风特攻专用机，共生产了 465 架。日军在自杀式袭击中消耗了数百架"零"式。"零"式的其他型号还有安装一台 1119 千瓦（1500 马力）三菱金星六二发动机和四挺机翼机枪的"A6M8c 54 型丙"，安装了两个浮筒的"A6M2-N"水上飞机，以及"A6M2-K2"双座教练机。各型号"零"式的产量共计 10937 架。

第二次世界大战结束时，东南亚战区司令部的战术空军情报单位正在马来亚上空测试一架缴获的"零"式。"零"式一直在生产并持续突破性能极限是因为日本缺乏合格的继任机型。

机型：舰载机、陆基战斗机（A6M2）

机组：一人
动力单元：一台 708 千瓦（950 马力）中岛
NK1C "荣"一二 V14 缸发动机发动机
最高速度：534 千米 / 小时（332 英里 / 小时）
爬升速度：7 分钟 27 秒至 6000 米（19685 英尺）
实用升限：10000 米（32808 英尺）
最远航程：3104 千米（1929 英里）
翼展：12 米（39 英尺 4 英寸）

长度：9.06 米（29 英尺 7 英寸）
高度：3.05 米（10 英尺）
重量：空重 1680 千克（3704 磅）；最大满载重量为 2796 千克（6164 磅）
武装：机翼前缘两门 20 毫米（0.79 英寸）99式（厄利孔）机炮；机身前部上方两挺 7.62毫米（0.3 英寸）机枪；外部载弹量为 120 千克（265 磅）

第六章

意大利

马基 MC202 "雷电"（Macchi MC 202 Folgore）

意大利飞机会在机身上画一条白色环带以便识别，联队标志——图中的"猫和老鼠"是第 51 联队的标志——则涂在环带上面。

飞行员由其后方的一块覆盖座椅和头枕的装甲板保护，而且从 VII 系列开始，还有一块防弹风挡保护。座舱盖为铰接式。飞行员可用反射式瞄准具和环珠瞄准具进行瞄准。

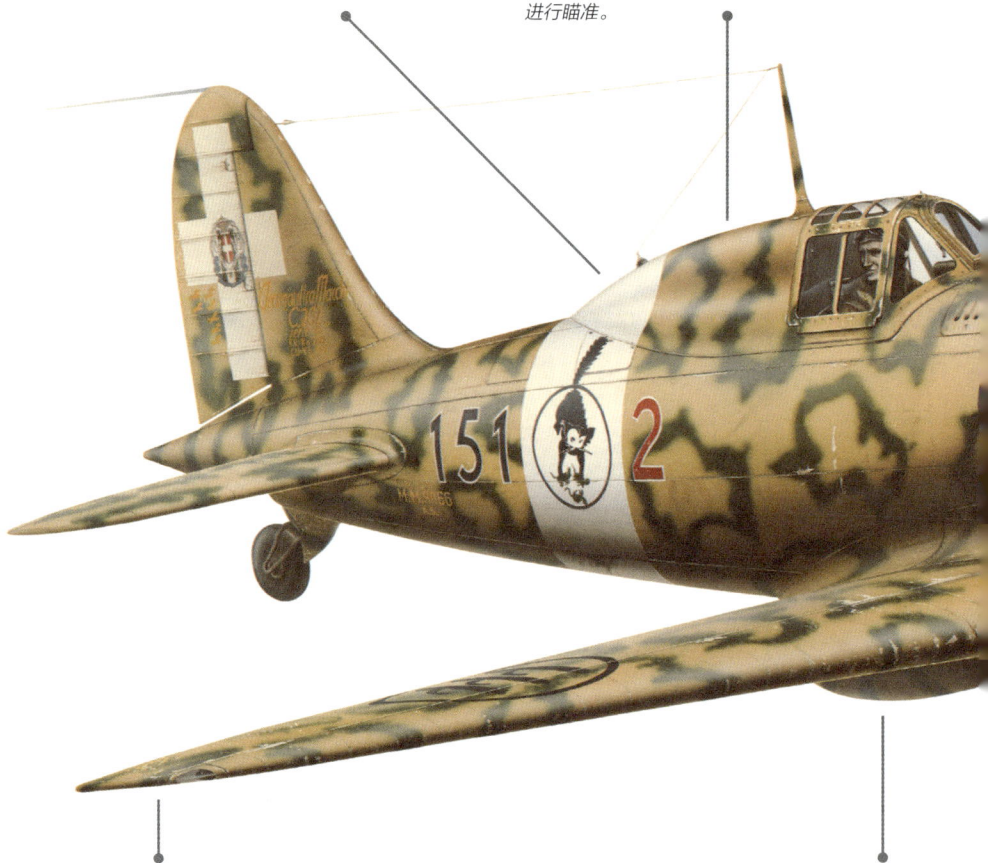

这架马基战斗机使用的是典型的意大利菠菜绿与沙色的沙漠涂装。机翼涂上了法西斯党的标志，即一束插着一把斧头的木棒。

为增强火力，从 VII 系列开始，MC202 在机翼上增加了两挺 7.7 毫米（0.303 英寸）布雷达 −SAFAT 机枪，每挺备弹 500 发。

机身前部上方安装两挺 12.7 毫米（0.5 英寸）布雷达 -SAFAT 机枪，每挺机枪备弹 400 发。机枪子弹穿过螺旋桨弧射出。

MC202 使用一台 R.A.1000 R.C41-I "季风" 发动机，这实际是戴姆勒·奔驰 DB601Aa 发动机的阿尔法·罗密欧公司的授权生产版。

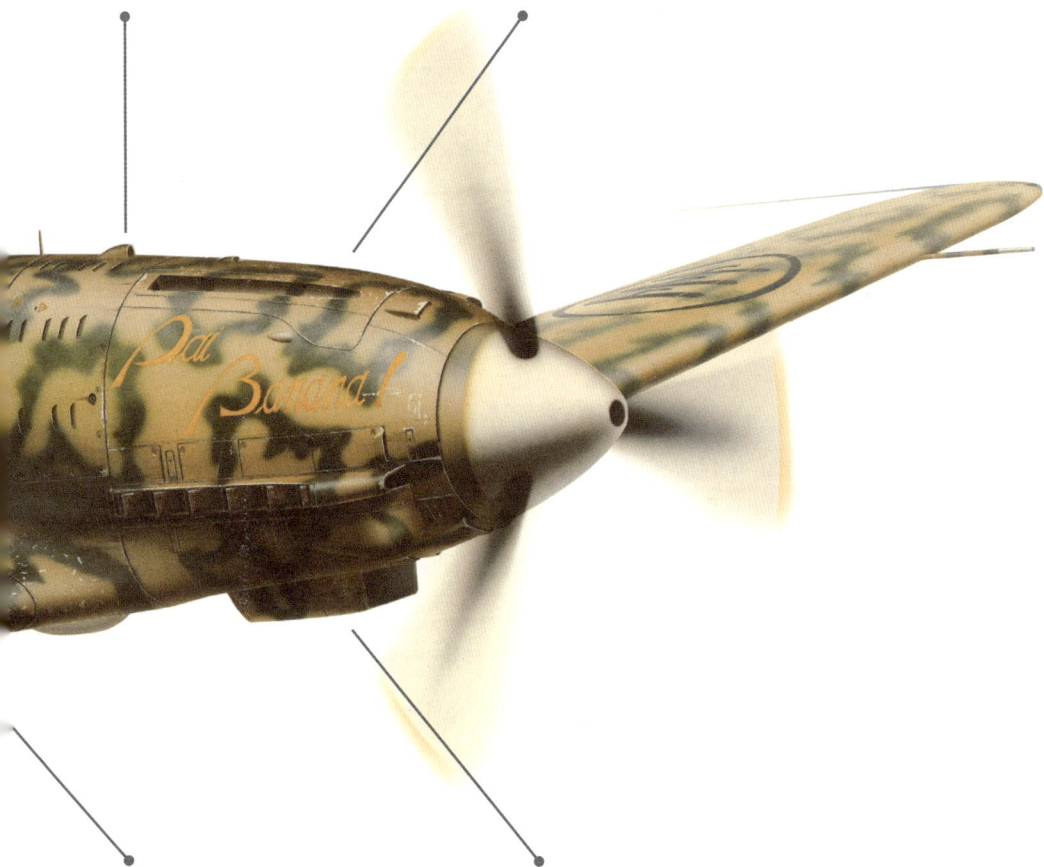

发动机主要依靠飞机中段下方的一个大型散热槽散热。散热槽后部有一个活门，用于控制进入的气流大小。

机鼻下方的进气口为安装在发动机后方的油冷器提供制冷空气。发动机整流罩上方的小型进气口可在飞行时辅助冷却发动机。

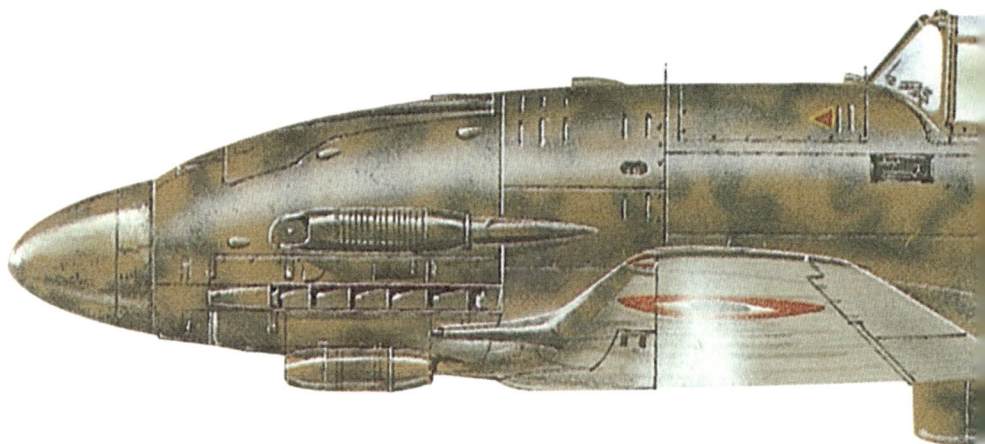

直到 20 世纪 30 年代末，意大利才推出了自己的单翼战斗机，而且这些飞机具有优秀的气动设计，但都缺乏合适的发动机。马基 MC200 "闪电" 就是其中之一，它是由拥有丰富的水上竞速飞机设计经验的马里奥·卡斯托尔迪在 1936 年设计的。在设计这一飞机时，他大量借鉴了以前的经验，但在尝试复制他破纪录的飞机 MC72 的流线外形时，他发现只有体积庞大且由此增大了阻力的星形发动机可用，而不能像英国和德国设计师那样使用大功率、阻力小的液冷发动机。MC72 使用的 2088 千瓦（2800 马力）菲亚特 AS.6 24 缸 V 型发动机是专门订做的，不适合大规模生产。因此，当 MC200 于 1937 年 12 月 24 日首飞时，使用的是一台的 644 千瓦（850 马力）的菲亚特 A74RC38 14 缸双排星形发动机，这也使飞机的性能十分平庸。尽管 MC200 的机动性好，其最高速度不足、爬升率低下使其不能有效拦截轰炸机，而且为了抵消发动机的重量，飞机还牺牲了装甲防护。

　　1938 年，就在原型机首飞几周之后，意大利人就开始着手改进 MC200。由于仍然没有可用的直列发动机，唯一勉强能用于战斗机的动力单元是另一款星形发动机，即 746 千瓦（1000 马力）的菲亚特 A76RC40。为安装这款发动机，卡斯托尔迪修改

1944 年，意大利联合交战军第 5 战斗机大队第 155 中队的一架 MC 202F "雷电"。和许多其他意大利飞机一样，MC 202 在第二次世界大战两大阵营中都参战过。

了 MC200 的机体。修改后的飞机被称为 "MC201"。"A 76" 发动机的研发因大量的初期问题而受阻，尽管使用一台标准的 "A 74" 发动机进行了测试飞行，但 MC201 从未获得原定的发动机。最终，"A 76" 发动机和 "MC201" 项目一起被放弃了。

1940 年年初，卡斯托尔迪迎来了急需的转机。马基的瓦雷泽工厂收到了一台来自德国的戴姆勒·奔驰 DB601A-1 液冷直列发动机。这台发动机被安装到一架标准的"闪电"机体上。这架"闪电"于 1940 年 8 月 10 日在卡里斯蒂亚托首飞，其后续的飞行测试结果令人十分满意。因此，该飞机被命名为 "MC202'雷电'"，并投入量产。MC202 将安装 DB601 发动机的意大利授权生产版本，即由阿尔法·罗密欧制造的 "RA 1000RC 411"。由于"雷电"使用了与曾经生产"闪电"一样的夹具和工具，所以转产"雷电"并无任何问题，而此前生产过 MC200 的马基瓦雷泽 - 席兰纳工厂和洛泰纳波佐洛工厂、布雷达的塞斯托 - 圣乔瓦尼工厂，以及赛安布罗西尼的帕西尼亚诺工厂很快就生产了大量"雷电"。起初，"雷电"保留了"闪电"的武器配置 [两挺 12.7 毫米（0.5 英寸）机枪]，但之后改为在机翼处增加两挺 7.7 毫米（0.303 英寸）机枪，而后期生产的型号又用 20 毫米（0.79 英寸）MG 151 机炮取代了机翼上的机枪。

对于飞行员来说，MC202 的一大缺陷是视野太差，正如图中所示。尽管如此，它仍是一款优秀的战斗机，由老手驾驶的 MC202 在马耳他上空与皇家空军的"喷火"与"飓风"打得有来有回。

1941 年夏，MC202 开始在乌迪内的第 1 大队服役，后转移到西西里参加了 11 月份对马耳他的行动。第 1 大队在此未停留多久，又于 11 月底开赴北非以增强轴心国在利比亚的实力。最终，装备了"雷电"的部队共有 45 个中队，他们隶属于分布在北非、意大利、西西里、爱琴海和俄国南部的第 1、第 2、第 3、第 4、第 51、第 52、第 53 和第 54 联队。1942 年的"雷电"在性能上超过同期的对手"飓风"和"小鹰"，但在火力上一直很弱，直到很晚换装上 20 毫米（0.79 英寸）机炮才有所改变。

毫无疑问，"雷电"是意大利在第二次世界大战时期生产的最好的战斗机，而且一直生产到 1943 年 9 月意大利投降，尽管其生产速度一直受到发动机供应问题的困扰。马基公司生产了 392 架 MC202，其他公司（主要是布雷达）后续生产了另外 1100 架。MC200 系列的最终发展型号是"MC205V'灰猎犬'"，其实际上就是用了 MC202 的机体，不过安装了 DB605 发动机，机翼翼板也更大。1942 年 4 月 19 日，"灰猎犬"首飞，原型机的武器配置为两挺 12.7 毫米（0.5 英寸）机枪和两挺 7.7 毫米（0.303 英寸）机枪,但是量产型将后者改为两门 20 毫米（0.79 英寸）MG151 机炮。"灰猎犬"生产了 262 架，首次参战是在 1943 年 7 月。

在意大利投降后，MC202 和 MC205 继续在意大利联合交战军空军和国民共和军中，分别与同盟国和德国并肩作战。根据以意大利为基地的美国第 15 航空队的一些"野马"飞行员所述，马基的 MC202 与 MC205 是他们碰到的最为棘手的对手，因为它们拥有更短的转弯半径。

机型：昼间战斗机（MC202 系列Ⅶ）

机组：一人
动力单元：一台 802 千瓦（1075 马力）阿尔法·罗密欧 RA 1000 RC 41-I 12 缸倒"V"形发动机
最高速度：在 5600 米（18373 英尺）高度上，600 千米 / 小时（373 英里 / 小时）
爬升速度：4 分钟 36 秒至 5000 米（16404 英尺）
实用升限：11500 米（37730 英尺）
最远航程：610 千米（379 英里）
翼展：10.58 米（34 英尺 8 英寸）

机翼面积：16.8 平方米（180.8 平方英尺）
长度：8.85 米（29 英尺）
高度：3.50 米（11 英尺 5 英寸）
重量：空重 2490 千克（5489 磅）；最大满载重量为 2930 千克（6459 磅）
武装：两挺 12.7 毫米（0.5 英寸）布雷达-SAFAT 机枪、两挺 7.7 毫米（0.303 英寸）机枪。在后期生产的型号中，两挺 7.7 毫米机枪被改为了两门 20 毫米（0.79 英寸）机炮

萨伏亚 - 马切蒂 SM79（Savoia Marchietti SM 79）

SM79 有五名机组成员。两名飞行员并肩坐在驾驶舱内，其身后是无线电员和飞行工程师，投弹手位于飞机尾部。飞行员可操控一挺安装在驾驶舱上方的固定前射 12.7 毫米（0.5 英寸）机枪。

飞机后上半球的防御由无线电员或者飞行工程师负责，他们使用一挺安装在活动枪座上的 12.7 毫米（0.5 英寸）机枪。该机枪可收回机舱内，而机身上的射击口可用一块面板盖住。

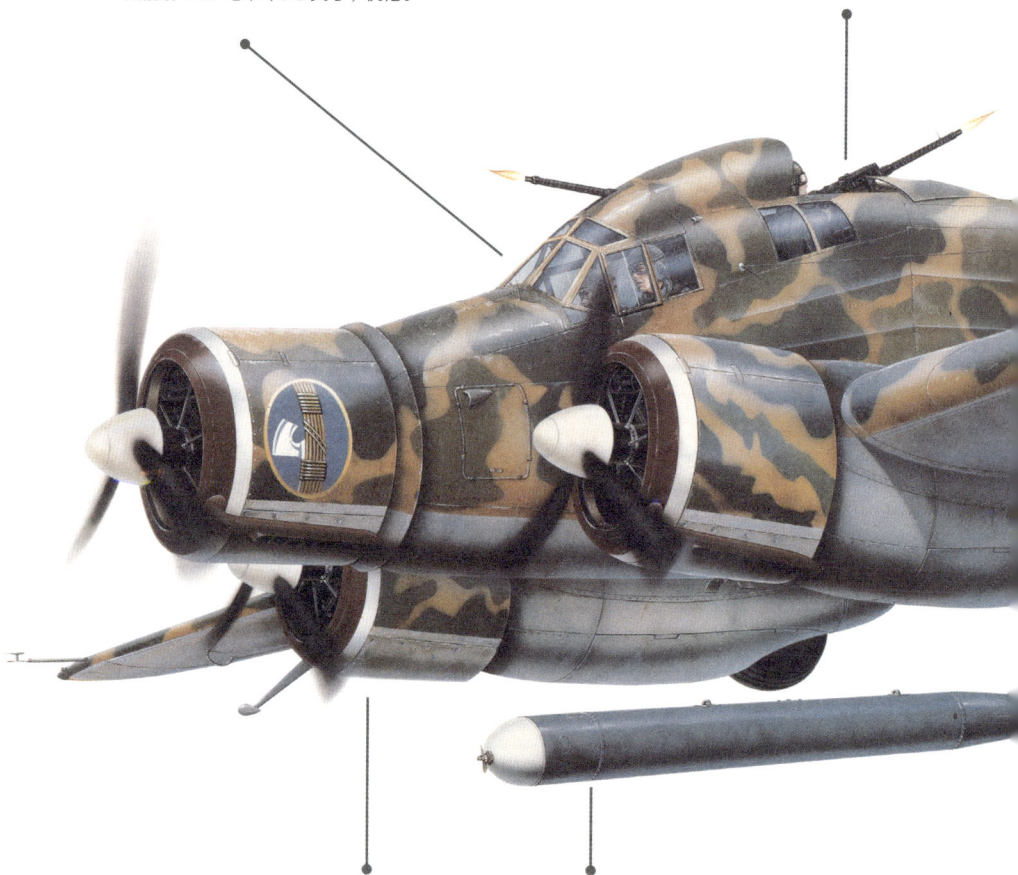

早期型的 SM79 只有两台发动机，但为意大利皇家空军生产的 SM79 大多数使用的是三发型号。图中的这架飞机使用的是比亚乔 P.XI.RC.40 星形发动机。

SM79 最成功的用途是被用作鱼雷轰炸机，它可在机身下方携带一到两枚鱼雷，如图中所示的 450 毫米（17.7 英寸）鱼雷。其他挂载方案包括：五枚 250 千克（551 磅）重的炸弹，或两枚 500 千克（1102 磅）重的炸弹，或 12 枚 100 千克（220 磅）重的炸弹。

SM79 的腰部两侧各有一个水平球形枪座，可使一挺 7.7 毫米（0.303 英寸）机枪从腰部的任一窗口向外发射。

中队标志涂在后机身上，其后面是单架飞机的号码。这架 SM79 属于第 130 大队的第 283 中队，这是一支 1942 年驻扎在西西里的专门反舰队伍。

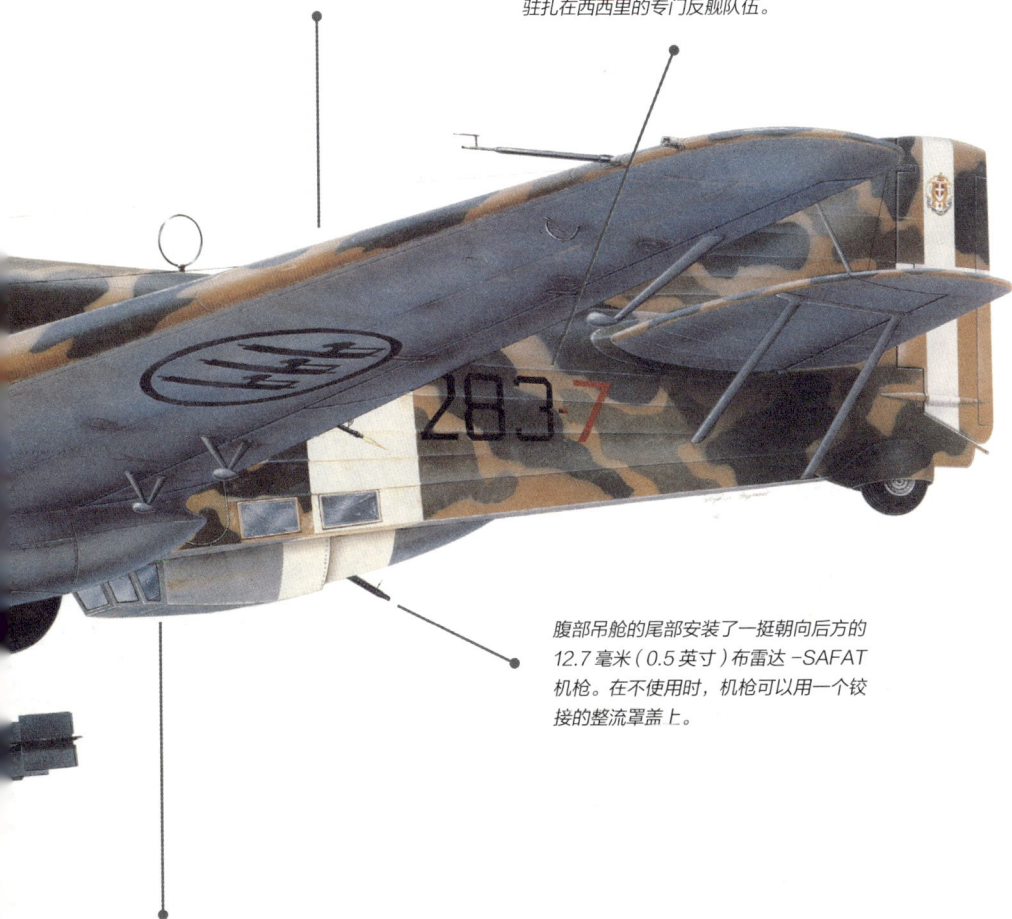

283·7

腹部吊舱的尾部安装了一挺朝向后方的 12.7 毫米（0.5 英寸）布雷达 –SAFAT 机枪。在不使用时，机枪可以用一个铰接的整流罩盖上。

腹部吊舱内设有投弹手的位置。他可以使用一个小转轮来控制飞机的方向舵，对航向进行微小调整。这一位置还可安装一台照相机以执行侦察任务。

1940 年夏，热情的地勤人员挥手送别正从西西里起飞前往轰炸马耳他的 SM79。意大利轰炸机经常以密集队形从高空上精准命中目标。

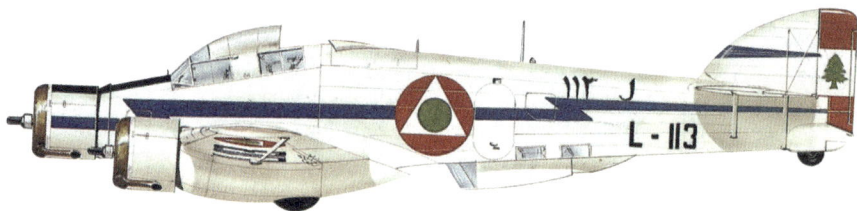

一架涂有黎巴嫩空军标志的 SM79。战后很长一段时间，SM79 继续被用于运输和其他一般用途。SM79 "雀鹰" 是第二次世界大战中优秀的鱼雷轰炸机。

　　尽管在 20 世纪 30 年代的一些小规模战争中，意大利皇家空军的轰炸机部队颇有建树，但在第二次世界大战时期，他们从未达到过对手盟军空中力量的水平，无论是在飞机的质还是量方面。构成意大利皇家空军中坚的典型飞机是由深耕商业飞机设计的萨伏亚 - 马切蒂公司制造的三发轰炸机。其一便是 "SM73"，它源于一种使用锥形悬臂梁下单翼和固定式起落架的 18 座客机。SM73 的军用版本 SM81 "蝙蝠" 于 1935 年首次参战，展示出领先于意大利空军同期其他轰炸机的性能。速度快、武装完善、航程远，这些优点使 SM81 "蝙蝠" 在从 1935 年 10 月开始的意大利与阿比西尼亚的战争中发挥了有效作用。从 1936 年 8 月开始，它参加了西班牙内战。

　　尽管使用了和 SM81 相同的三发布局，SM79 却是全新设计的，其原型是 1934 年 10 月首飞的一款八座客机。这种商业飞机原先是为参加著名的 "伦敦 - 墨尔本空中竞速" 设计的，它在竞赛中多次创造纪录，并在 1935 年 9 月创下了在 1000 千米（621 英里）和 2000 千米（1243 英里）的距离上分别负载 500 千克（1100 磅）、1000 千克（2200 磅）和 2000 千克（4400 磅）的六项世界速度纪录。基于这些表现，意大利空军对该飞机产生了兴趣，并要求按照轰炸机制造第二架原型机。第二架原型机与客机并无太多区别，只是加装了一个腹部吊舱，并抬高了驾驶舱，后者成为该飞机标志性的 "驼背" 特征。1936 年 10 月，军用 SM79 开始生产，并一直稳定生产到 1943 年 6 月，总产量 1217 架。

　　意大利空军不失时机地在西班牙实战测试了 SM79，第 8 和第 111 高速轰炸机大队使用这种飞机取得了相当大的的战果。初期生产型 "SM79- I"，使用三台 582 千瓦（780 马力）阿尔法·罗密欧 126 星形发动机，航程为 1898 千米（1179 英里）。

1937 年，一架 SM79-Ⅰ尝试在机身下方挂载了一枚 450 毫米（17.62 英寸）鱼雷，后改为两枚。这些测试结果表明如果能使用更强的发动机，飞机能轻松携带两枚鱼雷。1939 年 10 月开始生产的 SM79-Ⅱ，安装了 746 千瓦（1000 马力）比亚乔 P.XI 星形发动机 [除了有一批次使用的是 768 千瓦（1030 马力）的菲亚特 A80RC41]。这一型号的飞机交由意大利空军的鱼雷轰炸机中队使用，而鱼雷轰炸正是 SM79 在第二次世界大战时期最为擅长的任务。当 1940 年 6 月意大利加入第二次世界大战时，SM79 两个型号的飞机已经占意大利空军全部轰炸机的大半。6 月 11 日，SM79 迎来了参战后的首次行动，来自第 2、第 11 和第 41 联队的 35 架 SM79 在马基 MC200 的战斗护航下，攻击了马耳他岛上的哈尔法尔机场和卡拉弗拉纳的水上飞机机库。从 1940 年 6 月开始，SM79 持续参加了在马耳他和北非的行动，并因其精准的高空轰炸而闻名。同时，鱼雷轰炸机在德国入侵克里特岛期间对爱琴海内的英国船只发动了袭击，并在中地中海轰炸皇家海军的舰船和商船队。被 SM79 击沉的皇家海军舰只包括驱逐舰"赫斯基"号、"美洲豹"号、"罗马军团"号和"南沃"号，另有战列舰"马来亚"号和航母"不屈"号被击伤。这些舰只大部分是在 1942 年的 6 月的"基座"行动中被击伤或击中的，当时 14 艘商船在皇家海军的严密保护下前往增援被围困的马耳他岛。尽管 SM79 在地中海展现了它对轴心国一方的价值，但由于（和其他多数意大利飞机一样）缺乏维护，任何时候都只有一半左右的 SM79 可用于作战。

机型：轰炸机 / 鱼雷轰炸机

机组：五人
动力单元：三台 746 千瓦（1000 马力）比亚乔 P.Ⅺ.RC.40 星形发动机
最高速度：在 3650 米（11975 英尺）高度上，435 千米 / 小时（270 英里 / 小时）
爬升速度：19 分钟 45 秒至 5000 米（16404 英尺）
实用升限：6500 米（21325 英尺）
最远航程：载弹 1250 千克（2756 磅）时，1900 千米（1181 英里）
翼展：21.20 米（69 英尺 5 英寸）

机翼面积：61.7 平方米（664 平方英尺）
长度：15.62 米（51 英尺 2 英寸）
高度：4.40 米（14 英尺 4 英寸）
重量：空重 7600 千克（16755 磅）；最大满载重量为 11300 千克（24912 磅）
武装：飞机背部两个射击口和机腹一个射击口各安装一挺 12.7 毫米（0.5 英寸）布雷达 -SAFAT 机枪；后部机身的滑动枪座安装一挺 7.62 毫米（0.3 英寸）刘易斯机枪；携带两枚 450 毫米（17.6 英寸）鱼雷或 1250 千克（2756 磅）重的炸弹

在 1943 年 9 月意大利投降之后，SM79 继续在联合交战军空军中服役，而支持德国的国民共和军空军也投入了多架 SM79- Ⅲ 型。这是一种流线形机身的飞机，它去掉了机腹的吊舱，安装了一门 20 毫米（0.79 英寸）固定前射机炮。

SM79B 于 1936 年首飞，这是一种双发出口型飞机，其中央发动机被一个庞大的透明机鼻取代。巴西获得三架，伊拉克获得四架，罗马尼亚进口了 48 架，这些 SM79B 在不同国家使用了不同的动力单元。罗马尼亚航空工业公司按照授权生产了 SM79B，为其安装了容克斯 Jumo 211D 直列发动机，并让其在东线作为轰炸机和运输机使用。到 1944 年停产时，包括出口型在内的 SM79 各型号的总产量为1330 架。第二次世界大战后，小部分 SM79 在黎巴嫩和西班牙空军中作为通勤飞机和靶标拖曳机一直服役到 20 世纪 50 年代末。

第七章

法国

莫拉纳 - 索尼埃 MS 406C1（Morane-Saulnier MS 406 C1）

一门 20 毫米（0.79 英寸）机炮安装在发动机中，从螺旋桨轴向外发射，为 MS 406 增强了一点火力。

座舱外安装的一具简单的环珠瞄准具供飞行员使用。座舱盖为全透明滑动式，但是飞行员的后方视野多少受到座舱盖整流罩的阻挡。

MS 406C1 使用一台"西斯帕诺 - 苏萨"12Y-31 12 缸发动机。由于发动机交付的问题，法军在 1938 年 3 月订购的 1000 架 MS 406C1，在 1939 年 9 月仅交付了 572 架。

飞机机身下方安装一个冷却发动机的大型散热器。冷却剂储液罐安装在发动机后方的机身中。

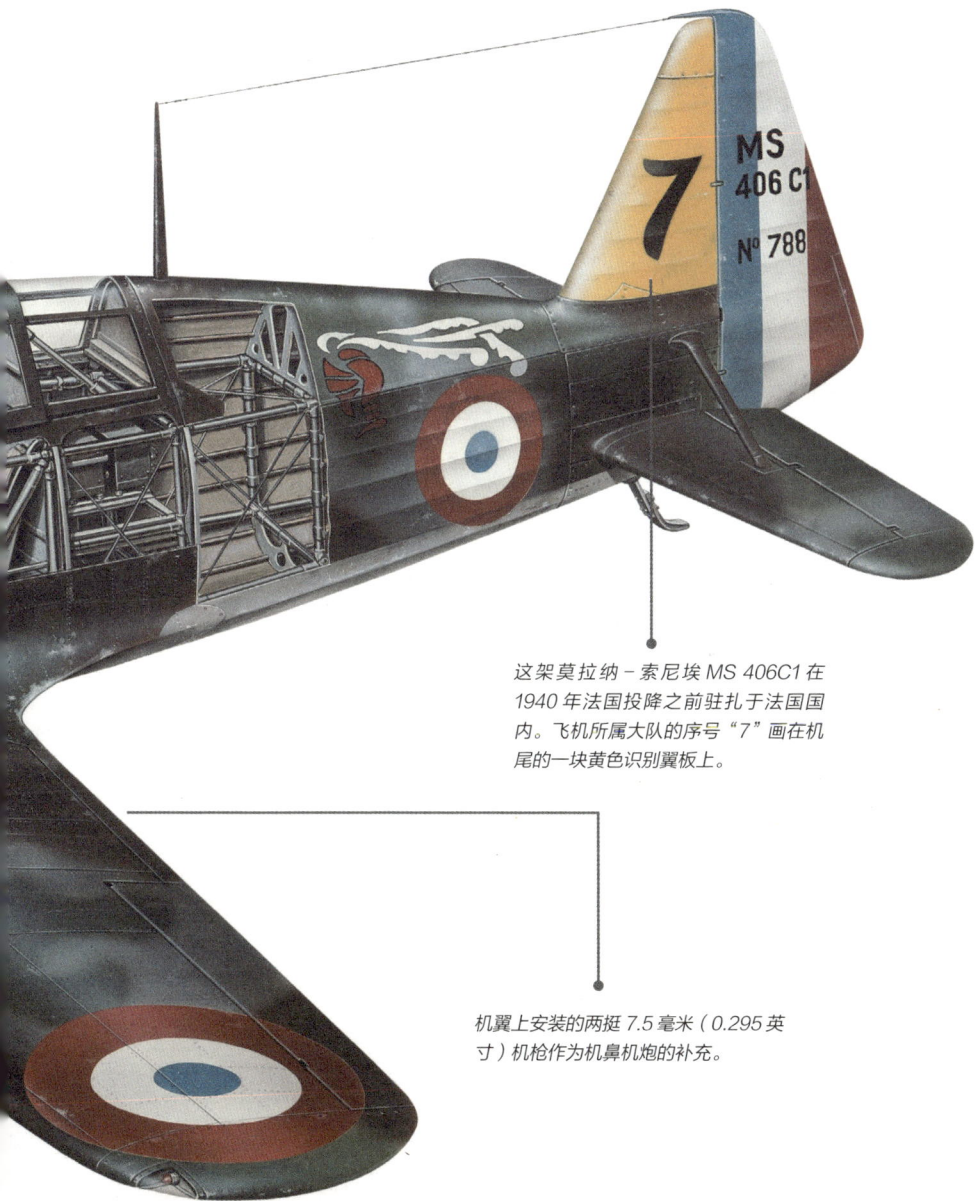

这架莫拉纳－索尼埃 MS 406C1 在
1940 年法国投降之前驻扎于法国国
内。飞机所属大队的序号"7"画在机
尾的一块黄色识别翼板上。

机翼上安装的两挺 7.5 毫米（0.295 英
寸）机枪作为机鼻机炮的补充。

从数量上来说，MS 406 是第二次世界大战爆发时法国最为重要的战斗机。尽管坚固灵活，能够承受大量的伤害，但它最终还是不敌德国的 Bf-109。

　　莫拉纳 - 索尼埃 MS 406 是 1935 年的 MS 405（法国第一款使用可伸缩起落架和封闭式座舱的战斗机）的直接后续发展型号。MS 405 于 1935 年 8 月 8 日在维拉库布莱首飞。1936 年年初，MS 405 开始在法国航空材料试验中心（CEMA）接受官方测试。1937 年 2 月，第二架原型机 MS 405-02 加入测试项目。7 月 29 日，这架飞机因供氧故障导致飞行员昏迷而坠毁。1937 年 7 月，所有官方测试结束，MS 405-01 的设计胜出。随后，这架飞机被送回制造厂，并被当作展示机使用，直到 1937 年 12 月 8 日坠毁于维拉库布莱附近，当时驾驶它的是一名立陶宛飞行员。

1936 年 8 月，法国军方已订购了一批 15 架的预生产型。这批飞机的第四架安装了一台 641 千瓦（860 马力）"西斯帕诺 - 苏萨" 12-Ycr 发动机来驱动一个乔维埃螺旋桨，而这架飞机就是 MS 406 的原型机。与 MS 405 基本相似，MS 406 在发动机气缸组中间安装了一门 20 毫米（0.79 英寸）"西斯帕诺 - 苏萨" 机炮，在机翼起落架附着点稍靠外的上方安装两挺 7.5 毫米（0.295 英寸）MAC 1934 M39 机枪。机身包含四根杜拉铝管纵梁，前部有刚性支撑隔板，后部用钢丝支撑水平和垂直方向的支柱。机身前半截覆盖金属蒙皮，后半截使用织物蒙皮。

从数量上看，粗壮的 MS 406 是法国在 1939 年 9 月加入第二次世界大战时最为重要的战斗机，共有 225 架，装备了第 2、第 3、第 6 和第 7 战斗机联队，并有另外 1000 架的订单。每个联队包括三个战斗机大队，每个大队有 25 架飞机，但在第二次世界大战爆发时，在役的 MS 406 实际数量为 275 架，而第 6 和第 7 联队的两个大队此时在北非。MS 406 最终的生产数量为 1080 架。这种飞机机不仅动性好，而且可承受大量伤害，但还是不如 Bf-109，并且在战斗中损失惨重，有 150 架在战斗中损失，有 250—300 架因其他原因损失。在"静坐战"期间，当盟军与德国的战斗机在马奇诺防线上空发生冲突时，MS 406 的劣势就已显现。1940 年 3 月的最后一天发生了一起悲剧性事件，第 7 战斗机联队第 3 大队的 11 架飞机分成四个松散的小队，在莫朗日上空 6100 米（20013 英尺）到 8750 米（28707 英尺）高度上巡逻时遭到 20 架 Bf-109 袭击。在不到五分钟的时间里，两架 MS 406 起火坠落，一架因失控坠毁，另两架在迫降后被除籍，还有两架在承受了严重损伤后虽成功返回基地，但被判定为不可修复。

1938 年 5 月，MS 406 刚开始生产，就立刻接到了国外订单。立陶宛政府订购了 12 架，但这些飞机未能交付；芬兰订购的 30 架开始在 1940 年年初交货，并于 1941 年参加了对苏战争；土耳其购买了 45 架；波兰订购了 160 架，其中 50 架在 1939 年 9 月运抵格丁尼亚港，但是未能在波兰陷落前送抵目的地；中国购买了 13 架，但是在运抵越南海防时被法国殖民政府征用。后来，德国将缴获的部分 MS 406 转交给了克罗地亚。瑞典也曾获得授权生产 MS 406，并将其命名为"D-3800"。到法国投降时，MS 406 进行了多项改进，改进后的型号包括带有可完全伸缩的散热器的"MS 420"、夜间战斗型"MS 440"，以及安装更强发动机、使用金属整体式机身的"MS 450"。

MS 406 是 MS 405C 的发展型号，图中所示的飞机从标识上可以看出它属于维希法国训练中队。该单位 1941 年驻扎于图卢兹。

机型：战斗机（MS 406C1）

机组：一人
动力单元：一台 641 千瓦（860 马力）"西斯帕诺 - 苏萨" 12Y-31 12 缸 V 型发动机
最高速度：490 千米 / 小时（304 英里 / 小时）
实用升限：9400 米（30840 英尺）
最远航程：1500 千米（932 英里）
翼展：10.62 米（34 英尺 8 英寸）
机翼面积：20.40 平方米（219.56 平方英尺）

长度：8.17 米（26 英尺 8 英寸）
高度：3.25 米（10 英尺 6 英寸）
重量：空重 1872 千克（4127 磅）；最大满载重量为 2722 千克（6000 磅）
武装：发动机装置安装一门 20 毫米（0.79 英寸）机炮或一挺 7.5 毫米（0.295 英寸）机枪；机翼前缘安装两挺 7.5 毫米（0.295 英寸）机枪

    维希法国空军唯一一个装备 MS 406 的单位是第 7 联队第 1 大队，该大队驻扎黎凡特，在 1941 年 7 月的叙利亚战争中曾与英国空军有过几次交战。北非的自由法国空军第 2 联队在 1941 年换装"飓风"之前也使用过 MS 406。位于布雷蒂尼的法国试飞中心的几架 MS 406 一直飞行到 1947 年，这或许是法国空军使用的最后几架 MS406。